I0043681

Friedrich August von Alberti

Überblick über die Trias

Mit Berücksichtigung ihres Vorkommens in den Alpen von Friedrich von Alberti

Friedrich August von Alberti

Überblick über die Trias
Mit Berücksichtigung ihres Vorkommens in den Alpen von Friedrich von Alberti

ISBN/EAN: 9783743362536

Hergestellt in Europa, USA, Kanada, Australien, Japan

Cover: Foto ©berggeist007 / pixelio.de

Manufactured and distributed by brebook publishing software (www.brebook.com)

Friedrich August von Alberti

Überblick über die Trias

Ueberblick über die Trias,

mit Berücksichtigung

ihres Vorkommens in den Alpen,

von

Dr. Friedrich von Alberti.

Mit 7 Steindrucktafeln.

Stuttgart.

Verlag der J. G. Cotta'schen Buchhandlung.

1864.

Seit dem Erscheinen meiner Monographie der Trias im Jahr 1834 sind in der Erforschung dieser Formation grosse Fortschritte gemacht worden. Auch ich habe seitdem manches Neue beobachtet und emsig gesammelt.

Um diess nachzuweisen, führe ich den Leser in meine geognostisch - petrefactologische Sammlung ein und lege ihm den die Trias vertretenden Theil derselben vor.[1] Er wird manche Bekannte darin finden, die ihm in den Petrefaktenwerken von Goldfuss und Ziethen, in den Monographien von Agassiz, von H. v. Meyer u. a. früher begegnet sind.

Da noch so viel Zweifelhaftes in der Bestimmung der Geschlechter und Arten der Trias vorliegt, so habe ich mich bemüht, einen Theil der früheren Abbildungen zu ergänzen oder neue zu geben, wobei ich darin im Vortheile vor meinen Vorgängern war, dass ich über ein grosses Material, welches durch Ueberlassung der Sammlung meines Freundes, Baron August von Althaus, dem ich hiemit meinen Dank wiederhole, namhaft vermehrt wurde, zu verfügen hatte, und es mir gelang, mehrere Schlösser aufzufinden, welche grössere Sicherheit in die Bestimmungen brachten. Manches ist noch zweifelhaft geblieben, und wenn ich dennoch Abbildungen von dem Ungewissen gegeben habe, so geschah es, weil ich der Ansicht bin, dass, wenn v. Schlotheim; Goldfuss u. A. desshalb hätten keine Abbildungen und Beschreibungen von Versteinerungen der Trias geben wollen, weil kaum das

---

[1] Diese Sammlung ist indessen in den Besitz des K. Naturalien-Cabinets in Stuttgart übergegangen.

Geschlecht derselben angedeutet war, wir viel weiter in der Kenntniss derselben zurück wären.

Um einen Ueberblick über die Gesammt-Flora und Fauna der Trias, der mir in geologischer Beziehung von Wichtigkeit schien, zu geben, habe ich alle bekannten Arten ihrer Versteinerungen ausser den Alpen mit einzelnen verwandten in den Alpen in kurzen Umrissen gegeben und mir erlaubt, für die Schalthiere, die ich nicht oder nicht in zureichender Vollständigkeit besitze, den Diagnosen Anderer zu folgen. Ich habe eine Anzahl neuer Versteinerungen und solche aufgefunden, welche hier zu fehlen, für andere Gegenden charakteristisch zu sein schienen, andere, welche Anknüpfpunkte an die Trias der Alpen geben und geeignet sind, wenn auch die Zahl der Synonymen noch nicht gross ist, den Weg für weitere Entdeckungen zu bahnen.

Die vorhandene Literatur habe ich fleissig benützt. Ausser den grossen Petrefaktenwerken von Agassiz, Ad. Brongniart, Bronn und Römer, Goldfuss, H. v. Meyer, Plieninger und H. v. Meyer, Quenstedt, Gebr. Sandberger, Schimper und Mougeot, Graf von Sternberg u. A. haben mich einzelne Monographien beschäftigt: Quenstedt über Cephalopoden, Beyrich über Corallen, Crinoiden und Ammoniten des Muschelkalks, Michelin über Schwämme und Corallen, Davidson bearb. von Süss über Brachiopoden, Burmeisler, H. v. Meyer, Owen u. A. über Reptilien, Credner über Gervillien, v. Buch, Giebel, W. Keferstein, Gr. v. Keyserling, Gr. v. Münster, C. v. Seebach, v. Strombeck, Wissmann u. A. über verschiedene Versteinerungen der Trias.

A. d'Archiac gibt eine umfassende Uebersicht über die Entwicklung der Kenntnisse der Trias von 1834 bis 1859, welche alle bekannten Vorkommnisse derselben uns vor Augen führt.

Ueber den Stand der Kenntniss der Trias des südwestlichen Deutschlands geben vor Allen die Flötzgebirge Württembergs, die Petrefaktenkunde, der Jura und die Epochen der Natur von v. Quenstedt reiche Aufschlüsse.

Ueber die Trias im mittleren und nordwestlichen Deutschland ist in neuerer Zeit Vortreffliches geschrieben worden. Ich erwähne der Arbeiten von Berger, Beyrich, Bornemann, Credner, Geinitz, Giebel, Gümbel, v. Schauroth, Schmid und Schleiden, v. Seebach, v. Strombeck u. A., deren Schriften im Verlaufe dieser Arbeit öfters genannt werden werden.

Grosse Aufschlüsse über die Petrefakten der Trias haben die Untersuchungen Dunker's und H. v. Meyer's über die fossile Fauna von Oberschlesien und Südpolen, die Arbeiten von Voltz und W. P. Schimper über den bunten Sandstein der Vogesen, v. Schauroth über Recoaro, die Arbeit Giebel's über den Wellenkalk von Lieskau, besonders die Arbeit v. Seebach's über die Trias von Weimar gegeben, dem die bedeutendsten Sammlungen des mittleren und nördlichen Deutschlands, unter andern auch die von v. Schlotheim und Giebel zur Vergleichung zu Gebot standen und von ihm mit kritischer Schärfe benützt wurden. Es ist diess eine Arbeit, die von grosser Bedeutung für das Studium der Trias ist.

Von hoher Wichtigkeit für die Kenntniss der Trias waren die Untersuchungen in den Alpen, welche die Parallelisirung dieser Formation mit der ausser diesem Gebirge anzubahnen suchten. Grosse Verdienste haben sich in dieser Beziehung Bronn, Catullo, Cotta, Curioni Cornalia, Emmrich, Escher von der Linth, Fötterle, v. Hauer, Heer, Hörnes, v. Klipstein, Lipold, P. Merian, Gr. v. Münster, Pichler, v. Richthofen, Schafhäutl, Stabile, Stopani, Stur, Winkler, Wissmann u. A. erworben.

Gümbel ist es gelungen, alpinische Versteinerungen im Keuper Frankens, Oppel und Süss, die Kössener Schichten an vielen Orten ausser den Alpen nachzuweisen.

In Nachstehendem wird die Literatur, welche ich benützte, von der in Vorstehendem im Allgemeinen die Rede war, aufgeführt, und um vielfache Wiederholungen abzuschneiden, werden die Abkürzungen beigesetzt, die bei den Citaten benützt werden.

Die Schriften, aus welchen nur einzelne Citate zu geben
waren, sind nicht in nachstehendem Verzeichniss aufgeführt.

Agassiz, L. Recherches sur les poissons fossiles 5 Vol. 1833—1843. — *Agass. poiss. foss.*

— Etudes critiques sur les mollusques foss. 2me Livr. contenant les Myes du Jura et de la craie Suisses, Neuchâtel 1842 und 1843. — *Agass. Moll. foss.*

Alberti, F. v. Gebirge des K. Württemberg in besonderer Beziehung auf Halurgie, mit Beilagen von G. Schübler 1826. — *v. Alb. Geb. W.*

— Beitrag zu einer Monographie des bunten Sandsteins, Muschelkalks und Keupers, und die Verbindung dieser Gebilde zu Einer Formation (Trias) 1834. — *v. Alb. Tr.*

— Halurgische Geologie II. B. 1852. — *v. Alb. hal. Geol.*

Archiac, A. d'. Histoire des progrès de la Géologie de 1834—1859. T. VIII. Formation triasique 1860. — *d'Archiac form. trias.*

Berger, H. A. C. Versteinerungen der Coburger Gegend 1832. — *Berger Coburg.*

— Die Keuperformation mit ihren Conchilien in der Gegend von Coburg. N. Jahrb. f. Min. 1854. 408 ff. — *Berger Keuper.*

— Die Versteinerungen im Röth von Hildburghausen. N. Jahrb. f. Min. 1859. 168 ff. — *Berger Röth.*

— Die Versteinerungen des Schaumkalkes am Thüringer Walde. N. Jahrb. f. Min. 1860. 196 ff. — *Berger Schaumkalk.*

Beyrich, E. Ueber einige organische Reste der Lettenkohle in Thüringen. Zeitschr. der deutsch. geol. Gesellsch. II. 1850. 153 ff. — *Beyrich Lettenkohle Thür.*

— Ueber Ammoniten im Muschelkalk. Zeitschr. der deutsch. geol. Gesellsch. VI, 1854. 513 ff. X, 1858. 208 ff. — *Beyrich Ammoniten.*

— Ueber die Crinoiden des Muschelkalks Abhandl. der K. Akad. der Wissensch. zu Berlin 1857. 1. — *Beyrich Crinoid.*

— Ueber das Vorkommen von Corallen und Schwämmen im Muschelkalk ausser den Alpen. Zeitschr. d. deutsch. geol. Gesellsch. IV, 1852. 216 ff. — *Beyrich Corallen.*

Blainville, H. de. Mémoires sur les Belemnites. 1827. — *de Blainv. Belemn.*

Blumenbachii, J. F. Specimen archaeologiae telluris etc., Comment. soc. reg. scient. Götting. 1800 bis 1803 u. 1814 u. 1815.

Bornemann, J. G. Ueber organische Reste der Lettenkohlengruppe Thüringens; ein Beitrag zur Fauna und Flora dieser Formation, besonders über fossile Cycadeen etc. 1856.

Brongniart, Ad. Histoire des végétaux foss. V. I. II, 1—3. 1828—1838.

— Annales des sc. natur. XV. 1828. — Versuch einer Flora des bunten Sandsteins.

Bronn, H. G., und Römer, Fr. Lethaes geognostica. 3. Aufl. Th. III. 1851—1856.

— Beiträge zur Fauna und Flora der bituminösen Schiefer von Raibl. III. Flora. N. Jahrb. f. Min. 1858. 1—32. 129. 144.

Buch, L. v. Ueber Terebrateln. 1834.

— Ueber Ceratiten, Berl. Acad. 1848.

Catullo, F. Saggio di Zoologia foss. 1827.

— Mem. geognostica palaeozoica sulle Alpi Venete. Besonderer Abdruck aus den Mem. della societa italiana delle scienze, resid. in Modena XXIV. 1846.

Chop, C. Neue Mittheilungen über die Zähne und Fischreste aus dem Schlotheimer Keuper. Zeitschr. für die gesammten Naturwissensch. von Giebel und Heintz. 1857. IX, p. 127 ff.

Credner, H. Ueber Gervillien der Triasformation in Thüringen. N. Jahrb. f. Min. 1851. 641 ff.

Cuvier, B. Recherches sur les ossemens fossiles. 1822.

Deshayes, M. G. T. Traité élémentaire de conchyologie. 1843—1855.

Dunker, W. Programm der höhern Gewerbschule in Cassel. 1848—1849.

Dunker and H. v. Meyer, Palaeontographica I. 1851. 21 ff.

Escher, Arn. v. der Linth. Geolog. Bemerkungen über das nördliche Vorarlberg und einige angränzende Gegenden. N. Denkschr. der allgem. schweiz. Gesellsch. f. die gesammt. Naturwissensch. XIII. 1853.

Abkürzung der Citate.

Blumenb. arch. tell.

Bornemann Lettenkohle.

Ad. Brongn. veg. foss.
Ad. Brongn. Ann. des sc. nat. XV.

Bronn Leth.

Bronn Raibl.

v. Buch Terebr.
v. Buch Ceratit.
Catullo Zool. foss.

Catullo Alpi Venete.

Chop Schlotheimer Keuper.

Credner Gervillien.

Cuv. oss. foss.
Deshayes conchyol.

Dunker Progr.

Dunker Palaeontogr.

Escher N. Vorarlberg.

Abkürzung der Citate.

Fraas, O. Ueber Seminotus und einige Keupercouchy-
lien — Württ. naturw. Jahresh. 1861. 81 ff.
— Fraas Seminotus und Keuperconch.

Geinitz, H. B. Beitrag zur Kenntniss des Thüringer
Muschelkalkgebirges. 1837.
— Geinitz Beitr.
— Ueber einige Petrefakten des Zechsteins und
Muschelkalks. N. Jahrb. f. Min. 1842. 576 ff.
— Geinitz N. Jahrb. f. Min. 1842.
— Grundriss der Versteinerungskunde. 1845 und
1846.
— Geinitz Verstrgsk.

Gervais, P. Zoologie et Palaeontologie françaises. II.
1848—1852.
— Gervais Zool.

Giebel, C. G. Allgemeine Paläontologie. Entwurf einer
system. Darstellung der Fauna und Flora der
Vorwelt. I. Abthlg. Paläozoologie. 1846.
— Giebel Paläont.
— Ueber die Fische im Muschelkalk von Esper-
stedt. N. Jahrb. f. Min. 1848. 149 ff.
— Giebel Esperstedt.
— Die Versteinerungen im Muschelkalk von
Lieskau bei Halle, mit 6 Tafeln. Aus dem
1. Bande der Abhandl. des naturw. Vereins
für die Prov. Sachsen und Thüringen beson-
ders abgedruckt. Berlin 1856.
— Giebel Lieskau.
— Paläontogr. Untersuchungen — Posidonomya
im bunten Sandstein von Dürrenberg — Gie-
bel und Heintz, Zeitschr. f. die gesammt.
Naturwissensch. 1857. 10. 300 ff. Rochen im
Muschelkalk bei Jena ebendas. 314.
— Giebel Paläontogr. Unters.

Goldfuss, A. Petrefacta Germaniae etc. III. Bde. 1826
bis 1844.
— Goldfuss petr. germ.

Grünewaldt, Mor. v. Ueber die Versteinerungen des
schlesischen Zechsteingebirges; ein Beitrag
zur Kenntniss der deutschen Zechsteinfauna
— Zeitschr. d. deutsch. geol. Gesellsch. 1861.
241 ff.
— v. Grünewaldt Zechsteinfauna.

Gümbel, C. W. Die Aequivalente der St. Cassiuner
Schichten im Keuper Frankens. Jahrb. der
K. K. geol. Reichsanstalt. 1859. Nro 1. 22 ff.
— Gümbel Aequiv. von St. Cassian.

Hauer, Fr. v. Ueber einige Fossilien aus dem Dolomite
des Monte Salvadore bei Lugano. Sitzungsber.
der mathem. naturw. Klasse der Wiener Akad.
1855. XV. 407 ff.
— v. Hauer M. Salvadore.
— Beitrag zur Kenntniss der Raibler Schichten
— Sitzungsber. der math. naturw. Kl. der
Wiener Akad. 1857. XXIV. 550.
— v. Hauer Raib-ler Schichten.

Abkürzung der Citate.

Heer, O. Beschr. der aufgeführten Pflanzen in Escher's geol. Bemerk. über N. Vorarlberg. N. Denkschr. der allg. Schweiz. Gesellsch. XII. 1853. 115 ff. — Heer N. Vorarlberg.

Jäger, G. Fr. v. Die Pflanzenversteinerungen des Bausandsteins von Stuttgart. 1827. — v. Jäger Pflanzenverst.

— Die fossilen Reptilien Württembergs. 1828. — v. Jäger foss. Rept.

— Beobachtungen und Untersuchungen über die regelmässigen Formen der Gebirgsarten. 1846. — v. Jäger Crystalloiden.

Keyserling, A. Gr. v. Beschreibung einiger von Middendorf aus dem arktischen Sibirien mitgebrachten Ceratiten. Bullet. de St. Petersbourg. 1846. V. 161—174. — Gr. v. Keyserling Cerat.

Klipstein, A. v. Mittheilungen aus dem Gebiete der Geologie und Paläontologie I. 1840. — v. Klipstein St. Cassian.

Klöden, K. F. Die Versteinerungen der Mark Brandenburg. 1834. — Kloden M. Brandenb.

Knorr, G. W. Lapides diluvii universalis testes, oder Sammlung von Merkwürdigkeiten der Natur. 1757. — Knorr.

Krüger, J. Fr. Geschichte der Urwelt, in Umrissen entworfen. 2 Theile. 1822—1823. — Krüger.

Lindley, J., und Hutton, W. The foss. flora of Great-Britain. 1831—1836. — Lindley und Hutton.

Ludwig, R. Geognosie und Geogenie der Wetterau — Naturhistorische Abhandlungen aus dem Gebiete der Wetterau. Hanau 1858. — Ludwig Wetterau.

Merian, P. Beiträge zur Geognosie. 1821—31, davon
— II. Geognostische Uebersicht des Schwarzwaldes. 1832. — Merian Schwarzwald.

Meyer, H. v. Neue Gattungen foss. Krebse. 1840. — v. Meyer foss. Krebse.

Meyer und Plieninger, Beitr. zur Paläontologie Württembergs. 1844. — v. Meyer Paläontol. W.

— zur Fauna der Vorwelt. 2. Abthlg. — Die Saurier des Muschelkalks mit Rücksicht auf die Saurier aus buntem Sandstein und Keuper. 1847—1855. — H. v. Meyer Fauna.

— Palaeontographica I. 1851. Jurassische triassische Crustaceen. IV, 1854. VII, 1861. 4., 5., 6. Lieferg. über Reptilien. — H. v. Meyer Paläontogr.

Michelin, H. Iconographie zoophytologique, description par localités et terrains des Polypiers foss. de Franca etc. 1840—1847. — Michelin Iconogr.

Mösch, Casimir. Das Flötzgebirge im Kanton Aargau. I. 1856. — *Mösch Aargau.*

Münster, Georg, Gr. zu. Beiträge zur Petrefaktenkunde. IV. 1841. — *Gr. v. Münster St. Cassian.*

Oppel, A., und Süss, Ed. Ueber die muthmasslichen Aequivalente der Küssener Schichten in Schwaben. Aus dem Julihefte 1856 des Sitzungsber. der math. naturw. Klasse der Wiener Akad. der Wissensch. XXI. 535. besonders abgedruckt. — *Oppel and Süss.*

Oppel, A. Weitere Nachweise der Küssener Schichten in Schwaben und Luxemburg. Aus dem Octoberhefte der math. naturw. Klasse der Wiener Akad. 1857. XXVI. des Sitzungsber. besonders abgedruckt. — *Oppel.*

Orbigny, A. d'. Palaeontologie française — Description zool. et géol. de tous les animaux mollusques et rayonnés fossiles de France — Terrains crétacés. 6 Vol. 1840—1855. — *d'Orbigny Paläontol.*

— Prodrôme da Paléontologia stratigraphique universelle des animaux mollusques et rayonnés. 1850. — *d'Orbigny Prodr.*

Plieninger, Th., und H. v. Meyer. Beiträge zur Paläontologia Württembergs. 1844. — *Plieninger Paläontol. W.*

Portlock, J. E. Report on the Geology of Londonderry. 1843. — *Portlock Londonderry.*

Quenstedt, Fr. A. Das Flötzgebirge Württembergs. 1843. — *Quenstedt Flötzg.*

— Petrefaktenkunde Deutschlands mit besonderer Rucksicht auf Württemberg — die Cephalopoden vollständig. 1846—1849. — *Quenstedt's Cephalopoden.*

— Handbuch der Petrefaktenkunde. 1851 und 1852. — *Quenstedt's Petrfkde.*

— Der Jura. 1856—1858. — *Quenstedt's Jura.*

— Epochen der Natur. Mit vielen Holzschnitten. 1860. — *Quenstedt's Epochen d. Nat.*

Reineoke, J. C. Maris protogaei Nautilos et Argonautos in agro Cohurgico reperiundos etc. 1818. — *Reinecke.*

Richthofen, Frhr. v. Die Kalkalpen von Vorarlberg und N. Tyrol. 1. Abth. Jahrb. der K. K. geol. Reichsanstalt. 1859. X. 72 ff. 2. Abth. XII. v. 1861 und 1862. 87 ff. — *v. Richthofen Kalkalpen.*

Sandberger, Guido und Fridol. Die Versteinerungen des Rheinischen Schichtensysteme in Nassau. 1850—1855.

Schauroth, C. Frhr. v. Die Versteinerungen der Trias im Vicentin'schen. — Sitzungsber. der math. naturw. Klasse der Wiener Akad. XVII. 1855.

— Die Schalthiere der Lettenkohlenformation des Herzogth. Coburg. Zeitschr. d. deutsch. geol. Gesellsch. IX. 1857. 85 ff.

— Kritisches Verzeichniss der Versteinerungen der Trias im Vicentin'schen. Aus dem XXXIV. Band, p. 283. von 1859 des Sitzungsber. der math. naturw. Klasse der K. K. Akademie besonders abgedruckt. Wien 1859.

Schimper, W. P., und **Mougeot**, A. Monographie des plantes fossiles du grès bigarré de la chaine des Vosges. 1844.

Schimper, W. P. Palaeontologica Alsatica. Extrait des mém. de la soc. d'hist. nat. de Strasbourg. 1853.

Schlotheim, E. F. Frhr. v. Die Petrefaktenkunde auf ihrem jetzigen Standpunkte etc. 1820.

— Nachträge zur Petrefaktenkunde. 1822.

Schmid, E. E. Die Fischzähne der Trias bei Jena. 1861. Verhandl. d. Leop. carol. deutsch. Akad. der Naturforscher. 1862.

Schmid, E., und **Schleiden**, E. Die geognostischen Verhältnisse Thüringens und des Saalthales bei Jena. 1846.

Seebach, K. v. Entomostraceen aus der Trias Thüringens — Zeitschr. der deutsch. geol. Gesellsch. IX. 1857. 198 ff.

— Die Conchyllenfauna der Weimarischen Trias. Zeitschr. d. deutsch. geol. Gesellsch. XIII. 1861. p. 551—666.

Sternberg, Casp. Gr. v. Geognost. botanische Darstellung der Flora der Vorwelt. 1820—1838.

Terquem, M. O. Observations sur les études critiques des Mollusques fossiles, comprenant la Monographie des Myaires pr. M. Agassiz. 1855.

Voltz, L. Notice sur le grès bigarré de la grande carrière de Soulz les bains. Mém. de la soc. d'hist. natur. de Strasbourg. II. 1837.

Abkürzung der Citate.

Sandberger
Nassau.

v. Schauroth
Recoaro.

v. Schauroth
Lettenkohlenf.

v. Schauroth
Krit. Verz.

Schimper
et Mougeot.

Schimper
Pal. Alsat.

v. Schlothelm
Petrefk.

v. Schlotheim
Nachtr.

Schmid
Fischzähne.

Schmid
und Schleiden.

v. Seebach
Entomostr.

v. Seebach
Weim. Tr.

Gr. v. Sternberg
Flor.

Terquem
Mollusq. foss.

Voltz
grès bigar.

Voltz, L. Topographische Uebersicht der Mineralogie   Voltz
    der beiden Rheindeparts. (aus der hist. und   Elsass.
    topogr. Beschr. des Elsasses von Aufschlager
    besonders abgedruckt. Strassburg 1828).
Wissmann, H. L. Beiträge zur Geognosie und Petre-   Wissmann
    faktenkunde des südlichen Tyrols. In Gr.   S. Tyrol
    Münsters Beitr. IV. 1841.
Zenker, J. C. Beitrag zur Naturgeschichte der Urwelt   Zenker
    etc. Jena 1833.   Urwelt.
Ziethen, Ch. H. v. Die Versteinerungen Württembergs.   v. Ziethen.
    1830—1833.

Zu der am Schlusse dieser Schrift gegebenen Verbreitung der Petrefakten ausser den Alpen haben mir ausser
den oben verzeichneten folgende Schriften gedient:

Bornemann, J. G. Ueber die Liasformation in der Umgegend von Göt-
    tingen. 1854.
— . Ueber den Muschelkalk Spaniens. Zeitschr. der deutsch. geol.
    Ges. VIII. 1856. p. 165.
Credner, H. Uebersicht der geognost. Verhältnisse Thüringens und des
    Harzes. 1843.
— . Ueber die Grenzgebirge zwischen dem Keuper und dem Lias
    in Norddeutschland. N. Jahrb. f. Min. 1860. 293 ff.
Daubrée. Descript. géol. du dép. du Bas Rhin. 1852.
Gümbel, C. W. Die Lagerstätte foss. Pflanzen in Oberfranken. N. Jahrb.
    f. Min. 1858. 550 ff.
Heine. Geol. Untersuchungen der Umgegend von Ihbenbüren, Zeitschr.
    d. deutsch. geol. Ges. XIII. 1861. p. 149 ff.
Kutorga, St. Fossile Reste aus buntem Sandsteine des Orenburgischen
    Gouvernements. Verhandl. der min. Ges. in Petersburg. 1844. 16.
Markou, Jul. Dyas et Trias, ou le nouveau grès rouge en Europe. Ge-
    nève 1859.
Meyer, H. v. Ueber Reptilien und Krebse in vielen Aufsätzen im N.
    Jahrb. f. Min. u. a. O.
Schauroth, C. Frhr. v. Uebersicht der geognostischen Verhältnisse des
    Herzogthums Coburg und der anstossenden Landestheile als
    Erläuterung zur geogn. Karte. Zeitschr. d. deutsch. geol. Ges.
    V. 1853. p. 698 ff.
Schlönbach, A. Beitrag zur genauen Niveaubestimmung des auf der
    Grenze zwischen Keuper und Lias im Hannövrischen und Braun-
    schweigischen auftretenden Sandsteins. N. Jahrb. f. Min. 1862.
    p. 146 ff.

Schmid, E Ueber den Saurierkalk von Jena und Esperstedt. N. Jahrb. f. Min. 1852. 910 ff.

— Die organischen Reste des Muschelkalks im Saalthale bei Jena. N. Jahrb. f. Min. 1853. 9 ff.

Strombeck, A. v. Ueber die Gliederung des Muschelkalks im nordwestl. Deutschland. Zeitschr. der deutsch. geol. Ges. I. 1849. 87 ff.

— Beitrag zur Kenntniss des Muschelkalks im nordwestl. Deutschland. Zeitschr. der deutsch. geol. Ges. I. 1849. 115 ff.

— Ueber zwei neue Versteinerungen aus dem Muschelkalke. Zeitschr. d. deutsch. geol. Ges. II. 1850. p. 90 ff.

— Ueber den obern Keuper bei Braunschweig — Zeitschr. der deutsh. geol. Ges. IV. 54 ff.

— Ueber das Vorkommen von Myophoria pes anseris — Zeitschr. der deutsch. geol. Ges. X. 1858. p. 80 ff.

Terquam, M. O. Palaeontologie du dép. de la Moselle. 1855.

Verneuil, de, et Ed. Collomb. Coup d'oeuil sur la constitut. géol. de quelques provinces d'Espagne. Bullet. de la soc. géol. de Fr. X. 1852—1853. p. 61—176.

Wissmann, H. L. Ueber Goniatiten des Muschelkalks. N. Jahrb. f. Min. 1840. 532 ff.

— Ueber verschiedene Versteinerungen des Muschelkalks. N. Jahrb. f. Min. 1842. 309.

— Ueber Korallen im Muschelkalk. N. Jahrb. f. Min. 1842 311.

Zur Orientirung in den Alpen benützte ich:

Cotta, B. Ueber die Umgebungen des Fassathals. N. Jahrb. f. Min. 1850. 129 ff.

Curioni Cernalia. Notize mineralogiche supra alcune valli meridionali del Tirolo 1848.

Curioni, G. Ueber die normale Aufeinanderfolge der Glieder der Trias in der Lombardei. Aus: Giornale d. J. R. Istituto Lombardo di scienze. 1855. VII. 35. p. p. — im N. Jahrb. f. Min. 1856. 736 f.

Emmrich, H. Ueber die Schichtenfolge des Gaderthals, der Seisser Alp und insbesondere bei St. Cassian. N. Jahrb. f. Min. 1844 791 ff.

Escher, Arn. v. d. Linth. Ueber die Folge der Formationen in Vorarlberg und dem Bergamaskischen. N. Jahrb. f. Min. 1853. 166 ff.

Fötterle, F. Lagerungsverhältnisse der Steinkohlenformation (Gallthaler Schichten) und der Triasgebilde im südwestl. Karnthen. Jahrb. der K. K. geol. Reichsanstalt. 1856. VII. 372 ff.

Girard, H. Ueber eine Reise nach Italien. N. Jahrb. f. Min. 1843. p. 469 ff.

Hauer, Fr. v. Ueber die Cephalopoden des Muschelmarmors von Bleiberg in Kärnthen. Haidinger's naturw. Abhandl. I. 1847. 21 ff.

— Die Cephalopoden aus dem rothen Marmor von Aussee — Haidinger, naturw. Abhandl. I. 184. 257 ff.

Hauer, Fr. v. Ueber die Gliederung des Alpenkalks in den O. Alpen. N. Jahrb. f. Min. 1850. 562 ff.

— Ueber die Abhandlung von Curioni. Jahrb. der K. K. Reichsanstalt 1855. 887 ff.

— Paläontol. Notizen — Sitzungsber. der K. K. Akad. in Wien. XXIV. 2. Heft. 1857. Apr.

Hörnes, M. Ueber Gasteropoden aus der Trias der Alpen. Denkschr. der K. K. Akad. in Wien. XII. 1856.

Lipold, M. V. Erläuterung geogn. Durchsch. aus dem östlichen Kärnthen. Jahrb. der K. K. geol. Reichsanstalt. 1856. VII. 332 ff.

Merian, P. Vorkommen der St. Cassianer Formation in den Bergamasker Alpen und in der Kette des Rhätikon. Verhandl. der naturf. Ges. in Basel. X. 147 ff.

— Geologie der Vorarlbergischen Alpen — Verhandl. der naturforsch. Gesellsch. in Basel. X. 150.

— Flözformation der Umgegend von Mendrisio — Verhandl. der naturf. Gesellsch. in Basel. 1854. 71 ff.

— Muschelkalkversteinerungen im Dolomite des Monte Salvadore bei Lugano. Verhandl. der naturf. Ges. in Basel. 1854. 1. 84 ff.

— Ueber die Kemperkohle in Vorarlberg und Nordtyrol. Bullet. de la soc. géol. de Fr. 2me Ser. T. XII. 1855. 1046 ff. mit Anmerkungen von Köchlin-Schlumberger.

Pichler, A. Zur Geognosie der NO. Alpen Tyrols. Jahrb. der K. K. geol. Reichsanstalt. 1856. VII. 717 ff.

— Zur Geognosie der Tyroler Alpen. N. Jahrb. für Min. 1857. 689 ff.

— Beitr. zur Geognosie Tyrols. Innsbruck 1859.

Schafhäutl, D. Geogn. Untersuchung des südbayerischen Alpengebirgs. 1851.

— Der Peisenberg oder Kressenberg in Bayern. N. Jahrb. für Min. 1852. 129 ff.

— Beiträge zur näheren Kenntniss der bayerischen Voralpen. N. Jahrb. f. Min. 1854. 513 ff.

Stabile, J. Fossiles des environs du lac du Lugano. Atti della società elvetica della science naturali riunita in Lugano 1860. Lugano 1861.

Stopani, Ant. Les petrifications d'Esino etc. 1858—1860.

Stür, D. Die geol. Verhältnisse der Thäler der Drau, Isel, Möll und Gail in der Umgebung von Lienz in Tyrol und der Carnia und Cometico im Venetianischen Gebiete. Jahrb. d. K. K. Reichsanstalt. 1856. VII. 405 ff.

Winkler, G. G. Schichten der Avicula contorta inner und ausser den Alpen. München 1859.

— Der Oberkeuper nach Studien in den bayerischen Alpen — Zeitschr. der deutsch. geol. Ges. XIII. 1861. 459—521.

Ausser den Hülfsquellen, welche mir die Literatur bot, war mir für das kritische Studium der Petrefakten der Trias die freundliche Unterstützung des Professors Fridolin Sandberger in Karlsruhe, jetzt in Würzburg, von hohem Werthe; im Verlaufe der nachfolgenden Arbeit werde ich wiederholt seine Theilnahme an dieser zu rühmen haben. Auch dem Professor O. Fraas in Stuttgart, dem Eisenbahnbau-Inspektor Binder in Heilbronn und andern Freunden bin ich für Unterstützung meines Unternehmens zu besonderem Danke verpflichtet.

Das Manuscript dieser Arbeit war schon vor zwei Jahren zum Drucke bereit; die Saumseligkeit des Lithographen jedoch verzögerte diesen; kein Wunder, wenn einzelnes Neue von damals jetzt etwas veraltet ist, dagegen Manches zu besserer Frucht heranreifte.

Inhalt.

XX

Das Ziel, welches ich mir in vorliegender Schrift setze, ist, einen Umriss von dem gegenwärtigen Stand unserer Kenntniss der Trias zu geben, meine Arbeit über diese Formation vom Jahr 1834 in kurzer Uebersicht zu vervollständigen oder zu berichtigen.

Meine Aufgabe gedenke ich in drei Kapiteln zu lösen,

deren erstes die verschiedenen Gruppen der Trias in Schwaben mit ihren mineralogischen Einschlüssen vom geognostischen Standpunkt behandelt,

das zweite die organischen Reste beschreibt, und

das dritte die Vertheilung und Verbreitung der Versteinerungen in und ausser Schwaben behandelt und eine Klassifikation der einzelnen Gruppen in und ausser den Alpen anstrebt.

Erstes Kapitel.

Die Gruppen der Trias im südwestlichen Deutschland.

Kein Land eignet sich mehr zu geognostisch petrefaktologischen Forschungen als Württemberg. Fast alle Glieder sind mit grosser Deutlichkeit aufgeschlossen. Im bunten Sandsteine (Niedernhall), im Wellenkalke (Sulz), in der Anhydrit-Gruppe (Sulz, Wilhelmsglück, Friedrichshall), im Kalkstein von Friedrichshall in seiner ganzen Mächtigkeit (Wilhelmsglück, Friedrichshall) und im grössten Theile der

Lettenkohlengruppe (am Stallberge bei Rottweil) sind (ausser einer grossen Anzahl Bohrlöcher) Schächte abgeteuft, welche über die Lagerungsverhältnisse keinen Zweifel zulassen; nur der Keuper ist bei Weitem noch nicht durchforscht.

Die Trias ist im südwestlichen Deutschland z. Th. auf Granit, nur getrennt durch schwache Lagen von Arkose, z. Th. auf Todtliegendes, z. Th. auf Zechstein gelagert.

Bei Alpirsbach und Wittichen tritt Dolomit als Gang im Granit auf und breitet sich über dem letztern fast horizontal aus.

Im Reinerzauer Thale bei Schramberg u. a. O. bekommt das Todtliegende nach oben Braunkalkflecken, welche mehr und mehr wachsen, und zuletzt zu Dolomit-Massen von 28 bis 30 Meter Mächtigkeit anwachsen. All dieser Dolomit, auch der von Alpirsbach, ist von Jaspis und Schwerspathtrümmern durchzogen.

Der Dolomit ist von gelblich grauer Farbe, und sehr crystallinisch.

Aehnliches findet sich an den Vogesen.

Die eigenthümlichen Verhältnisse dieses Dolomits schienen eher für Lager im Todtliegenden als für ein Aequivalent des Zechsteins zu sprechen.

In dem Versuchsbohrloche von Ingelfingen wurde bei 405 Meter Tiefe zuerst ein dunkelgrauer schiefriger Thon, und dann weisser und grauer dolomitischer Kalk, von denen der graue nach der Analyse von Bergrath Xeller — 52,36 kohlensauren Kalk und 34,46 kohlensaure Bittererde enthält, stellenweise metallhaltig ist und Gypsschnüre enthält[1], 27m,4 mächtig durchsunken. Derselbe wurde auch im Versuchsbohrloch von Dürrmenz-Mühlacker erbohrt. Unter dem Zechsteine trat bei Ingelfingen das Todtliegende auf, welches noch nicht durchsunken ist.

Dieses Vorkommen des Zechsteins schliesst sich an das des Spessart u. a. O. an.

[1] Würt. naturw. Jahresh. V. 1839. p. 345.

Die gelblich graue Farbe des Dolomits bei Alpirsbach, in der Reinerzau u. a. O. kann, wie bei dem am Tage ausgehenden Muschelkalk, der durchaus viel heller als der in der Tiefe befindliche ist, durch Einwirkung der Atmosphäre entstanden sein, so dass ungeachtet des Unterschieds in der Farbe, derselbe, wogegen auch die Lagerung in der Reinerzau nicht spricht, mit dem in dem Ingelfinger Bohrloche anstehenden gleichen Alters sein wird.

Daraus geht hervor, dass der bunte Sandstein am Schwarzwalde über Zechstein gelagert sei, wo der letztere entwickelt ist.

Die Trias zerfällt in drei Hauptglieder: den bunten Sandstein, Muschelkalk und Keuper.

Was die Lagerung der Trias im Allgemeinen und die spezielle geognostische Beschreibung der einzelnen Gruppen betrifft, so beziehe ich mich auf meine früheren Schriften. Hier soll es sich nur darum handeln, einen kurzen Ueberblick über die geognostischen Verhältnisse der einzelnen Gruppen zu gewinnen, wobei insbesondere die Abtheilung S. des Mains, O. vom Spessart, Odenwald und Schwarzwald, und W. des schwäbischen und fränkischen Jura's in Betracht kommt, welche meine Sammlung am meisten bereicherte.

1. Der bunte Sandstein,

vorzüglich in dem östlichen Theile des Spessarts, Odenwalds und Schwarzwalds vorherrschend und dort in grosser Verbreitung, zeigt am Schwarzwalde und an den Vogesen das Merkwürdige, dass während seiner Bildung eine Hebung stattfand, wodurch das schon Gebildete in seinen Grundfesten zerrüttet und auf ein höheres Niveau gehoben wurde, so dass sich die noch in Bildung befindliche Masse am Fusse ablagern musste, was auch mit Einhalten eines gewissen Niveau's geschah. Durch dieses Verhältniss wird der bunte Sandstein in den besagten Gegenden in zwei Theile getrennt, die jedoch einen so ähnlichen Charakter haben, dass da, wo die Hebung nicht stattfand, die Trennung bis jetzt noch nicht versucht wurde.

Ich nenne den gehobenen Sandstein nach E. de Beaumont

Vogesensandstein,

den an ihm abgelagerten

Bunten Sandstein.

Diese beiden Sandsteine haben in den Bohrlöchern von Ingelängen und Dürrmenz, wo sie, wie schon gesagt, dem Zechstein aufgelagert sind, 405—432 Metres Mächtigkeit.

a. Der Vogesensandstein,

vorherrschend braunroth, meist sehr zerklüftet, häufig in Blöcke abgesondert, ist bald von kiesliger Beschaffenheit, ein feines Korn und grosse Härte annehmend, bald aus Conglomeraten bestehend, welche vorherrschend aus Quarz, dann aus Feldspath und Kieselschiefer-Geröllen zusammengesetzt sind; bald als Thonsandstein mit Thongallen auftretend, in dem stellenweise sich Sphäroiden eines ähnlichen Sandsteins ausscheiden. [1]

Von fremdartigen Einschlüssen finden sich in ihm:

Quarzdrusen am grossen Rang zwischen Wildbad und Kalmbach, bei Christophsthal, bei Sulgen auf der Höhe über Schramberg;

Jaspisfindlinge im Sandsteine von Villingen und Schramberg,

Schwerspath im Sandsteine von Villingen, Mönchweiler, Neckargerach,

Sanderz bei Villingen und Gumpelscheuer,

Eisensteinconcretionen bei Villingen.

Stellenweise ist der Sandstein von Mangan durchdrungen.

Fridolin Sandberger — Beiträge zur Statistik der innern

[1] Im Granit des Moserwegen in der Reinerzau tritt der gleiche kiesliche Sandstein, von dem oben die Reda war, als Gang auf und breitet sich über erstern aus.

Verwaltung des Grossh. Baden VII. Hft. 1858. 14. — erwähnt aus der Gegend von Müllheim Anflüge von Psilomelan und Pyrolusit.

Auf Gängen finden sich in diesem Sandsteine:

Kupferkies bei Lauterbach unweit Freudenstadt,

Fahlerz auf der Dorothea bei Christophsthal,

Kupferlasur und Malachit in Verbindung mit Quarzgängen bei Bulach,

Brauneisenstein, Lepidocrokit und crystall. Granbraunsteinerz bei Nenenbürg.

Erdiges Graubraunsteinerz ebendaselbst und bei Mönchweiler.

b. Bunter Sandstein.

Meist braunroth mit thonigem Bindemittel, seltener in bunter Färbung, unten dick, nach oben dünner geschichtet, in Platten abgesondert, und zuletzt in Schieferletten (Röth der Norddeutschen) übergehend. Der Sandstein ist reich an Thongallen. Manche Schieferletten, wie z. B. bei Dornhan, sind so glimmerreich, dass sie sich dem Glimmerschiefer nähern.

In den obersten Sandstein- und Schieferletten-Lagen findet sich im Ziegeleistollen bei Weissbach und bei Epfendorf Gyps als unbedeutendes Lager vorkommend, und im Schachte bei Niedernhall setzt ein Gang von Fraueneis aus dem Sandsteine zu Tag herauf.

Von fremdartigen Einschlüssen finden sich ferner in ihm:

Faserkalk, wahrscheinlich Pseudomorphose nach Fasergyps, bei Cappel unweit Villingen,

Kalksynter bei Neckarelz,

Kalkspath-, Braunspath-, Flussspath-Crystalle im Sandsteine von Waldshut nahe unter dem Wellendolomite,

Kupferlasur im Teufenbachthale bei Horgen und bei Thannheim,

Rother Eisenrahm im Teufenbachthale.

2. Muschelkalk.

Er bedeckt den bunten Sandstein im Süden des Schwarzwalds bis an den Rhein, bildet im Osten desselben einen
Strich von Thiengen über Stühlingen, Löffingen, Rottweil,
Sulz, Nagold, Weil, breitet sich dann im Norden des besagten Gebirgs und im Süden des Odenwaldes in den Thälern der Enz, des Neckars, des Kochers, der Jagst und der
Tauber aus.
— vgl. Alb. Tr. p. 107 f.
Am obern Neckar ist er 180, am untern 260ᵐ mächtig.

c. Wellenkalk.

Zu unterst herrscht am untern Neckar, im Kocher-, im
Jagstthale und am südlichen Schwarzwalde Kalk, nach oben
dolomitischer Mergel; am obern Neckar sind die Mergel
mit dolomitischen Kalken und mit Dolomit verbunden, vorherrschend.

Anfänglich wechseln die untersten dolomitischen Mergel
noch mit einzelnen rothen sandigen Schieferlettenschichten,
dann wird die graue Farbe dominirend. In den untersten
Lagen sehr silicatreiche Mergel. Ueber ihre Zusammensetzung — Alb. hulurg. Geol. 1. 447.

Mit diesen finden sich stellenweise metallreiche Mergel
und Dolomit, mit eingesprengtem Fahlerz und Bleiglanz;
Anflüge von Kupferlasur und Kupfergrün überziehen häufig
die besagten Gesteine.

Aus einer porösen Dolomitlage der untersten Schichten
entspringen die tieferen Soolen in Sulz am Neckar.

Die durchschnittliche Mächtigkeit dieser Gruppe in
Schwaben beträgt etwa 60 Metres.

Die Kalke, die Mergel und dolomitischen Gesteine sind
in den Gruben dunkelgrau bis zum Schwärzlichgrauen, am
Tage sind sie alle mehr oder minder entfärbt: der Kalk ist

ranchgrau, bläulich grau, bräunlich grau, der Mergel gelb-
lich-bräunlich-grönlich grau bis in's Gelbe und Braune.

Ueberall dünne Schichtung, die Wellenbiegungen derselben am ausgezeichnetsten im Kalksteine.

· Fremdartige Einschlüsse:

Hornsteinartiger Feuerstein bei Marbach, Braunspath in
kleinen Drusen, oft auch in Körnern oder kleinen Crystallen
dem Gestein beigemengt, oder dasselbe, wie O. Fraas im
Sulzauer Tunnel in den obern Lagen unter dem Gypse fand,
in dünnen Schichten wie Sand durchziehend.

Schwefelkies-Hexaëder von Horgen.

Rother Eisenrahm von da,

Gelbe Blende im Dolomit von Niedernhall,

Erdige Kohle mit einer Rinde von Kupfergrün und
Kupferlasur von Horgen,

Pechkohle in Nestern im Wellenmergel von Villingen
und Diedesheim.

Stylolith aus dem obersten Wellenkalk unmittelbar unter der Anhydritgruppe im Schachte 1 in Friedrichshall.

In den Wellenmergeln finden sich Absonderungen der
mannigfaltigsten Art, darunter in Jäger's Crystalloiden,
T. II, f. 16, 17, 18.

d. Anhydritgruppe.

Bis zu 110ᵐ mächtig.
Sie besteht
    aa. aus Gyps, Salzthon und Steinsalz,
    bb. aus dolomitischen und bituminösen Gesteinen.

aa. Gyps, Salzthon und Steinsalz.

Bis zu 100ᵐ mächtig.
Ueber die Verhältnisse dieser Gesteine zu einander, über
ihre Lagerungsverhältnisse etc. vergl. v. Alb. Geb. W. 54 ff.
v. Alb. Tr. 59 ff. v. Alb. halurg. Geol. I. 440 ff.

Von fremdartigen Einschlüssen:

Bittersalz, Schwefelkies im Gypse des Bohrlochs von Mühlhausen bei Schwenningen, fasriges Steinsalz mit Fasergyps im Schachte 1 in Friedrichshall, beide so in einander übergehend, dass es schwer zu erkennen ist, wo das erste aufhört und das andre anfängt.

Steinsalz von Asphalt durchdrungen, der sich in einzelnen Parcellen als Gagat ausscheidet, von Wilhelmsglück.

bb. Dolomite, Mergel, Zellenkalke, Stinkkalke.

Bis zu 10ᵐ mächtig.

Unmittelbar über der vorigen Abtheilung sehr bituminöse, zum Theil schwarze, zum Theil graue und gelbe mergeligе, zum Theil dolomitische Gesteine. Darüber vorherrschend Mergel von hellgrauen und gelben Farben.

Nicht selten finden sich hier wahre Zellenkalke (Cargneules).

An fremdartigen Einschlüssen: Ausscheidungen von Quarz, Chalcedon, von hornsteinartigem Feuerstein, zum Theil in einzelnen Lagen. Hier ist auch die Lagerstätte der bipyramidalen Quarzcrystalle, welche auswittern und streckenweise die Felder bedecken.

Das interessanteste Vorkommen in den bituminösen Lagen dieser Gruppe, welche äusserst selten eine Spur von organischen Resten enthalten, sind die mit Erdpech überzogenen Stylolithen von ausserordentlicher Schönheit, scharf gestreift, wie durch ein Drahteisen gezogen, welche sich über den Schacht 1 von Friedrichshall auf 40 Quadratmeter Fläche verbreiteten und bis 2 Decim. Mächtigkeit hatten.

In den Württemb. naturwissenschaftl. Jahresheften von 1858 p. 292 ff., in welchen ich darauf aufmerksam machte, stellte ich den Satz auf, dass die Stylolithen durch Aufsteigen von Erdöltropfen, vielleicht aus mit Bitumen geschwängerten Wasserblasen entstanden seien. Ebenso wie der Augenschein spricht dafür der Umstand, dass sie sich in

fast allen Formationen, auch in solchen finden, welche keine
organischen Reste enthalten. So nach Grewingk (N. Jahrb.
der Min. 1859. p. 66.) in den Devon'schen Schichten Liv-
lands. Nicht selten sind sie im Zechsteine der Grube Maxi-
milians bei Kamsdorf, im Hornkalke der. Oberhütte bei
Eisleben. v. Strombeck (Zeitschr. der deutsch. geol. Gesellsch. I, 1849). p. 178 ff.) erwähnt ihrer aus den mächtigen
Schichten des bunten Sandsteins und aus den Schichten des
Wellenkalks (zwischen der obern und untern Mehlstein-Ab
lagerung).

Ich fand sie in den Stinkkalken der Wellenmergel, in
der Anhydritgruppe, im Kalkstein von Friedrichshall, in
den untern dolomitischen Kalken der Lettenkohlengruppe,
und im Keupergypse. In den weissen Kalken des mittlern
Jura bei Strassberg, auf dem Braunen bei Aalen und im
obern Jura auf dem Hochberge bei Rottweil, in den Schichten des Prosopon simplex, sind sie nicht selten verbreitet,
von ganz ähnlicher Form wie in der Trias, zum Theil noch
mit Erdpech überzogen. Unter diesen finden sich einzelne,
welche auf die Schichtungsfläche sehr geneigt liegen, was
einen bedeutenden Druck vermuthen lässt, welcher das
senkrechte Aufsteigen der Oeltropfen verhinderte.

Dass man die Stylolithen nur in den Gruben, sehr selten am Tage mit Bitumen überzogen findet, liegt in der
raschen Zersetzung des letztern durch die Atmosphäre.

Die Versteinerungen, welche man zuweilen auf der
Oberfläche der Stylolithen findet, sind durch die Erdöltropfen
emporgehoben worden.

H. v. Meyer (N. Jahrb. f. Min. 1842 p. 590) ist der Ansicht, dass die Stylolithen ihre Entstehung dem Gypse und
seiner Bestrebung zu crystallisiren verdanken, da er an
einigen derselben, welche ich ihm zusendete, eine Haut von
Gyps entdeckt hat: Die Form der Stylolithen unterstützt
diese Angabe, und es ist nicht zu läugnen, dass diese häufig
nadelförmigen Gypscrystallen ähnlich sind: in den meisten
Fällen kommen die Stylolithen jedoch in Gesteinen vor,

die keine Spur von Gyps enthalten, und da sie stets vom Nebengestein ausgefüllt sind, so ist nicht anzunehmen, dass der Gyps für sich diese Bildung veranlasst habe, möglich dagegen ist es, dass das Erdpech etwas gypshaltig gewesen ist, der Gyps daher, wenn er zur Bildung der Stylolithen beigetragen hat, als ein Produkt beim Erhärten des Erdpechs anzusehen ist, das von Einfluss auf das äussere Ansehen desselben war.

Ein treues Bild über die Lagerung der Anhydritgruppe gab das Durchsenken des Schachtes in Friedrichshall von 1854—59.

Unter dem Kalkstein von Friedrichshall bei 93^m die gelben Mergel, welche diese Gruppe bedecken. Sie wechselten von 95^m bis 103^m mit schiefrigen oder dickgeschichteten bituminösen dolomitischen Kalksteinen; bei 98^m brach aus einem löcherigen gelben Mergel von etwa 1 Decimeter Mächtigkeit eine so reiche Quelle, mit der Zusammensetzung des Cannstatter Mineralwassers, aus, dass sich in der Minute 0,4 Cubikmeter Wasser ergossen. Es ist merkwürdig, dass nicht aus senkrechten Klüften, wie man häufig annimmt, sondern nicht selten aus solchen porösen Schichten mächtige Wasser sich ergiessen, deren Quantität im Verhältnisse zu der Weite der Poren des Gesteins und der Druckhöhe der Wasser steht.

Unter den besagten Mergeln legt sich bis 110^m Tiefe Anhydrit mit wenig blättrigem Gypse an. Das Gestein war theilweise so, dass man es hätte für Kalkstein von Friedrichshall halten müssen, wenn es mit Säuren gebraust hätte. Bei 114^m erschien mehr thoniges Gestein (Hallerde) mit einem schwachen Salzgehalte, dunkelgrau, mit Säuren stark brausend, in dem häufig blättriger Gyps und Anhydrit in nierenförmigen Concretionen. Bei 130^m fester Anhydrit, bei 132^m mildes Thongebirge mit fasrigem Gyps und fasrigem Steinsalz in Trümmern, dann 3^m bräunlich grauer Dolomitmergel, massig oder schiefrig, bald weich, dass er mit der Keilhaue gewonnen werden konnte, bald sehr fest, bald rein, bald mit Nestern von festem, zähem Anhydrit und einem Mittelding zwischen Anhydrit und Dolomit. Dieser Mergel ist mit Wasser gesättigt, das er ausschwitzt, so dass in 24 Stunden 0,05 bis 0,07 Cubikmeter desselben zusammenfliessen. Dieses Wasser hat nach einer in der K. Münze iu Stuttgart vorgenommenen Analyse in 100 Theilen:

Chlornatrium . - . . 1,93
schwefelsaure· Kalkerde 0,62
„ Magnesia 0,18
Chlormagnesium 0,06
- · 2,79.

Von 137ᶜᵐ an abwärts herrschte thoniges Gestein mit grösseren und kleineren Ausscheidungen von Anhydrit vor. Das Ganze war reichlich mit Fasergyps durchzogen. Von 145ᶜᵐ an zeigte sich ziemlicher Salzgehalt und es schieden sich Trümmer fasrigen Steinsalzes aus. Bei 153ᶜᵐ wurde das Steinsalz erreicht, welches zu oberst fasrig aber fest mit dem Dache verwachsen 13ᶜᵐ,43 mächtig war und gleichsam aus Einem Guss ohne alle Ablösungen bestund. Hie und da sind kleinere oder grössere Nester von bläulichem Anhydrit, öfter von gräulich schwarzem Salzthon darin eingeschlossen, im Allgemeinen herrscht jedoch durchsichtiges weisses Crystallsalz bei weitem vor, welches nach den von Prof. v. Fehling besorgten Analysen fast chemisch reines Chlornatrium ist. Das gemahlene Steinsalz mit seinen Beimengungen, wie es in den Handel kommt, enthält

Chlornatrium 97,80
schwefelsauren Kalk . 0,27
unlösliche Theile . . 1,93 [1]

Während iu den Bohrlöchern von Friedrichshall: Nro. 3, 4, 5, 6 und 8, in den Bohrlöchern Nro. 1 und 4 in Clemenshall, ebenso im Schachte die Sohle des Steinsalzes iu Einem Niveau liegt, ist die Oberfläche desselben warzenförmig, die Mächtigkeit ziemlich verschieden.

[1] Württ. naturw. Jahreshefte. XVI. 1860. p. 292.

Unter dem Steinsalze folgt im Schachte Anhydrit bis zu
0^m,8 Mächtigkeit, dieser geht allmählig in Wellenkalk über,
in dem schon 5^m unter dem Steinsulze sich Myophoria orbicularis und Reptilreste einstellen.

Von dem Steinsalze setzen eine Menge keilförmiger mit
Steinsalz ausgefüllter Gänge bis zu 3^m Tiefe nieder, so dass
sie den Wellenkalk nicht erreichen. Diese Gänge wurden
namentlich in dem grossen Sumpfe beobachtet, der zur Er-
zeugung von Soole abgeteuft ist.

Die Erscheinungen unter dem Steinsalz beweisen:

1) dass der Wellenkalk horizontal abgelagert,

2) dass dieser auf seiner Oberfläche noch nicht erhärtet
war, als sich die Anhydritgruppe zu bilden begann, sonst
hätte ein so inniger Uebergang von Anhydrit in Wellenkalk
nicht stattfinden können;

3) dass das Steinsalz sammt dem unter diesem auftretenden Anhydrit in Breiform waren, beweisen die gangför-
migen Steinsalzmassen, die von ersterem in letztern nieder-
setzen und durch Attraction in der Masse entstanden zu sein
scheinen.

Die Wimpfen näher gelegenen Bohrlöcher Nro. 1 und 7
in Friedrichshall zeigen sehr abweichende Lagerungsverhältnisse, die Sohle des ersten Steinsalzlagers liegt in Nro. 7
17^m höher und steigt gegen Wimpfen und Rappenau mehr
und mehr an. In demselben Bohrloche wurde ein zweites
Salzlager erbohrt, dessen Sohle 9^m tiefer als das der übrigen Bohrlöcher liegt. Die Linie durch die Bohrlöcher Nro. 1
und 7 scheint eine Hebung anzudeuten, die vielleicht durch
die Thalbildung bedingt wurde.

Merkwürdige Erfahrungen über die Auffüllung der Räume,
welche durch den Betrieb der Bohrlöcher im Steinsalze entstehen, wurden bei den Bohrlöchern Nro. 1 und 2 an der
Prim bei Rottenmühster gemacht. Diese waren von 1824
bis 1849 im Gange und mussten verlassen werden, weil
ungeachtet wiederholten Reinigens keine reiche Soole mehr
gewonnen werden konnte. Um die vorliegende Wasserkraft

nicht zu verlieren, wurde in der Nähe in etwa 14^m Entfernung ein neues Bohrloch Nro. 9 niedergeschlagen. Nachdem bei 133^m sehr fester Anhydrit durchbohrt war, sank der Meisel im December 1851 mit einem Male 0^m,974 ein. Dann folgte eine mässig feste Masse bestehend aus kleinen Gypscrystallen mit Salzthonparcellen verbunden, 1^m,718 mächtig und zuletzt noch 3^m,151 Steinsalz. Der 0^m,974 hohe, hohle, und der 1^m,718 mit Gyps und Salzthon ausgefüllte Raum hatten sich in 25 Jahren durch Auslaugen des Steinsalzes gebildet. Es unterliegt keinem Zweifel, dass der ausgefüllte Raum von 1^m,718 Mächtigkeit eine neue Bildung ist, und es ist nicht unwahrscheinlich, dass sich der noch 0^m,974 betragende hohle Raum in nicht sehr ferner Zeit mit der gleichen Bildung erfüllt hätte. Es lehrt diese Erfahrung, dass sich die weiten Räume, welche durch die Soolenförderung veranlasst werden, allmählig wieder ausfüllen, was darin seine Erklärung findet, dass durch den grossen Druck der im Bohrloche anstehende Anhydrit durch Einwirkung des Wassers schnell zu Gyps verwandelt und dieser der Tiefe zugeführt wird, so dass sich die Soole, um so mehr, wenn das Bohrloch nicht im Betriebe ist, mit Gyps so sättigt, dass dieser sich in Masse ausscheidet.

e. Kalkstein von Friedrichshall,

rauchgrauer Kalkstein Merian's, Hauptmuschelkalk v. Quenstedt's.

Am untern Neckar erreicht er eine Mächtigkeit von 90, am obern Neckar von etwa 80^m.

In den Gruben herrscht in ihm die grösste Einförmigkeit, wie dies ebenso vom Wellenkalke erwähnt wurde: Die Mergel und schiefrigen Thone sind alle dunkelasch- bis schwärzlichgrau, und fast gar keine Abwechslung der Farbe ist sichtbar.

In den Steinbrüchen am Tage sind viel blässere Farben die bei den Kalksteinen meist hellgrau, dem rauch- und gelblich-Grauen sich nähernd, bei dem Mergel und schiefrigen Thone gelblich- oder bräunlich grau erscheinen. Dabei geht das Schiefrige des Thons und Mergels verloren, und es stellt sich ein lettenartiges Gestein dar. Auch der Rogenstein bei Marbach unweit Villingen und bei Donaueschingen, welcher sich in der untern Abtheilung dieses Kalksteins und zwar über den encrinitenreichen Schichten findet und am Tage von licht grünlich gelber Farbe erscheint, fand sich im Bohrloche bei Mühlhausen von rauchgrauer Farbe, so dass es scheint, dass auch bei diesem die helle Farbe durch die Atmosphäre veranlasst sei.

Dieser Kalk ist in den meisten Fällen viel dicker als der Wellenkalk zuweilen bis 0^m,6 mächtig geschichtet, und während dort die Wellenform der Schichtung vorherrscht, zeigt sich diese hier meist regelmässig geradlinigt und parallel.

Die obern thonig dolomitischen Schichten sind sehr silicatreich.

Fremdartige Einschlüsse:

Die Galmei- und Eisensteinlager im Kalksteine von Friedrichshall führe ich hier nicht auf, da es zweifelhaft ist, ob sie gleichzeitig mit dem Gesteine sind, in dem sie einbrachen. [1]

Ausscheidungen von Hornstein, Quarz, Chalcedon von Marbach bei Villingen, Bühlingen, Rottweil, Schacht 2 in

[1] Interessant ist die Verwandlung von Muschelkalkpetrefakten in Galmei. Holzmann, N. Jahrb. f. Min. 1852. p. 909, besitzt von Wiesloch so verwandelt:

Encrinus liliiformis (Stielglied),
Ceratites nodosus,
Turbonilla dubia,
Lima striata,
Waldheimia vulgaris,
Myophoria vulgaris,,
Mytilus eduliformis,
Gervillia socialis u, a.

Eine gleiche Metamorphose findet sich in den Galmei-Ablagerungen in Oberschlesien. Nöggerath, N. Jahrb. f. Min. 1843. 783.

Friedrichshall. Die Schalen der Mollusken nicht selten in Chalcedon verwandelt.

Ausscheidnngen von Kalkspath derb und crystallisirt von Rottweil und Sulz,

Mondmilch von Villingen,

Braunspath von Bühlingen und Friedrichshall,

Arragonit von Ludwigsburg,

Körniger Gyps in Kalkstein eingeschlossen von Rieden bei Hall,

Flussspath? von Imnau,

Cölestin von Rottweil nnd Schacht 1 in Friedrichshall,

Schwefelkies von Rottweil,

Wad von Imnau,

Gelbe Blende von Münster bei Cannstadt und Schacht 1 in Friedrichshall.

Braune Blende von Bühlingen und Friedrichshall, die Schalen von Myophoria vulgaris und Gervillia socialis bildend aus 40 und 41^m Tiefe des Schachtes am Stallberge und in Waldheimia vulgaris eingeschlossen in Schacht 2 in Friedrichshall.

Kohlennester von Gundelsheim, Schacht 1 in Friedrichshall und von Deisslingen.

Stylolithen von Schacht 2 in Friedrichshall mit Erdpech überzogen, mit Pemphix Sueuri an der Spitze von Rottweil, mit Encrinitengliedern an der Spitze von Marbach b. V. und von Villingen. Mit Muschelfragmenten an der Spitze von Duningen. Rothgefärbter Stylolith von Deisslingen. Gewöhnliche Stylolithen von Deisslingen, Duningen, Marbach b. V., Sulz, Bühlingen. [1]

Septarien, grosse ellipsoidische Absonderungen im Kalksteine bildend, in Säulenform wie Basalt, wahrscheinlich von Zusammenziehung der Masse bei ihrer Erhärtung entstanden, von Friedrichshall und Hagenbach.

[1] G. Leonhard, N. Jahrb. f. Min. 1857. 550. erwähnt ans dem Encrinitenkalke von Wiesloch noch des Schwefelarsenike. (Realgar und Auripigment.)

Den Imatra- und Leuka-Steinen ähnliche Formen finden
sich in den Thonen des Muschelkalks von Leilstadt bei
Laufenburg und unter den Muschelkalkgeröllen des Neckars
bei Jagstfeld, welche auf den ersten Anblick Geschieben
gleichen, die aber als Ausscheidungen aus der Gesteinsmasse
anzusehen sind; der Hauptbestandtheil scheint Kieselerde zu
sein, denn sie brausen nur wenig mit Säuren. Die Grund-
masse der rundlichen meist flachen Körper ist hellgräulich
gelb, darauf erscheinen wulstähnliche oder ringförmig erhabene, unregelmässige Streifen von gleicher Farbe, oder
rauchgrau oder kastanienbraun, Encrinitenkronen, Krebs-
schwänze, mäandrische Züge nachahmend.

3. Der Keuper

ist aus den Gruppen der Lettenkohle, der bunten Mergel
und der Kössener Schichten zusammengesetzt.

Die Lettenkohlengruppe mit den sie begleitenden dolomitischen Gesteinen nimmt weite Flächen in Württemberg
und Baden ein. Sie bildet am südöstlichen Rande des
Schwarzwaldes einen schmalen Streifen, der sich bei Herren-
berg erweitert, und das Gäu bildet, dann sich über die Gegend von Stuttgart und Ludwigsburg, zwischen dem Stromberg und dem Neckarthale, zwischen Sinsheim und Wimpfen,
zwischen Neckarsulm und Oehringen, bei Hall und Gaildorf
und auf den Höhen zwischen dem Jagst-, Kocher- und Tan-
berthale verbreitet. Vergl. v. Alb, Tr. 155 ff.

Die bunten Mergel mit Gyps und Sandstein erheben
sich in steilen Abhängen bis zu 150^m terrassenförmig über
den Gebilden der Lettenkohle, bald die Vorberge der schwäbischen Alp, von Flüssen durchfurcht, bildend, oder von
den Kössener Schichten, bald von der Juraformation bedeckt,
bald in abgesonderten Bergen anstehend — Stromberg,
Heuchelberg u. a. — Vgl. v. Alb. Tr. 155 ff.

Der Keuper wächst in Württemberg zu c. 280^m an;
dazu kommt noch im östlichen Frankreich eine mächtige

Gyps- und Steinsalzbildung, der Lettenkohlengruppe angehörig, welche auch in Schwaben ungedeutet ist.

A. Der untere Kenper oder die Lettenkohlengruppe

hat in Schwaben vorherrschend gelbe Farben, so die Dolomite,
Sandsteine und Mergel; die Steinsalzformation im · östlichen
Frankreich hat dagegen ganz den Charakter des Kenpers, die
bunten Farben, welche dem Muschelkalk gänzlich fremd sind.

f. Der untere dolomitische Kalkstein,

am oberen Neckar 32ᵐ mächtig, verschwindet allmählig im
N. von Württemberg, so dass dort fast überall die sandigen
Mergel und Sandsteine unmittelbar auf dem Kalksteine von
Friedrichshall liegen, doch steht er bei Rieden, unweit Hall,
noch etwa 6ᵐ mächtig in isolirter Masse, auch hei Besigheim an. Er bedeckt überall und ohne Zwischenglieder,
wo er sich findet, den Kalkstein von Friedrichshall. Dies
Gestein ist vorherrschend von lichter Furbe, in den Gruben
etwas dunkler, dem Lichtaschgrauen sich nähernd, am Tage
vorherrschend gelb, selten roth. Es zeichnet sich, ausser
der Furbe und ausser dem mehr auf grössere Partien be-
schränkten Vorkommen, vor dem Muschelkalke aus durch
dickere, unregelmässigere Schichtung, durch seine Porosität
und Cavernosität.

Selten die Kalkerde zur Bittererde 1:1, meist wie 4:3
oder 2:1 in ihm vertheilt.

Dieses dolomitische Gestein habe ich früher zum Muschelkalk gerechnet (v. Alb. Tr. p. 98—102), bin jedoch
davon abgekommen (vgl. v. Alb. hnl. Geol. I., 429 ff.),
weil dasselbe im Aeussern vollkommen mit dem dolomitischen Gestein über der Lettenkohle — dem Horizonte Beaumont's — übereinstimmt, du mit ihm die für den untern Ken-
per charakteristischen Versteinerungen: Myophoria Goldfussii,
Mastodonsaurus Jägeri u. u. beginnen, und er durch seine

helle Farbe sich vom Muschelkalk wesentlich unterscheidet
und dem untern Keuper anschliesst.

Fremdartige Einschlüsse:

Ausscheidungen von Quarz, Hornstein, Chalcedon von
Schwenningen, Buhlingen, Rottenmünster, Zimmern o. R.

Basisch kieselsaure Thonerde auf dolomitischem Kalke
vom Schachte am Stollberge aus 36^m Tiefe.

Absonderungen von festerem Dolomite oder kreideartige
von Deisslingen, Rottweil, Buhlingen.

Kalkspath, crystallisirter von Murbach bei Villingen.
Schwerspath.

Schwefelsaurer Strontian von Schwenningen.

Eisenglanz-Rhomboëder von Zimmern o. R.

Dolomit-Kalk, etwas goldhaltig, aus dem Bohrloch am
Messnerbühle bei Mühlhausen aus 66^m,46 Tiefe.

Asphalt in Drusen mit traubigen Erhöhungen und in
kleinen Kügelchen in Perlenform in basisch kieselsaure Thonerde eingebettet von Rottenmünster.

Stylolithen von Buhlingen, Deisslingen, Schacht am
Stallberge, Rottenmünster, Zimmern ob Rottw. [1]

g. Gyps und Steinsalz.

Die Gyps- und Steinsalzformation, welche im östlichen
Frankreich mächtig hervortritt, von der weiter unten die
Rede sein wird, ist im Schachte am Stallberge unmittelbar
über f durch eine 0^m,85 mächtige Gypsmasse angedeutet,
welche von einer Dolomitkruste umgeben ist — Vergl. v.
Alb. halurg. Geol. 1. 425 ff.

h. Die Lettenkohle.

In Schwaben folgt über dem untern Dolomit, wo sich
dieser findet, ein System von sandigen, meist hellgelben

[1] Ferner werden erwähnt — G. Leonhard, N. Jahrb. f. Min. 1857.
549 ff.: Zinkblende, Bleiglanz, Bleivitriol, Kupferlasur, Kupfergrün und
Wad aus dolomitischem Kalke von Obstadt bei Heidelberg.

Mergeln, nicht selten auch Zellenkalken, über denen sich
grosse Sandsteinmassen, welche gute Bausteine geben, bei
Sulz, Bondorf, Bibersfeld, Sinsheim u. a. O., ausscheiden.
Darüber liegt die Lettenkohle und über dieser wieder eine
Masse mehr oder weniger fester, meist dünn geschichteter
sandiger Mergel, in denen sich einzelne kalkige und dolomitische Schichten ausscheiden.

Fremdartige Einschlüsse:

Kalkspath bei Bergfelden und Rottenmünster.

Faserkalk — Pseudomorphose nach Fasergyps — von
Kochendorf.

Arragonit von Würzburg,

Aluminit von Kochendorf,

Bolus von Rottenmünster,

Schwefelkies von Dürrheim.

i. Der obere Dolomit.

(Horizont Beaumont's v, Alberti.)

Wie der untere, so bildet auch der obere Dolomit keine
constante Schichtenreihe. Er wächst in manchen Gegenden
Württembergs bis zu 15 und mehr Meter an und bedeckt
grosse Flächen. Er scheint sich gegen N. mehr zu entwickeln, fehlt aber auch dort stellenweise ganz, oder tritt
nur in grossen Nestern auf, die nach allen Richtungen sich
auskeilen. In der Farbe, den Schichtungsverhältnissen und
in der chemischen Zusammensetzung ist er vom untern Dolomit häufig kaum zu unterscheiden.

Unmittelbar über dem Lettenkohlensandstein ruhen an
einzelnen Orten

aa. fester versteinerungsreicher Kalkstein

von grauer oder brauner Farbe, reich an Anthraconit, der
nur eine Mächtigkeit von $0^m.7$ erreicht. So bei Rottweil,
Sulz, Bondorf, Hoheneck.

Darin bei Sulz:

Anthraconit, Braunspath, einzelne Bivalven in Gyps
verwandelt, schwefelsaurer Strontian.

Ueber dem Anthraconitkalkstein oder ohne diesen folgen nach oben

bb. gelbe dolomitische Kalke,

welche an der Grenze gegen den Kenpergyps als ausgezeich-
netes Bonebed anftreten.

Darin

Kalkspath. Schwefelkies, braune Blende von Dürrheim,
Gyps, körnig und blättrig ebendaselbst und bei Rottweil.
Stylolithen aus dem Bohrloch Nro. 4 in Cannstatt.

B. Der mittlere Keuper

erreicht eine Mächtigkeit von 200 Meter.

Mit ihm beginnt eine scharf abgegrenzte Periode in Beziehung auf die Gesteine und den zoologischen Charakter
ihrer Einschlüsse..

k. Der Kreidemergel von Cannstatt.

Vom December 1855 bis Januar 1857 wurde unter der
Leitung eines meiner Söhne in Cannstatt ein Bohrloch anf
69^m,48 niedergeschlagen, welches in der Zusammenstellung
über die Bohrversuche daselbst, welche wir O. Fraas — Württ.
naturwissensch. Jahreshefte 1857. 133.´ — verdanken, mit
Nr. 4 bezeichnet ist.

Da das Gebirge durch die hier auftretenden mächtigen
Säuerlinge in seiner Lagerung gestört, z. B. metamorphosirt
ist, so wird es schwer, mit Gewissheit zu bestimmen, ob der
obere Dolomit i über oder unter dem Kreidemergel k liege.
Dass sie beisammen sind, ergab sich unbezweifelt beim Boh-
ren. Da der obere Dolomit noch durchweg Petrefacten des

Muschelkalks, der Kreidemergel von Cannstatt aber eine zum Theil ganz verschiedene Fauna enthält, so ist es sehr wahrscheinlich, dass der Kreidemergel drüber liege.

Die Reihenfolge im Bohrloche ist, das Letztgesagte festgestellt:

1) Diluvium . . . . 22^m,570
2) Keupermergel, theils in buntem, theils in grauem Farbenwechsel, mehr oder minder sandig oder gypshaltig . . . . 35^m,428
3) Kreidemergel in Verbindung mit vielen organischen, verkieselten Resten, welche z. Th. ein wahres Kieselgerippe bilden . . . . 2^m,852
4) Dolomitischer Kalk
(Horizont Beaumont's) . . . . 2^m,570
5) Graue Sandsteine und Thonmergel der Lettenkohlengruppe, undurchsunken . . . . . . 6^m.060.

Dass der dolomitische Kalk (4) der ist, welcher an andern Orten unmittelbar unter den bunten Mergeln liegt, geht daraus hervor, dass graue Sandsteine (5) folgen, welche der Lettenkohlengruppe angehören müssen. Wäre 4 der untere dolomitische Kalk f, so müsste er unmittelbar, ohne alle Zwischengebilde, auf dem Kalksteine von Friedrichshall liegen.

Die Petrefacten in dem Kreidegestein sind bis auf wenige verkieselt, von grosser Schönheit und Reinheit.

1. Die bunten Mergel mit Gyps.

In der Gegend von Rottweil besteht, etwa 10 M. mächtig, die untere Abtheilung des Gypses aus grauen und gelben Farben und enthält zu unterst in Gemeinschaft mit dem dolomitischen Kalke i ein Bonebed, von dem oben die Rede war. An andern Orten verdrängen die bunten Mergel bald die gelben, und der Gyps, der unten einfach hellgrau erscheint, wird bunter. Der Keupergyps ist am Tage meist viel regelmässiger in Schichten abgetheilt als der Muschelkalkgyps d, durch bunte Mergel getrennt, welche mit Schalen röthlichen Gypses durchzogen sind. Hie und da wechseln die bunten Mergel mit einzelnen Thonsteinschichten.

C. Binder beim Bau des Heilbronner Tunnels machte die interessante Beobachtung, dass, je mehr man in das Innere vordrang, desto mehr die Festigkeit des Keupermergels zunahm und seine Färbung eine dunklere, gleichmässig schwarzgrüne oder dunkel aschgraue wurde.

Nicht selten waren einzelne Gypsmassen eingelagert. Die Ablagerung der Thone war massenförmig, eine Schichtung ohne die Gypsbänke kaum bemerklich. Der Gyps im Innern des Berges ist vorzugsweise anhyder. Sobald er und die Mergel in Berührung mit der Luft oder Feuchtigkeit kommen, blähen sie sich auf, und der letztere zerfällt in unregelmässige Stücke oder Schiefer. An einzelnen Stellen geht die schwarze Farbe des Thons bald gleichmässig bald geflammt in's dunkel Intensivrothe über, welche Farbe in der Richtung gegen Tag mehr und mehr zunimmt, aber heller erscheint. Gleichzeitig nimmt auch der graue derbe Anhydrit eine lichtere und rothe Färbung, und damit ein fasriges oder körniges Gefüge an. (C. Binder, württ. naturwissensch. Jahreshefte 1862. 46 ff.). [1]

Am Tage findet sich weder in den Mergeln noch im Gypse ein Salzgehalt, wo Luft und Tagwasser abgeschlossen

[1] Ich habe schon vor vielen Jahren die Behauptung aufgestellt, dass aller derbe Gyps ursprünglich Anhydrit gewesen sei, und dass man am Tage nur Gyps, in den Gruben fast ausschliesslich Anhydrit finde. Diese Sätze haben am Keupergypse im Tunnel von Heilbronn neue Bestätigung gefunden. Die Metamorphose von Anhydrit in Gyps hat eine Ausdehnung der Masse von 100 : 157 zur Folge. Die ungeheure Kraft, die diese ausübt, lässt sich ermessen, wenn berücksichtigt wird, dass beim Gefrieren des Wassers nur eine Ausdehnung von 100 : 107½ stattfindet. Diese. Metamorphose tritt je nach der Mächtigkeit des Anhydrits mehr oder weniger zerstörend auf. Wo der Anhydrit massig auftritt, wie z. B in den Gruben von Sulz, wirkt die Metamorphose so zerstörend, dass ihr nichts zu widerstehen im Stande ist. Die Aufblähung geht durch die ganze Masse. Von ihr rühren wohl auch einzelne zu Tage tretende Gypskuppen her. Wie viele Niveauerhebungen mögen im Verlaufe der Zeit durch sie entstanden sein?! — .

sind, wie sich dies beim Auffahren des Tunnels zwischen Heilbronn und Weinsberg fand, hat der Mergel 0,5 pCt. Chlornatrium und auch der'Gyps Spuren von diesem, welches durch Zutritt von atmosphärischem Wasser Veranlassung zu schwachen salinischen Quellen gibt.

In der untern Abtheilung dieser Mergel bei Heilbronn eine bis zu 0^m,27 mächtige Schichtenreihe von grauem Kalke z. Th. in Mergel, z. Th. in Gyps, z. Th. in Dolomit übergehend, in dem meist unbestimmbare Petrefacten inne liegen. Den gleichen Horizont nimmt der Mergel am Stallberge bei Rottweil ein, der von Corbula Keuperina erfüllt ist.

An vielen Orten fehlt der Gyps und spielt 'in dieser Beziehung ganz die Rolle der dolomitischen Gesteine. Bald erscheint er in mächtigen, weit verzweigten Stöcken, bald in einzelnen Lagen und Nestern, welche sich nach allen Seiten auskeilen.

Fremdartige Einschlüsse:

Quarz im Mergel an der Weibertreue bei Weinsberg und im Gypse von Heilbronn.

Kalkspath in Drusen bei Schwenningen und Stuttgart.

Bolus in Nestern am Asperge.

Schaliger Schwerspath am Bopser bei Stuttgart.

Rother Eisenrahm im bunten Mergel von Wildeck bei Rottweil.

Bleiglanz derb und in völlig auscrystallisirten Dodecaedern in der untern Abtheilung des Gypses bei Heilbronn.

Kupfergrün und Kupferlasur eben daher.

Stylolith im Gypse von Mühlhausen bei Schwenningen.

Mergelcrystalle nach Kochsalzcrystallen von Kornthal.

Die Gesammtmächtigkeit der bunten Mergel mit Gyps beträgt bei Stuttgart und Heilbronn etwa 115^m.

m. Die bunten Mergel mit feinkörnigem Sandsteine.

Der Gyps verschwindet und statt seiner vergesellschaften sich die bunten Mergel mit feinkörnigem Sandsteine

(Schilfsandstein Jüger's) von weissen, seltener rothen Farben, einem vortrefflichen Bausteine, der bei Sternenfels Spuren von Gold enthält, und von dem Sandsteine der Lettenkohle nur schwer zu unterscheiden ist.

n. Der dolomitische Kalkstein von Gansingen.

An der Grenze unsres Bezirks bei Gansingen im Aargau erhebt sich über dem Schilfsandsteine, der wie der schwäbische Calamites arenaceus und Pterozamites Jägeri enthält, ein Profil von etwa 11ᵐ Höhe, in dem sich in den bunten Mergeln dolomitische Kalkschichten von gelber und gelblichbrauner Farbe ausscheiden, die namentlich in den obern Lagen reich an Schalthieren sind. Das Profil ist von Dammerde bedeckt.

Müsch – Aargau 77 f. - ist der Ansicht, dass besagter dolomitischer Kalk bedeckt sei:

von grauen Dolomitmergeln mit Gyps,

bunten Mergeln mit grauem Sandsteine und

dolomitischem kieseligen Kalke.

Ob diese Aufeinanderfolge richtig sei, ist schwer zu bestimmen, da durch die hier stattfindenden ausserordentlichen Hebungen die Beobachtungen erschwert sind. .

Müsch hält die besagten dolomitischen Kalke entsprechend dem Modiola-Kalke in Schwaben (dem Sandsteine von Tübingen), ich werde aber weiter unten nachweisen, dass er kein einziges Petrefact dieses Sandsteins enthält, und für etwas ganz Andres angesehen werden muss.

o. Bunte Mergel mit grobkörnigem Sandsteine.

Der untere Theil dieser Gruppe hat kieslige, zuweilen auch thonige, der mittlere Theil grobkörnige Sandsteine (Stubensand) und nach oben finden sich zuweilen Conglomerate von kiesligen Gesteinen, zuweilen auch wahre Kalkgeschiebeconglomerate (Nagelfluh). Die bunten Mergel, in

Thousteine übergehend, reich an schwefelsaurem Strontian,
bilden vorherrschend die Masse dieser Gruppe.

Kohlenablagerungen in der obersten Abtheilung dieser
Gruppe am Bopser bei Stuttgart, bei Spiegelberg, Owingen
bei Bulingen, Erlaheim bei Ballingen mit sehr viel Schwefelkies, bei Mittelbronn mit Schwefelkies und Hornstein in
grössern und kleinern Ausscheidungen und von Jungbrunnen
bei Rottweil.

Diesen Kohlen gesellt sich häufig Bleiglanz bei.

Fremdartige Einschlüsse:

Jaspis, Kalkspath, Seifenthon, Schwerspath in der Brec-
cie von Löwenstein.

Schwefelsaurer Strontian in der blättrigen Varietät vom
Bopser bei Stuttgart, auf Hornstein bei Löwenstein, von
der strahligen Varietät vom Wutachthale bei Grimmelshofen,
bei Mühlhausen (Schwenningen) u. a. O.

Sandsteincrystalle nach Kochsalz von Stuttgart.

Ueber einer Masse von bunten Mergeln erhebt sich
endlich:

C. Der obere Keuper.

p. Die Kössener Schichten,

Bonebed der Engländer, Sandstein von Tabingen v. Alberti's,
die Knochenbreccie Plieninger's, der Vorläufer des Lias und
schwäbische Kloake v. Quenstedt's, Bonebed Sandstein Oppel's,
ein weisses oder gelbliches oder röthliches, mehr oder
minder sandiges oder kalkiges Gestein, zuweilen von
kaum erkennbarem Korne, splittrigem Bruche und aus-
gezeichnetem Seidenglanze.

In seiner obersten Abtheilung häufen sich Reste von
Fischen und Reptilien und erscheinen Schalthiere.

Ziemlich fortsetzende Kohlenbildungen greifen von o in
p herauf.

Häufig ist der Sandstein von einer dünnen Thouschichte
bedeckt, zuweilen völlig mit Lias verwachsen.

Ueberblicken wir das Gesagte, so beträgt die Mächtigkeit der Trias in Schwaben

für den bunten Sandstein bis . . . . 482 Meter.

- - Muschelkalk

Wellenkalk bis 60 Mts.

Anhydritgruppe bis 110 Mts. ⎫
⎬ 200 „
Kalkstein von Friedrichshall ⎭

90 Mts.

- „ Keuper . . . . 280 „

Zusammen . 972 Meter.

Zweites Kapitel.

Die organischen Reste.

Ursprünglich sollte diese Schrift als ein raisonnirendes Verzeichniss meiner Sammlung dienen, wesshalb ich auch bei jeder Art der aufgeführten Versteinerungen die Zahl der Exemplare beisetzte: nachdem dieselbe in andern Besitz übergegangen ist, hätte ich diese Zahlen weglassen können, ich glaube jedoch, dass, da diese die Frequenz vieler Versteinerungen andeuten, und da die Sammlung in Stuttgart abgesondert aufgestellt wird, diese Zahlen für Manche von Interesse sein könnten, wesshalb ich sie beibehalte.

Um eine Uebersicht des Gesammtvorkommens der Versteinerungen der Trias zu erhalten, führe ich in Nachstehendem auch die auf, welche sich in meiner Sammlung nicht finden; letztere sind vom Texte getrennt in Anmerkungen beigefügt. Von den Versteinerungen in den Alpen, welche der Trias zugerechnet werden, erwähne ich nur der, welche sich auch ausser diesen finden, oder für einzelne Gruppen besonders bezeichnend sind. Die organischen Reste aus der Gegend von Recoaro habe ich insgesammt aufgenommen, da sie mit Bestimmtheit der untern Trias angehören.

Bei jeder Versteinerung sind die Gruppen, in denen sie vorkommt, mit den Buchstaben bezeichnet, welche sie im ersten Capitel erhalten haben.

Die meisten Versteinerungen der Trias sind Steinkerne,

selten zeigt sich natürliche Schale, wie bei Discina, Lingnla, Waldheimia. Schlosstheile, überhaupt der innere Bau, finden sich an Perna, Gervillia, Arca, Nucula, Myoconcha, Trigonodns, Myophoria, Corbula, Anoplophora, Waldheimia.

Der Steinkerne unterscheide ich zwei wesentlich verschiedene:

1) die im Kalksteine, wo meist die feinern Streifungen fehlen, die Schale wenig erhalten ist,

2) die in den Dolomiten und dolomitischen Kalken, wo die Schalen ganz fehlen und statt diesen ein hohler Raum vorhanden ist, der die äussern Abdrücke der Schalen und den innern Bau des Thiers zeigt. [1]

Diese Erscheinung veranlasste mich, Abdrücke von Gyps oder Wachs, von Guttapercha oder Gelatine machen zu lassen, welche manche Aufschlüsse gegeben haben, deren Erfolge im Verlaufe des vorliegenden Capitels wiederholt zur Sprache kommen werden.

Die Gasteropoden zeigen zerschlagen selten eine Spur innerer Windung, wodurch die genaue Bestimmung derselben sehr erschwert, fast unmöglich gemacht wird.

In den kreidenartigen Lagen des Wellenkalks (Lieskau), in der obern Abtheilung des Kalksteins von Friedrichshall (Oberflingen u. a. O.) und in dem kreidenartigen mittleren Keuper (Cannstatt) finden sich wohlerhaltene Schalen verkieselt mit der feinsten Streifung und nicht selten vollständigen Schlosstheilen, welche eine genauere Bestimmung der Arten zulassen.

Verkieselte Versteinerungen sind nicht, verkieste dagegen sehr selten; letztere im Wellenkalke: Corbula gregaria, Pleurotomaria extincta, Turbonilla conica, Goniatites Buchii, in der Lettenkohlengruppe: Lucina Romani. -

[1] Möglich, dass die Schale aus kohlensaurem Kalke von der Bittererde der Masse aufgesogen wurde; wie kommt es aber, dass die äussern Abdrücke die vollendetste Streifung, die innern den vollkommensten Zahnbau zeigen, während anzunehmen ist, dass bei der Metamorphose der Dolomitbildung die äussern Abdrücke hätten monströs werden sollen?

Auf andern Petrefacten sitzen häufig auf: Ostrea spondyloides und Ostrea subanomia, hie und da Placunopsis
plana, Discina discoides und Silesiaca.

Ausser den Schächten, von denen im ersten Capitel die
Rede war, zeichnen sich einzelne Localitäten durch die Frequenz der Versteinerungen aus, deren ich näher erwähnen,
und diesen ausländische anreihen will. Es ist dies um so
nöthiger, da, um Wiederholungen zu vermeiden, ihre Lage
genauer angegeben werden muss.

Die reichsten Fündorte von Petrefacten sind:

im bunten Sandsteine *b*
in den französischen Departements Niederrhein, Vogesen,
Meurthe und Mosel, besonders bei Sulzbad unweit Strassburg.

Hauptfundorte

im Wellenkalke *c*
sind in Württemberg am obern Neckar
bei Rottweil: Horgen, Locherhöfe, Lackendorf;
bei Oberndorf: Rothenberg, Mariazell, 24 Höfe, Seedorf;
an der Jagst: Dörzbach;
an der Tauber: Edelfingen bei Mergentheim;

in Baden:
bei Villingen: Fischbach, Niedereschach, Obereschach und
Cappel;
bei Donaueschingen: Blumegg, Waldhausen.

Am untern Neckar:
Diedesheim bei Neckarelz, Billigheim u. a. O.

In Thüringen:
Lieskan bei Halle, Oberfarnstedt bei Querfurt.

Im Norden des Harzes:
Rüdersdorf bei Berlin, Elm bei Königslutter.

In der Schweiz:
Ezgen im Frickthale, Schwaderloch am Rheine bei Alh-
bruck.

In der Anhydritgruppe *d*
Espersstedt, Ranhthal bei Jena.

Im Kalksteine von Friedrichshall e
in Württemberg, bei Rottweil:
Bühlingen, Laufen, Deisslingen, Dуningen, Flözlingen;
bei Oberndorf:
Oberiflingen, Fluorn, Waldmössingen, Thalhausen;
am untern Neckar:
Oedheim, Friedrichshall, Jagstfeld, Hugenbach;
am Kocher:
Tullau bei Hall, Wilhelmsglück, Niedernhall;
an der Jagst:
Crailsheim, Wollmershausen.
In Baden:
Marbach bei Villingen, Bruchsal, Heinsheim bei Wimpfen.
Willebadessen zwischen Warburg und Dryburg in West-
phalen, Erkerode am Elme, Schöningen, auf der Asse
im Braunschweigischen, Luneville (Meurthe).
Im untern Dolomit der Lettenkohle *f*.
in Württemberg:
Rottweil, Zimmern ob Rottweil; Schacht und Canal am
Stallberge, Rottenmünster, Villingendorf, Hausen, Böh-
ringen. Zwischen Leonberg und Schwieberdingen, Lud-
wigsburg, Besigheim;
in Baden:
Zollhaus bei Dürrheim unweit Villingen, Mühle Mogeren
bei Blomberg.
Lettenkohle mit Sandstein *h*.
In Württemberg: am obern Neckar bei Sulz, Bondorf;
am untern Neckar: bei Böttingen unweit Gundelsheim; am
Kocher: Gaildorf, Bibersfeld, Rieden unweit Hall.
In Baden: Sinsheim.
In Thüringen: Johannisthal bei Mühlhausen, Culmbach,
Coburg.
In der Schweiz: Neue Welt bei Basel.
Oberer Dolomit *i*.
In Württemberg: Gölsdorf bei Rottweil, Sulz a. N., Bon-
dorf, Hoheneck bei Ludwigsburg.

In Baden: Dürrheim bei Villingen.

In Thüringen: Coburg u. a. O.

Der Contact mit Keupergyps *l*:

Gölsdorf, Asperg, Untertürkbeim bei Cannstatt, Ingersheim bei Crailsheim.

Im untern Keupersandstein *m*:

Stuttgart, Heilbronn, Weinsberg.

Im obern Keupersandstein *o*:

Aixheim, Deisslingen bei Rottweil, Stuttgart, Löwenstein, Ochsenbach am Stromberge.

Kössener Schichten *p*:

Neufra, Täbingen bei Rottweil, Kaltenthal bei Stuttgart, am Neckar bei Nurtingen, bei Nellingen, Birkengehren bei Esslingen.

In Bayern: Strullendorf, Reindorf, Höfl, Theta zwischen Bamberg und Erlangen.

Pflanzen.

Die Hauptlagerstätten von Pflanzen in der Trias sind:

der bunte Sandstein *b*, [1]

der Lettenkohlensandstein *h*,

der untere Keupersandstein *m*.

Im Muschelkalk sind sie sehr selten, im obern Keupersandsteine *o* selten, dagegen sind die Kössener Schichten *p*, nahe unter dem Lias in Franken, von Theta u. a. O. sehr reich an Pflanzen. [2]

[1] Die Pflanzenreste von Lodève, welche dem bunten Sandstein zugerechnet worden, sind in Nachfolgendem nicht aufgeführt, da sie nach M. de Serres (L'Institut 1853, XXI. 343 f.) einer ältern Formation angehören.

[2] In Franken sind zwei Pflanzenlager, das von Theta im obern Keuper, das von Veitlahm bei Culmberg im Lias, welche jetzt erst durch J. Braun in Bayreuth — Jahrb. der geol. Reichsanstalt 1861 und 1862. XII. Verhandl. p. 143 und 199 — getrennt aufgestellt werden; es fragt sich, ob in den nachfolgenden Bestimmungen deshalb nicht Verwechslungen beider Formationen zu berichtigen sind.

Die des hunten Sandsteins haben vortreffliche Bearbeiter
an Ad. Brongniart und W. P. Schimper gefunden; die im
Muschelkalke an Schleiden, die im Lettenkohlensandsteine
und Keupersandsteine sind weniger erforscht, obschon wir
tüchtige Arbeiten darüber von G. v. Jäger, von Kurr, Göppert, Giebel, Bornemann u. A. haben; ein grosses Material
liegt namentlich in Württemberg noch unbenützt und harrt
des erfahrenen Forschers. Die Pflanzen der Kössener Schichten sind von Gr. Münster, Pressl, Göppert, Endlicher, Braun,
u. a. näher erforscht.

Das Studium der Keuperpflanzen wird dadurch erschwert, dass Lettenkohlensandstein und unterer Keupersandstein und die verschiedenen Kohlenlager des Keupers
so häufig verwechselt oder nicht getrennt gehalten werden,
so dass die Angaben in geognostischer Beziehung zweifelhaft
werden; es wird daher der die Gruppe bezeichnende Buch-
stabe, wo die Stellung nicht sicher ist, in den nachfolgenden Bestimmungen mit ? bezeichnet.

A. Acotyledonen.

Algacites.

Confervoides arenaceus v. Jäger.

v. Jäger, Pflanzenverst. 34. T. 8. f. 2.

Gabelförmige Verzweigungen von lichter Farbe, flach
gedrückt, fast gleich dick, sehr ähnlich der von Jäger aus
Keupersandstein beschriebenen Conferve. Auf Ostrea subanomia in e bei Böhlingen.

Dichtes fadenförmiges, vielfach verzweigtes Gewebe in
losen schnlenförmigen Stücken in h bei Horb. Erinnert an
v. Schlotheim's Nachtr. T. V. f. 3.

Sphaerococcites im Wellendolomit c Baden's und in e bei
Böhlingen, wo eine Schichte davon nach allen Richtungen
durchzogen ist. [1]

[1] Sphaerococcites Muensterianus Presl.
Gr. v. Sternberg flor. T. XXVII. f. 13. p. Bamberg.

Fucoiden, dem F. (Chondrites) aequalis Ad. Brongn. — Veg. foss. Tab. V. f. 4 — ähnlich.

Fucoiden in lang gezogenen cylindrischen, unterbrochenen Zweigen. e Schacht 1 in Friedrichshall.

In h bei Friedrichshall finden sich Platten mit fucusartigen Gestalten, welche von zopfähnlichen Wülsten begleitet sind, ähnlich denen, welche im braunen Jura vorkommen. Fuc. in dicken ästigen Verzweigungen. e Bühlingen. [1]

Bactryllium Heer. Ob diese den Algen oder dem Thierreiche angehören, ist noch unentschieden. Abdrücke von stäbchenförmigen, parallelseitigen, an den Ecken stumpf abgerundeten hohlen Körperchen von 7 Millim. Länge, 1 Millim. Breite in f bei Rottenmünster gehören hierher, deren Species aber, da die Längsfurche nicht zu erkennen, nicht zu bestimmen ist. [2]

Filices.

Asterocarpus? dem Asterocarpus heterophyllus Göppert, der Phialopteris tenera Presl verwandt,

Gr. v. Sternb. flor. T. XXXII. f. 1, a—d.
Bronn Leth. 3. III. 32. T. XII.[1] f. 2.

---

[1] Laminarites crispatus Gr. v. Münst.
  Gr. v. Sternb. flor. T. XXIV. f. 8.
In p. bei Abschwind.

[2] Heer in Escher's N. Vorarlberg p. 127, beschreibt aus den Alpen Vorarlbergs 6 Arten von Bactryllium:

  Bactryllium striolatum T. VI. f. A.
  „   deplanatum T. VI. f. B.
  „   giganteum T. VI. f. 10.
  „   Schmidli T. VI. f. E.
  „   Meriani T. VI. f. D.
  „   canaliculatum T. VI. f. F;

dies letztere findet sich nach Mösch Aargau 1. 19. In der Schambelen an der Reuse (Aargau) im Keuper.

  Von Hymenophylliten:
  Rhodea quercifolia Presl.
  Gr. v. Sternb. flor. T. XXXIII. f. 2.
In p. bei Strollendorf zwischen Bamberg und Erlangen.

Die Fiederblättchen aber verhältnissmässig kürzer, breiter, oben abgerundeter. *m* Stuttgart. [1]

Anomopteris Mougeotii Ad. Brongn.

Ad. Brongn. Veg. foss. 1. 257. T. 79.

Schimper et Mougeot. 71. T. XXXIV.

Bronn Leth. 3. III. T. XII. f. 8 [b, c.]

Aeste bis 1 Meter, Fiederzweige 1 Decim. und mehr lang, zweifiedrig, Blättchen verwachsen, linear, unfruchtbare Fiedern kurz, eiförmig, fruchtbare etwas schmäler, Mittelnerven stark, Seitennerven einfach. *b* Villingen 2, Sulzbad 3 Exempl.

Sphenopteris Schoenleiniana Ad. Brongn. sp.

Pecopteris Schoenleiniana Ad. Brongn.

Sphenopteris Schoenleiniana Presl.

Veg. foss. 1. 364. T. 126. f. 6.

Fiederblättchen gegenüberstehend, nach oben der Spindel an Länge abnehmend, länglicht oval, vorn abgestumpft, Nerven sehr zart. *m* Stuttgart 1 Exempl. [2]

[1] Asterocarpus lanceolatus Göppert.
   Lacopteris elegans Presl.
   Sternb. flor. T. XXXII. f. 8 [a—c] 1, 2, 3.
Reindorf *p.*

[2] Sphenopteris myriophyllum Ad. Brongn.
   . Veg. foss. 1. p. 184. T. 55 f. 2.
b. Strassburg.
   Sphenopteris Braunii Giebel.
   ' Palaeontogr. 357. *h?* Bamberg.
   Sphenopteris princeps Presl.
   Gr. v. Sternb. flor. T. LIX. f. 12. 13.
Bayreuth *h?*
   Sphenopteris Rössertiana Presl.
   Gr. v. Sternb. flor. T. XXXII. f. 3. *a.* 1—4. 3 [b.]
p. Reindorf.
   Sphenopteris pectinata Presl.
   Gr. v. Sternb. flor. T. XXXII. f. 6, *a,* 1, 2, 3 [b.]
p. ebend.
   Sphenopteris clavata Presl.
   Gr. v. Sternb. flor. T. XXXII. f. 6. *a,* 4, 5.
p. ebend.

Crepidopteris Schoenleinii Presl.

Taeniopteris fruticosa Schoenlein,

Pecopteris macrophylla Ad. Brongn. Veg. foss. 1. 362.
T. 136.

Federartige an einem Stamme nach verschiedenen Richtungen ausgehende Blätter mit vielen unter spitzem Winkel auslaufenden sehr markirten Blattnerven, wodurch sie dem Strangerites marantaceus ähnlich wird. A Sulz a. N. 2 Exempl.

> Sphenopteris oppositifolia Presl.
> Gr. v. Sternb. flor. T. XXXII. f. 5, a, b.

p. ebend.

> Cottaia Mougeotii Ad. Brougn. sp.
> Anemopteris Mougeotii Ad. Brongn.
> Sphalmopteris Mougeotii Corda.
> Cottaea Mougeotii Schimper.
> Ad. Brongn. Veg. foss. 1. 261. T. 80.
> Schimper et Mong. 69. T. XXXIII.
> Bronn Leth. 3. III. 29. T. XII. f. 8, a.

b. Heiligenberg im Elsass.

> Karstenia Cottae (Cottai) Goppert.
> v. Jäger's Pflanzenverst. 35. T. 7 f. 6., mit der vorigen verwandt.

m. Stuttgart.

> Acrostichites inaequilaterus Göppert.
> Sagenopteris rholfolia Presl.
> Gr. v. Sternb. flor. T. XXXV. f. 1.

p. Strullendorf.

> Acrostichites diphyllus Giebel.
> Paläont. 358. Bamberg p.
> Acrostichites semicordatus Giebel ebend.
> Taeniopteris Nilssoniana Presl.
> Filicites Nilssoniana Ad. Brongn.
> Glossopteris Nilss. Ad. Brongn.
> Glossopteris Phillipsi Ad. Brongn.
> Aspidites Nilssonianus Göppert.
> Nilsson in act. ac. Holm. 1820. 1. 115. T. 5. f. 2. 3.
> Ad. Brongn. Ann. de sc. nat. IV. 218. T. 12 f. 1.
> Ad. Brongn. Veg. foss. I. 225. T. 63. f. 3.
> Ad. Brongn. Veg. foss. I. 225. T. 61 bis f. 5 und T. 63. f. 2.
> Gr. v. Sternb. flor. V. VI. 68.
> Berger Coburg T. 3. f. 1.

Coburg p.

Crematopteris typica Schimp.
Filiaites scolopendroides Ad. Brongn.
Reussia scolopendroides Presl.
Scolopendrites Jussieui Göppert.
Ad. Brongn. Ann. des sc. nat. 15. 443. T. 18. f. 2.
Ad. Brongn. Veg. foss. 1. 388. T. 137. f. 2, 3.
Lindley n. Hutton foss. fl. brit. 362. T. 136.
Schimper et Moug. 75. T. XXXV.
Bronn Leth. 3. III. 32. T. XII. f. 3.
Wedel einfach gefiedert, Fiedern unter rechtem Winkel
ausgestreckt, verlängert elliptisch, sehr genähert. Die Ra-
chis convex auf einer, concav auf der andern Seite. Ner·
vation unbestimmt. b Sulzbad 1 Exempl.
Neuropteris Voltzii Ad. Brongn.
Brongn. Veg. foss. 1. 232. T. 67.
Schimp. et Moug. T. XXXVII.
Spindel sehr breit, gefurcht, Fiederblättchen schmal bis
zu 0^m,06 verlängert. Mittelnerv mit gekrümmter Basis, in
die vielgabeligen Seitennerven aufgelöst. b Sulzbad 4 Exempl.
Neuropteris Gaillardotii Ad. Brongn.
    Ad Brongn. Veg. foss. 1. 245. T. 74. f. 3.
Die Fiederblättchen gleich lang, genähert, eiförmig,
Mittelnerve der Blättchen sehr dünn, die zahlreichen Seiten-
nerven bogenförmig. h Neue Welt bei Basel 1 Exempl.
Neuropteris intermedia Schimp.
Sphenopteris palmetta Ad. Brongn.
Ad. Brongn. Veg. foss. 221. pl. 55.
Schimp. et Moug. 79. T. XXXVIII.
Rachis wenig dick, fast eben, die Blättchen sehr ge-
nähert, die obern 3 Centim. lang, 5 Millim. breit, länglicht;
die untern werden um so kleiner, je mehr sie sich dem
untern Ende des Zweigs nähern, wo sie kreisrund werden.
h Bibersfeld.
Neuropteris elegans Ad. Brongn.
    Ad. Brongn. Veg. foss. 1. 247. T. 74. f. 1, 2.
Schimp. et Moug. 80. T. XXXIX.

Blättchen fast unter rechtem Winkel einander gegenüberstehend, sehr genähert, länglicht, stumpf, auf der Mitte
des Zweigs 2—3mal länger als am obern und untern Ende
desselben. *b* Sulzbad 1 Ex. [1]

Pecopteris quercifolia Presl.

Gr. v. Sternb. flor. T. L. f. 3.

Mit scharfkantig eingeschnittenen, nach oben sich ver-
kürzenden ei-lanzettförmigen Blättchen, Spindel drehrund
Blättchen mit einfachen, dicken, aufwärtsgebogenen Adern.

h Sulz a. N. 2 Exempl.

Bornemann, Lettenkohlenformation Thüringens p. 61, ist
der Ansicht, dass diese Pflanze weder zu den Cycadeen

---

[1] **Neuropteris grandifolia** Schimp.
   Schimp. et Moug. T. XXXVI. f. 1, 2.
b. Sulzbad.
   Neuropteris imbricata Schimp.
   Schimp. et Moug. T. XXXVI f. 3—5.
b. Sulzbad.
   Neuropteris remota Presl.
   Gr. v. Sternb. flor. T. XL. f. 4.
h. Sinsheim.
   Alethopteris Sulziana Ad. Brongn. sp.
   Pecopteris Sulziana Ad. Brongn.
   Alethopteris Salziana Göppert.
   Ad. Brongn. Veg. foss. 1. 325. T. 105. f. 4.
   Schimp. et Moug. T. XI.
b. Sulzbad.
   Alethopteris Meriani Ad. Brongn. sp.
   Pecopteris Meriani Ad. Brongn.
   Alethopteris Meriani Göppert.
   Ad. Brongn. Veg. foss. I. 289. T. 91. f. 5.
h. Neue Welt.
   Alethopteris flexuosa Presl. sp.
   Pecopteris flexuosa Presl.
   Alethopteris flexuosa Göppert.
   Gr. v. Sternb. flor. T. XXIII. f. 1.
p. Reinsdorf.
   Alethopteris Bösserti Presl.
   Gr. v. Sternb. flor. T. XXXII. f. 14ᵃᵇ
p. Strullendorf.

noch zu den Farrn gehöre und vielleicht dicotyledonischer
Natur sci. [1]

1 Pecopteris concinna. Presl.
  Gr. v. Sternb. flor. XLI. f. 3.
p. Moil bei Bamberg.
  Pecopteria obtusa Presl.
  Gr. v. Sternb. flor. XXXII. f. 2ᵃ⁻ᶜ· f. 4.
r. Reindorf.
  Pecopteris? taxiformis Presl.
  Or. v. Sternb. flor. T. XXXIII. f. 6.
ebend.
  Pecopteria? microphylla Presl.
  Gr. v. Sternb. flor. T. XXXIII. f. 7.
ebend.
  Pecepteria Steinmüllsri Hear.
  Escher's N. Vorarlberg T. VII. f. 6.
m? Weissenbach im Lechthale.
  Sagenopteris semicordata Presl.
  Gr. v. Sternb. flor. T. XXXV. f. 2.
h. Sinsheim.
  Sagenopteris acuminata Presl.
  Gr. v. Sternb. flor. T. XXXV. f. 3.
p. Strullendorf.
  Camptepteris Münsteriana Presl.
  Gr. v. Sternb. flor. T. XXXIII. f. 9.
  Goppert in Gr. Münster's Beitr. VI. 86. T. III.
ebend.
  Clathropteris meniscoides Ad. Brongn.
  Filicites meniscoides Ad. Brongn.
  Ad. Brongn. Ann. des sc. nat. 1825. Febr. 218. T. II.
  Ad. Brongn. Veg. foss. I. 380. T. 134.
  Gr. v. Sternb. flor. I. T. 42. f. 3.
  Góppert Syst. fil. foss. (Nov. Act. Acad. Leop. Carol. cur. Vol.
    XVII. Suppl. 1836) 290. T. 15. f. 7.
  Bronn Leth. 3. III. 33. T. 13. f. 2.
  Dunker Palaeontogr. I. 117. T. 16.
b. Vogesen. A. Neue Welt.
  Caulopteris tesselata Schimp.
  Schimp. et Moug. T. XXIX.
b. Epinal.

Filicites Stuttgartiensis v. Jäger sp.
Aspidioides Stuttgartiensis Jäger.
Pecopteris Stuttgartiensis Ad. Brongn.
Filicites Stuttgartiensis Presl. v. Jäger Pflanzenv. 33.
T. VIII. f. 12. Ad. Brongn. Veg. foss. I. 364. T.
130. f. 1.

Die gefiederten Zweige stehen weit auseinander, fast
gerade gegenüber; letzteres ist auch bei den Fiederblättchen
der Fall. Sie sind langgezogen, zungenförmig und ganz-
randig. An den Rändern bemerkt man ziemlich tiefe Kerben, oder einen erhabenen Saum mit kleinen Vertiefungen
auf der Fläche. m Stuttgart 2 Exempl.

Filicites cycadea. Ad. Brongn.? m Stuttgart 1 Exempl.

Equisetaceae.

Equisetites columnaris Münster.
Calamites arenaceus major v. Jäger. .
? Oncylogonatum carbonarium König.
Equisetum columnare Ad. Brongn.
    „   arenaceum Bronn.
    „   Schoenleinii Gr. v. Sternberg.
  v. Jäger Pflanzenverst. T. l. f. 1—6, T. ll. f. 1—7.
  T. IV. f. 1, 3, 8.
  König — Geol. transact. 1826. 300. T. 32. f. 1—6.
  Ad. Brongn. Veg. foss. I. p. 1. 115. T. 13.
  Berger Coburg. 5. T. 2. f. 1, 2.
  Hoer-Escher's N. Vorarlberg T. VII. f. 3, 4.

Caulopteris Voltzii Schimp.
  Schimp. et Moug. T. XXX. und XXXI.
,b. Gottenhausen im Elsass.
- Caulopteris micropeltis Schimp.
  Schimp. et Moug. T. XXXI. f. 3.
b. Saut le Cerf in den Vogesen.
  Caulopteris Lessangeana Schimp.
  Schimp. et Moug. T. XXXII.
b. Baccarat.

Ueber Blüten dieses Equisetiten: P. Merian (Verhandl.
der Baselsch. naturforschenden Gesellsch. 1838—1840. IV.
p. 77.)

Schafte bis 2 Decimeter Durchmesser; längs gestreift,
Blattscheiden kurz und vielzahnig, Zähne oval, dreiseitig.

Der Wurzelstock ist nach Quenstedt (Epochen der
Natur p. 508) knorrig und beginnt kegelförmig mit gedrängten Internodien. Auf den Narben scheinen, wenigstens
zum Theil, faustgrosse Knollen gesessen zu haben, die mit
einer gestrahlten Ansatzfläche versehen, wie Kartoffeln im
Gesteine liegen.

A Sulz 10, m Stuttgart 3 Exempl.

Quenstedt (N. Jahrb. f. Min. 1842. p. 305) hat die Ent-
deckung gemacht, dass ,

Calamites arenaceus minor Jäger's
„   arenaceus Ad. Brongn. .
„   remotus Ad. Brongn.
„   elongatus Gr. v. Sternberg.
Equisetum Schoenleinii Gr. v. Sternb.

Jäger Pflanzenv. 37. T. 2. f. 5. T. 8. f. 1—5, Tab. 6. f. 1.
Ad. Brongn. Veg. foss. I. 138. T. 26. f. 3—5. Tab. 23.
f. 4. p. 139. T. 25. f. 2.
Ad. Brongn. Ann. des sc. nat. XV. 437. T. 15.
Schimp. et Moug. T. XXVIII. f. 1, 2. T. XXIX. f. 3.
Bronn Leth. 3. III. 21. T. XIII. f. 1, a, b.

ein Equisetum columnare sei, dessen äussere Haut abgestreift
ist. C. v. Ettinghausen — Beiträge zur nähern Kenntniss der
Calamiten — Sitzungsbericht der math. naturw. Klasse der
Wiener Akad. 1852, Octbr. IX. p. 648, T. 1—4 — bestätigt
diese Ansicht. Und doch müssen Equisetum columnare und
Calamites arenaceus desshalb getrennt gehalten werden, weil
im bunten Sandsteine nur die Calamitenform, nie die Equi-
setenform dieses Petrefacts erscheint.

Fällt die Calamitenform, d. h. die Längsstreifung, welche
an den Knotenlinien alternirt, ab, so zeigt sich eine Canne-
lirung, welche an Syringodendron erinnert.

Die Calamitenform: in *b* bei Villingen, Sulzbad 5,
h Stallberg, Deisslingen, Sulz 30, *m* Stuttgart 10 Exempl.
Equisetites Bronnii Sternb.
Calamites arenaceus minor Jäger.
Calamites Lindley und Hutton.
Jäger Pflanzenverst. 87. T. 4. f. 9 r. m. n.
Lindley und Hutton 5. p. 63. T. 20?
Gr. v. Sternb. flor. T. XXI. f. 1—5.
Stengel kurz, gegliedert, an der Basis gestreift, oben
glatt, Streifen entfernt.
h Rottenmünster, Sulz 2 Exempl.
Zweifelhafte Arten, vielleicht zu Equis. columnaris ge-
hörig, sind:
Equisetum Meriani Ad. Brongn.
Veg. foss. 1. 115 T. 12. f. 13.
h Sulz 1 Exempl.
Equisetites cuspidatus Presl.
Gr. v. Sternb. flor. T. XXXI. f. 1, 2, 5, 8.
Mit sehr langen und scharfzahnigen Blattscheiden.
h Sulz 2 Exempl.
Equisetites elongatus Presl.
Gr. v. Sternb. flor. T. XXXI. f. 7.
mit dreieckigen, vorn abgestutzten, sehr langen lanzettför-
migen Blattscheiden.
Ebend. [1]

[1] Zu den zweifelhaften Arten gehören vielleicht noch
Equisetites acutus Presl.
Gr. v. Sternb. flor. T. XXXI. f. 3.
h. Sinsheim.
Equisetites Sinsheimicus Presl.
Gr. v. Sternb. flor. T. XXX. f. 2.
h. ebend.
An Equisetaceen enthält die Trias ausser diesen noch:
Equisetites conicus Münst.
G. v. Sternb. flor. T. XVI. f. 8.
p. Bamberg, Abschwind.

Calamites Mougeotii Ad. Brongn.
Ad. Brongn. Veg. foss. 1. 137. T. 25. f. 4, 5.
Schimper et Moug. T. XXIX. f. 1, 2.
Die Glieder ziemlich entfernt von einander und etwas
ausgebaucht, Rippen sehr entfernt, mehr oder weniger
vorspringend. Die Narben der Zweige laufen rings um die
Knotenlinien.
b Sulzbad 1 Exempl.
Zu den Equisetaceen gehört wohl auch:
Omphalomela scabra E. J. Germar.
Dunker Paläogr. I. 26 ff. T. III. f. a, b, c
Oberfläche sehr rauh mit unregelmässigen Längsfalten,
welche sich stellenweise zusammenziehen und gegen einander
gänzlich unsymmetrisch sind. Hie und da zeigen sich auch
längliche, unregelmässige Gruben. Die Pflanze ist inwendig
hohl, wie die Calamiten.
h. Sigelsbach 1 Exempl.

Equisetites mendisformis Presl.
Gr. v. Sternb. flor. T. XXXII. f. 12. a. 1, 12b.
p. Hoti bei Bamberg.
Equisetites Rössertianus Presl.
Gr. v. Sternb. flor. T. XXXII. f. 12a. 2, 3, 12c. 12d
p. ebend.
Equisetites Höflianus Presl.
Gr. v. Sternb. flor. T. XXXII. f. 9, 1.
p. ebend.
Equisetites Brongniarti Schimp.
Schimper et Moug. T. XXVII.
b. Saut le Cerf bei Epinal.
Equisetites Münsteri Gr. v. Sternberg.
Gr. v. Sternb. flor. T. XVI. f. 1—5 h.
p. Abschwind.
Equisetites areolatus Presl.
Gr. v. Sternb. flor. T. XXX. f. 3.
k. Sinsheim.
Equisetites Trompianus Heer.
Escher N. Vorarlb. T. VII. f. 1, 2.
m? Val Trompia zwischen Zigole und der Vereinigung des Irma-
Bachs mit der Mella.

Cycadites.

Pterozamites Jaegeri Ad. Brongn. sp.
Osmundites pectinatus Jäger.
Pterophyllum Jaegeri Ad. Brongn.
Pterozamites Jaegeri Bornemann.
Jäger Pflanzenv. VII. f. 1, 2, 8.
Bronn Leth. 8. III. 87. T. XII. f. 1.
Heer N. Vorarlberg T. VII. f. 7, 8. 9, 10.

Wedel bis $0^m,4$ lang, Fiederblättchen parallelrandig mit gerundeter Spitze, getrennt von einander, zartnervig, bis $0^m,035$ lang, $0^m,005$ breit, erreichen auf beiden Seiten etwa 50 an der Zahl.

h Neue Welt bei Basel, m Stuttgart 4 Exempl.
Pterozamites longifolius Ad. Brongn. sp.
Algacites filicoides v. Schloth.
Pterophyllum longifolium Ad. Brongn.
Pterozamites longifolius Bornemann.
v. Schlotheim's Nachtr. T. IV. f. 2.
Jäger's Pflanzenverst. T. VI. f. 3. 4.

Fiederblättchen viel länger als bei voriger Art, genähert, Nerven parallel, z. Th. anastomosirend.

h Neue Welt, m Stuttgart 2 Exempl.
Pterozamites Meriani Ad. Brongn. sp.
Pterophyllum Meriani Ad. Brongn.
Pterozamites Meriani Bornemann.

Fiederblättchen kurz, nur $0^m,007$, und gleich lang, so genähert, dass sie z. Th. übergreifen, Nerven parallel.

h Neue Welt 1 Exempl.[1]
Pterophyllum Muensteri Presl. sp.
Zamites Muensteri Presl.
Pterophyllum Muensteri Göppert.
Gr. v. Sternb. fl. T. XLIII. f. 1.

[1] Pterozamites spatiosus Bornem.
Lettenkgr. T. IV. f. 1—4.
Johannisthal bei Mühlhausen h.

Fiedern verlängert, mit ziemlich convergirenden Rändern, alternirend, sehr breit, stumpf, dreiseitig, vielnervig.
λ Sulz 2 Exempl. [1]

[1] ? **Pterophyllum acuminatum** Presl ap.
Zamites acuminatus Presl.
Pterophyllum acuminatum Bornemann.
Gr. v. Sternb. flor. T. XLIII. f. 2.
Bamberg p.

? **Pterophyllum heterophyllum** Presl ap.
Zamites heterophyllus Presl.
? Pterophyllum heterophyllum Bornemann.
Gr. v. Sternb. flor. T. XLIII. f. 4, 5.
ebend.

Zamites distans Presl.
Gr. v. Sternb. flor. T. XLI. f. 1.
ebend.

Zamites angustiformis Bornem.
Born. Lettenk. T. IV. f. 1—9.
λ. Johannisthal bei Mühlhausen.

Zamites dichotomus Bornem.
Lettenk. T. IV. f. 10—13.
λ. ebendaher.

Zamites tenuiformis Bornem.
Lettenk. T. IV. f. 14—18. T. V. f. 1—6 und f. 8.
λ. ebend.

Zamites dilatatus Bornem.
Lettenk. T. VI. f. 5 λ.
λ. ebend.

Cycadites pectinatus Berger.
Berger Coburg 23 ff. T. 3. f. 4.
λ. Coburg.

Dioonites Vogesiacus Schimper ap.
Zamites Voges. Schimper.
Dioonites Vogesiacus Bornemann.
Schimp. et Moug. T. XVIII. f. 1.
b. Sulzbad.

Nilssonia Bergeri Göppert.
Cycadites alatus Berger,
Berger Coburg 22. T. 3. f. 5, 6.
λ. Coburg.

Strangerites marantaceus Presl sp.
Marantoidea arenacea v. Jäger.
Taeniopteris vittata var. major Ad. Brongn.
Taeniopteris marantacea Presl.
Aspidites Schnebleri Göppert.
Strangerites marantaceus Bornemann.
Jäger Pflanzenverst. 28. 37. T. 5. f. 5.
Bronn Leth. 1. 147. T. XII. f. 2.
Bronn Raibl. 140. T. IX. f. 3.
Heer N. Vorarlberg T. VII. f. 5.

Blätter zungenförmig, bis $0^m,3$ lang, $0^m,06$ breit. Haupt-
nerv gabelig, Seitennerven unregelmässiges Maschengewebe.

ħ Sulz, Böhringen, Bibersfeld, Gaildorf 10 Exempl.

Die nagelförmigen Abdrücke in der Lettenkohlengruppe
von Rottweil, Sulz, Heilbronn u. a. O. sind vielleicht Blatt-
schuppen von Cycadeen. [1]

Nilssonia Hogardi Schimper.
Schimp. et Moug. T. XVIII. f. 2.
b. Epinal.
Nilssonia acuminata Giebel.
Allgem. Paläont. 364.
[1] Jeanpaulia dichotoma Unger.
Cycadophyllum elegans Bornem.
Lettenk. T. VI. f. 9—13.
Mühlhausen bei Apolda ħ.
Bald zu den Cycadeen, bald zu den Farn werden gezählt:
Scyatophyllum Bergeri Presl sp.
Odontopteris cycadea Berger.
Zamites Bergeri Presl.
Odontopteris Bergeri Göppert.
Scyatophyllum Bergeri Bornemann.
Berger Coburg T. III. f. 2, 3.
Bornemann Lettenk. T. VII. f. 1—6.
ħ. Coburg.
Scyatophyllum dentatum Bornem.
Lettenk. T. VII. f. 7, 8.
ħ. Mühlhausen.

Coniferen.

Voltzia Ad. Brongn.

Baumartige Stengel), den Araucarien am nächsten. Die Blätter ein und derselben Species verschieden geformt, bald länger, bald kürzer. Männliche Blüte ovale Kätzchen, die Zapfen weitschichtig gedeckte Kegel, deren holzige Schuppen sich in 3 oder 5 Lappen an ihrem Ende theilen.

Voltzia heterophylla Ad. Brongn.
  Voltzia brevifolia und V. rigida Ad. Brongn.
  Voltzia elegans Murchison.
    Ad. Brongn. Ann. des sc. nat. XV, T. XV. f. 17.
    Schimp. et Moug. 25. T. VI.—XIV.
    Kutorga — Verhandl. der mineral. Gesellsch. in Petersburg 1844. — 16. T. 1. f. 1—4.
    Bronn Leth. 3. III. 42. T. XII. f. 7ᵇ⁻ᶜ
    Heer N. Vorarlberg T. VIII. f. 1 u. 2.
    Bronn Raibl. 135. T. VIII. f. 1—5.

Grosse Verschiedenheit der Blätter; diese sind bald sehr klein, kegelförmig, leicht umgebogen, bald länger, platter, geradlinig.

b Sulzbad 20, *e* aus Schacht 1 in Friedrichshall und von Crailsheim 2? *h* Sulz 3? [1]

[1] **Voltzia acutifolia** Ad. Brongn.
    Ann. des sc. nat. 450. T. XV.
    Schimp. et Moug. 29. T. XV.
  b. Sulzbad.
    Voltzia Coburgensis v. Schauroth.
    Zeitschr. d. deutsch. geol. Gesellsch. IV. 536 ff. Der Stamm abgebildet auf S. 539.
  e. Coburg.
    Araucarites Thueringicus Bornem.
    Lettenk. 61. T. II. T. III. f. 1—8.
  h. Mühlhausen.
    Araucarites Keuperianus Göppert.
    h. Bamberg.
    Palissya Braunii Endlicher.
    Taxodites Muensterianus Presl.

Albertia W. P. Schimp.

Haidingera Endlicher,
dem Genus Agathys verwandt, mit meist eirunden, abge-
stumpften Blättern. Kleine eirunde, zusammengesetzte Kätzchen mit ausdauernden Bracteen besetzt; länglicher Zapfen,
Samen geflügelt.

Albertia elliptica Schimp.

Albertia secunda Schimp.
Schimp. et Moug. 18. T. III. u. IV.
Bronn Leth. 3. III. 40. T. XIII.[1] f. 6ᵃ⁻ᵈ

Fiederständig, mit elliptischen, selten etwas spitzigen
Blättern in horizontalen Reihen um den Ast stehend, und
denselben mit ihrer Basis vollkommen umfassend.

b Sulzbad 1 Exempl.

Albertia latifolia Schimp.

> **Cuninghamites sphenolepis** Braun.
> Gr. v. Sternb. flor. T. XXXIII. f. 3.
> Münster's Beitr. VI. 24. T. XIII. f. 16—20.
>
> p. Strullendorf.
>
> **Palissya Massalongi** v. Schaur.
> v. Schaur. Recoaro, 498. T. 1. f. 1.
>
> b. Recoaro.
>
> **Faeohselia Schimperi** Endlicher.
> Strobilites laricoides Schimper.
> Schimp. et Moug. 34. T. 1. f. 1, T. 16. Fig. 8t. 1.
>
> b. Sulzbad.
>
> **Cuninghamites dubius** Presl.
> Gr. v. Sternberg flor. T. XXXIII. f. 8.
>
> p. Strullendorf.
>
> **Pinites Rössertianus** Presl.
> Gr. v. Sternb. flor. T. XXXIII. f. 11.
>
> p. Reindorf.
>
> **Pinites microstachys** Presl.
> Gr. v. Sternb. flor. XXXIII. f. 12; ebend.
>
> **Pinites Göppertanus** Schleiden.
> Schmid und Schleiden 69. T. 5 f. 3—9.
>
> c. Wogau.
>
> **Pinites Braunianus** Giebel.

Albertia rhomboidea Schimp.
Schimp. et Moug. 17. T. II.
Eirunde, fast spatelförmige Blätter.
b Sulzbad 1 Exempl. [1]

[1] Albertia Braunii Schimp.
    Schimp. et Moug. 19. T. V. A.
b. Sulzbad.
    Albertia speciosa Schimp.
    Schimp. et Moug. T. V. B.
b. Sulzbad.
    Taxodites tenuifolius Presl.
    Gr. v. Sternb. flor. T. XXXIII. f. 4.
p. Reindorf.

B. Monocotyledonen.

Aethophyllum speciosum Schimp.
    Schimp. et Moug. 39. T, XIX. und XX.
    Beer N. Vorarlberg T. VIII. f. 2—7.
b. Sulzbad, m. Regoledo.
Aethophyllum stipulare Ad. Brongn.
    Ad. Brongn. Ann. des sc. nat. T. XV. 455. T. XVIII.
    Schimp. et Moug. 44. T. XX. und XXII.
    Bronn Leth. 3. III. 35. T. XII. f. 6.
b. Sulzbad.
Noeggerathia Vogesiaca Schimper sp.
    Yuccites Vogesiacus und Yuccites dubius Schimp.
    Noeggerathia Vogesiaca Bronn.
    Schimp. et Moug. 21 und 42. T. XXI.
b. Epinal. Grosse Aehnlichkeit hat damit:
    Chiropteris digitata Kurr N. Jahrb. f. Min. 1858. T. XII. f. 1
    bis 4.
h. Heidelberg.
Phylladelphia strigata Bronn.
    Raibl. T. VII. f. 2, 3.
Raibl m?
Echinostachys oblonga Ad. Brongn.
    Ad. Brongn. Ann. des sc. nat. T. XV. 456. p. XX. f. 3.
    Schimp. et Moug. T. XXIII. f. 3.
    Bronn Leth. 3. III. T. XII. f. 4.
b. Elsass.

Coniferen·Hölzer aus dem Sandsteine *b* von Salzbad.
Zu Peuce sind zu rechnen: Hölzer aus *e* bei Bühlingen *»—*
1 Exempl. und mächtige Stämme vom Bopser bei Stuttgart, in
a 1 Exempl.

Echinostachys cylindrica Schimp.
    Schimp. et Moug, T. XXIII. f. 2, b.
b ebend.
.**Palaeoxyris regalaria** Ad. Brongn.
    Ad. Brongn. Ann. des sc. nat. T. XV. 456, pl. XX.
    Schimp. et Moug. T. XXIII. f. 3.
b. Salzbad. Dieser Art sehr nahe steht:
Palaeoxyris Münsteri Presl.
    Gr. v. Sternb, flor. T. LIX. f. 10, 11.
p. Bamberg.
Schizoneura paradoxa Schimp..
    Convallarites erecta Ad. Brongn.
    Convallarites antans Ad. Brongn.
    Ad. Brongn. Ann. des sc. nat. T. XV. pl. XIX..
    Schimp. et Moug. 50. T. XXIV, XXV, XXVI..
    Bronn Leth. 3. III. 26. T. XII. f. 9.
b. Jungholz bei Mühlhausen im Elsass.
Preslaria antiqua Presl.
    Gr. v. Sternb. flor. T. XXXIII. f. 5, 10.
    Bronn Leth. 3. III. 36.. T. XII'. f. 4.
p. Reindorf.
Palmacites Keuperens Bornem.
    Lettenk. T. IX. f. 1.
h. Mühlhausen in Thüringen.
Sigillaria Sternbergii Gr. v. Münster.
    Zeitschr. d. deutsch. geol. Ges. II. 1850. 174 f. und IV. 1852.
    183. T. VIII.
    Zeitschr. für die gesammt. Naturw. in Halle. 1853 auf T. VIII.
    Th. Spieker, Zeitschr. für die ges. Naturw. in Halle 1853. I ff.
    T. 1 und 2, weist dieser Pflanze den Platz zunächst den
    Lycopodiaceen an; Corda schlug für sie den Namen Pleuro-
    meya vor. l. c, 34.
In *b.*

C. Dicotyledonen.

Phyllites Ungerianus Schleiden.
    Schmid und Schleiden T. V. f. 10—17.
c. Jena.
v. Alberti, Ueberblick über die Trias.   4

Thiere.

Amorphozöa Blainv.

In den Mergeln *k* bei Cannstatt finden sich verkieselt kleine Schwämme, welche nicht näher bestimmbar sind. Der eine erinnert an

Amorphospongia Faundelli d'Orbigny.
> Achilleum polymorphum v. Klipstein.
> „ rugosum Gr. v. Münster.
> v. Klipstein St. Cassian 281. T. XIX. f. 3.
> Gr. v. Münster St. Cassion 22. T. 1. f. 3.
> d'Orbigny Prodr. 210.

der andere an

Amorphospongia Klipsteinii d'Orbign.
> Achilleum poraceum v. Klipstein.
> v. Klipstein St. Cassian 281. T. XIX. f. 1ᵃ ᵇ.
> d'Orbigny Prodr. 210.¹ .

Endolepis elegans Schleiden.
> Schmid und Schleid. 25, 46, 71. T. VI. f. 23, 24, 26, 27.
> Bronn Leth. 3. III. T. XIII. f. 6.
d. Jena.
Endolepis communis Schleiden.
> Schmid und Schleid. 72. T. 6. f. 25, 28, 29.
d. Wogau.
Dryoxylon Jenense Schleiden.
> N. Jahrb. f. Min. 1853. 28.
c. Jena.
Dryoxylon Keuperianum Endl.
o? Adelsdorf bei Erlangen.
¹ In *e* bei Luneville (Rehainvillers).
Amorphospongia triasica Michelin sp.
> Spongia triasica Michelin.
> Amorphospongia triasica d'Orbigny.
> Michelin — Icon. zoophyt. 14. T. 3. f. 3.

Aufsitzend, in unförmlicher Masse ausgebreitet, mit grössern oder kleinern, ungleich vertheilten strahlenförmigen Löchern bedeckt; gehört nach Beyrich vielleicht zu den zusammengesetzten Cnemidium-Arten.

Rhizocorallium Jenense Zenker.
Spongites Rhizocorallium Geinitz.
Schmid und Schleiden T. IV. f. 9.
Geinitz Versteinerungsk. 695. T. 25. f. 21.
Bronn Leth. 3. III. 44. T. XII¹. f. 7.

Schlingenartig gebogene, am Rande zugerundete, nach innen dünner werdende, sich durchkreuzende Wülste. Oberfläche netzförmig, mit Streifen überzogen, die zu engern und weitern, tiefern und flachern Maschen zusammenstossen. Das Innere zeigt keine Struktur.

Bei den schwäbischen Schwämmen ist das Netzgewebe wenig deutlich.

In fortsetzenden Schichten mit Encriniten in den obern Lagen des Wellenkalks bei Diedesheim, Edelfingen u. a. O.

Im Saalthale bei Jena findet es sich zwischen 2 Dolomitschichten im obern bunten Sandsteine.

Rhizopuda Duj.

In den Hornsteinen in d bei Wertheim und Sellingen unweit Karlsruhe finden sich ausgezeichnete bis jetzt unbestimmte Foraminiferen-(Sammlung der polytechnischen Schule in Karlsruhe.)

Ob hierher die Nummulinen ähnliche Körper gehören, welche sich in c bei Horgen und Niedereschach stellenweise dicht zusammengedrängt finden, vollkommen linsenförmig von $0^m,004$ bis $0^m,012$ Durchmesser sind, lasst sich nicht nachweisen, da die Dolomit-Steinkerne weiter beim Anschleifen

Scyphia Kaminensis Beyrich.
Beyrich Corallen 217.
Von unregelmässiger cylindrischer Form, $0^m,026 - 0^m,013$ dick, bis $0^m,039$ lang; der centrale Canal hat an der Mündung etwa die Weite von ⅛ des Durchmessers, verengt sich aber nach Innen, so dass er an den dicksten, nahe an der Basis abgebrochenen Stücken nicht über 2 bis 4 Millimeter weit ist. Das Fasergewebe des Schwamms ist locker und ziemlich gross; es erfüllt unregelmässig die ganze Masse. e Kamin bei Benthen, als Steinkern in Menge vorkommend (Beyrich).

noch beim Poliren organische Struktur zeigen, der Form nach
können es auch Orbitaliten sein. In v. Alberti Tr. p. 53
ist diese Versteinerung als

Nummulites Althausii v. Alb.

aufgeführt — 20 Exempl.

d'Archiac (form. trias. p. 118) hält diesen für Ludus
nat., womit ich nicht einverstanden bin, da diese Form
einen constanten Charakter hat.

Polypi Lsm. [1]

Cerioporen, weile Strecken im dolomitischen Mergel des
Wellenkalks einnehmend, z. Th. ganze Schichten erfüllend.
Aestige Stöcke oder Ueberrindungen bildend; in Braunspalh

. † **Montlivaltia triasina** Dunker.

    Montlivaltia triasica Beyrich.

    Paläontogr. I. 308. T. 35. f. 6, 7, 9.

    v. Schauroth. Sitzungsbericht XVII. 1855. T. 1. f. 3,
. wahrscheinlich synonym mit

    Montlivaltia capitata Gr. v. Münster.

    Gr. v. Munst. St. Cassian IV. T. II. f. 6.

.   Beyrich Corallen 216.

Der letzgenannte beschreibt sie folgendermassen: „Sie hat einen
flachen, nur in der Mitte vertieften Kelch ohne Columella. Von den
Lamellen sind die vier ersten Kreise regelmässig ausgebildet, der fünfte
nur unvollständig, die 24 Lamellen der drei ersten Kreise fast gleich
stark entwickelt, treten bis nahe an den Rand der centralen Vertiefung,
die des vierten Kreises überschreiten kaum die Mitte zwischen Rand und
Centrum. In e bei Laband und Mikulschütz in Oberschlesien, an letzterem Orte als häufiger Begleiter der Terebratula decurtata."

    Thamnastraea Silesiaca Beyrich.

    Beyr. Corallen 217.

Besteht aus fast ebenen, dünnen, über einander liegenden Schichten,
die durch unregelmässige Lückenräume geschieden werden. Die Kelche
sind sehr klein, eine Columella ist nicht vorhanden. Die Lamellen sind
von gleicher Stärke. e Mikulschütz (Beyrich).

    Thamnastraea Bolognae v. Schauroth.

    v. Schauroth Krit. Verz. 5. T. 1. f. 1.

gibt folgende Diagnose: „Stock massig, zusammengesetzt, plattenförmig
ausgebreitet, mit ziemlich ebener Oberfläche. Die Zellen bedecken diese

umgewundelt. Die Zellenbildung ist nicht deutlich zu erkennen, wohl sind es aber einzelne Zellenschichten. Erinnert an die Cerioporen im braunen Jura.

In c von Röthenberg, Fischbach, Mariazell — 5 Exempl.

in der Entfernung von etwa 3 Millimetern von ihrem Mittelpunkte ab-
gemessen, sind deutlich eingesenkt, ohne Regelmässigkeit in ihrer gegenseitigen Stellung, nur selten in einer geraden Richtung an einander gereiht. Die Sternlamellen, deren auf der Oberfläche gegen 18 dem
Mittelpunkte einer Zelle zulaufen, sind oben und an der Seite gekornt,
durch Balkchen verbunden und setzen ohne Unterbrechung in gerader
oder gebrochener Linie von einer Zelle in die andere fort, ohne dass an
der Oberfläche eine Scheidewand zu bemerken ist."

In e. Recoaro.

Thamnastraea Maraschini v. Schaur.

v. Schaur. Krit. Verz. 6. T. 1. f. 2.

v. Schauroth stellt die Möglichkeit auf, dass sie nur ein durch Verwitterung entstelltes Individuum von Thamn. Bolognae sei; ebend.

Prionastraea polygonalis Michelin sp.

Astrea polygonalis Michelin.

Prionastraea polygonalia d'Orbigny.

Mich. Icon. 13. T. 3. f. 1.

d'Orbigny Prodr. p. 176.

Unregelmässig winklige, ungleiche Sterne, ohne Axe. Ausgezeichnet
durch die Tiefe der Alveolen, deren Form kleinen gestreiften, unregelmässig vieleckigen Basaltsäulen gleicht.

e. Luneville. Erinnert an Thamnastraea Maraschini und Thamn. Bolognae.

Favosites Archiaci Michelin sp.

Stylina Archiaci Michelin.

Favosites Archiaci d'Orbigny.

Michelin Icon. 13. 347. T. 3. f. 2ᵃ⁻ᶜ.

d'Orbigny Prodr. 178.

Mit am Rande gezahnelter Mündung und divergirenden, geraden oder
gekrümmten, genäherten und mit gestreiften Rippen versehenen Röhren. Innen durch von einander gleich entfernten Lamellen büschelförmig verbunden.

e. Magnière bei Luneville.

Chaetites Recoarieusis Schaur.

v. Schaur. Sitzungsber. XVII. 1855. 409. Tab. 1. f. e.

Unregelmässig knollig, Zellen polygonal, der Höhe nach durch dünne
Scheidewände getrennt.

In e. bei Recoaro.

Rudiata Lam.

1. Echiniden.

Cidaris grandaeva Goldf.

Schmid und Schleiden T. IV. f. 6.
Quenstedt's Petref. T. 48. f. 33. 37.
v. Schauroth Krit. Verz. T. I. f. 6.

Ganze Exemplare wurden noch nicht gefunden, dagegen fand ich deutliche Umrisse des Körpers, viele Täfelchen, Stacheln und 2 Zähne vom Kauapparat. v. Quenstedt besitzt auch die Balken von letzterem. Quenst. Petref. T. 48. f. 35 und 36.

Die Täfelchen sind klein, von $0^m,003$ bis $0^m,004$ lang, $0^m,005 - 0^m,001$ breit, der Gelenkkopf der Warze hat ein ziemlich grosses Loch und um dieses etwa 20 erhabene Strahlen. Die glatte Scheibe hat eine langgezogene elliptische Form, die übrige kleine Fläche ist mit flachen Knötchen besetzt. Die Stacheln sind sehr schlank, drehrund, unten $0^m,002$ dick, oben spitz zulaufend, bis $0^m,045$ lang, ganz ohne Anschwellung, sehr fein längs gestreift. Der conische Gelenkkopf des Stachels hat zu unterst einen schmalen Reif, mit kleinen Kerben wie der Gelenkkopf der Warze.

Die Zähne von Bühlingen und dem Schachte 1 in Friedrichshall sind schlank mit einer von der Spitze herabsetzenden, erhabenen Wulst; $0^m,002$ breit, $0^m,01$ lang.

Reste von diesem Cidaris: c Horgen, Röthenberg 3 St.; c Plötzliggen, Tallau; Schächte von Friedrichshall 15 St., f Schwenningen 2 Stücke.

Ausser dieser erwähnt er noch des
Chaetites? triasinus v. Schaur.
v. Schaur. Krit. Verz. 5.
Der Nullipora annulata Schafhäutl verwandt; ebend.
Ob die Dania saxonica v. Quenstedt.
v. Quenst. Petref. 643. T. 56. f. 56.
von Herschleben bei Halberstadt dem Keupermergel, der hier unter der Kreide ansteht, oder dieser letztern angehöre, ist noch zweifelhaft.

Cidaris subnodosa H. v. Meyer.

Palaeontogr. I. 1851. 276. T. 32. f. 27.

Giebel Lieskau T. II. f. 11.?

Die Stacheln sind dicker, kolbiger als die von C. grandaeva; die Anschwellungen, die sich überdiess an diesen
zeigen, unterscheiden sie wesentlich von denen der C.
grandaeva.

Von e bei Tullau 1 Stachel.

Im Muschelkalke vom Annaberge in Oberschlesien fand
ich zwei verbundene Täfelchen von Cidaris. Diese sind
etwa zweimal so lang als breit; Gelenkkopf weniger erhaben
als bei C. grandaeva. Strahlen um denselben nicht erkenn-
bar. Scheibe fast kreisrund. Der grössere Theil der Fläche
der Täfelchen ist mit unregelmässigen und flachem Knötchen
als bei C. grandaeva besetzt. Diese Täfelchen scheinen der
Cidaris lanceolata v. Schauroth.

v. Schauroth Krit. Verz. II. T. 1, f. 7ᵃ
den Stacheln T. I. f. 7ᵇ⁻ᵈ anzugehören, welche 0ᵐ,02 bis
0ᵐ,035 lang, zunächst den Gelenkköpfen walzig sind, dann
aber einen elliptischen Querschnitt annehmen. Die kolbigen
Stacheln sind mit scharfen Körnern besetzt, die den ganzen
Körper bedecken. e Recoaro. [1]

8. Crinoidea.

Encrinus liliiformis Lam.

Vorticella rotularis Esper.

Isis Encrinus Linn.

Eucrinites moniliformis Miller.

Von den vielen Abbildungen und Citaten, welche in

---

[1] Cidaris transversa H. v. Meyer.
Palaeontogr. I. 1851. 276. T. 32. f. 28, 29, 30.
v. Schauroth Krit. Verz. 13. T. 1. f. 8⁻ᴸ
von Mikulschütz in Oberschlesien und Recoaro in e. Stacheln mit seitlichen dornähnlichen Fortsätzen mannigfaltig gestaltet. Cidaris spinulosa
von Klipst. T. XVIII. f. 10. und Cidaris bispinosa von Klipst. T. XVIII.
f. 12 von St. Cassian scheinen wenig verschieden zu sein.

Bronn's Leth. 3. III. 45 sehr fleissig zusammengestellt
sind, nur:

v. Schlotheim's Nachtr. T. XXIII.
Goldfuss petr. germ. I. 177 ff. T. LIII. f. 8. T. LIV.
Geinitz Verstein. 614. T. 54. f. 1—10.
Quenstedt's Petref. 614. T. 54. f. 1—10.
Bronn Leth. 3. III. 45. T. XI. f. 1ᵘ⁻ᶜ⋅
Beyrich Crinoid. I. T. I. f. 1—12.

Krone mit 10 Armen und zweizeiligen Armgliedern.

Einzelne Gliedstücke aus *b* von Limenhausen (Niederrhein), viele Gliedstücke in c von sehr kleinem Durchmesser
von Röthenberg. In der Sammlung· viele zum Theil vollständige Kronenstücke, viele Kelch-, Wurzelstücke etc. von
Tullau bei Hall, Gaismühle bei Crailsheim, Flötzfingen, Marbach bei Villingen, aus den Schächten von Friedrichshall,
von Erkerode aus *e*.

Nicht selten verändert sich die Cylinderform des obern
Stengels in eine gerundet 5seitige, aber nie bilden sich die
Ecken des Pentagons zu bestimmten Kanten aus.

v. Strombeck — Paläontogr. IV. 169, T. XXXI. gibt
die Beschreibung und Abbildung einer Reihe von Missbil-
dungen des Encrin. lilliformis, wozu er das Genus Chelocrinus von H. v. Meyer, welches an einem Radius mehr als
2 Arme, am ganzen Kelche daher über 10 Arme führt, den
Encrinus pentactinus Bronn's, Chelocrinus pentactinus H.
v. Meyer, der 3 bis 4 Arme am Kelche hat, und den Encrinus Schlotheimii Quenst., bei dem sich 5 abwechselnde
Arme nochmals spalten, so dass 15 erscheinen, rechnet. [1]

1 Beyrich stellt ausser dem Encrinus lilliformis die nachstehenden
Arten auf:

Encrinus Carnallii Beyrich.
- Beyrich Crinoid. 1857 T. 1. f. 14. -
Die Stengelglieder gleichen denen des Encrinus lilliformis, der Kelch
dagegen ist von breiterer, flacherer Form, als bei dem letztgenannten.
Die 20 Arme sind von gleicher Form und gleichem Bau. Auch dadurch
weicht die Form von Encrinus lilliformis ab, dass die Zuschärfungsstücke

Köchlin-Schlumberger — Bullet. de la soc. géol. de Fr.
2me Ser. T. XII. 1855. — sagt in der Anmerkung p. 1052,

der verklärten Glieder viel grosser, die Zickzacklinien auf der aussern
Flache des Arms weniger auffallend, die Seitenflache der Arme breit und
durch zunehmend scharfe Kanten von der Aussenseite geschieden sind.
In c. bei Rüdersdorf.

Encrinus Schlotheimii v. Quenstedt.
Cheloerinus Schlotheimii H. v. Meyer.
Encrinus pentactinus Bronn.
Cheloerinus pentactinus H. v. Meyer.
Quenstedt in Wiegmann's Arch. 1835. II. p. 223. T. IV. f. 1.
H. v. Meyer — Museum Senkenberg II. 262. T. XII. f. 9.
Bronn Leth. 3. III. 48. T. XIII¹ f. 1, 3.
Dunker Palänntogr. 267. T. 31. f. 2.
v. Schauroth Krit. Verz. 7. T. 1. f. 3ᵃ⁻ᵇ.

Umriss des Stengels zunächst unter der Krone fünfeckig mit stumpf
gerundeten Kanten, Krone 20armig. Beyrich sagt: „Dass bei der Krone
die unsymmetrische Theilung der Radien zu 5 Armen nur eine monströse
sein könne, ist klar. Monströs ist aber nur das Auftreten der tertiären,
nicht das der secundären Radialglieder, welche vollkommen regelmässig
ausgebildet sind. Man erhält, wenn man sich die tertiären Radialglieder
fortdenkt, eine Krone mit 4 Armen in jedem Radius, wie sie bei dem
Encrinus Carnallii im ganzen Umfange der Krone ohne irgend eine monströse Störung vorhanden sind. Von dieser Art unterscheidet sich Encrinus Schlotheimii hauptsächlich durch die Arme, welche denen des
Encrinus liliiformis ähnlicher gebaut sind, sich aber auch von diesem
noch gut durch die spitzeren Winkel der Zickzacklinien, oder die grösseren Zuschärfungsflächen der verkürzten Armglieder unterscheiden."

In c. bei Göttingen, Jena, Gebhardsbergen bei Wolfenbüttel.

Encrinus Brahlii Overweg.

Beyrich Crinoid. 39 ff. T. II.

Zeichnet sich vor Encrinus liliiformis auffallend durch die Lage und
Grösse der äussern Basaltglieder aus, die in schräger Richtung vom
Stengel aufsteigen, und dass die Arme, die sich seitlich nicht fest an
einander fügen konnten, nur unvollkommen zweizeilig geordnete Glieder
brachten. Die Stengel sind ununterscheidbar.

c. Rüdersdorf.

Aus der Vergleichung des Encrin. liliiformis, E. Schlotheimii, E.
Brahlii und E. Carnallii geht jedenfalls hervor, dass sie alle Einer Sipp-
schaft angehoren, und dass es schwer ist, sie in eigene Arten zu trennen.

Den Celsthocrinus digitatus H. v. Meyer

Palaeontogr. I. T. XXXII. f. 2, 3

duss der Encrinites liliiformis von St. Cassian, wie ihn Gr. v. Münster Beitr. IV. 52 T. V. f. 1—8 abbildet, wesentlich

hält Beyrich l. c. 45. für den Jugendzustand eines Encrinus, bei welchem sich die Gliederung des Kelchs und seine Abgrenzung vom Stengel noch nicht deutlich ausgebildet hat. Ebenso ist er der Ansicht, dass Melocrinus triasinus v. Schaur. — Sitzungsber. XVII. 1855. T. 1. f. 4. — kleine cylindrische Formen von etwa 1 Millimeter Durchmesser, welche an ihrer Peripherie durch hohe wellenförmig gebogene Linien der Länge nach in einzelne an Höhe ihren Durchmesser nicht erreichende Glieder getheilt erscheinen, eher das Ansehen eines Wurzelstücks, als eines Kronenfragments haben.

    c. Recoaro.

  Von Enerin. liliiformis scheint

    Encrinus aculeatus H. v. Meyer.

      Paläontogr. I. 1851. 262. T. 32. f. 1.

      Beyrich l. c. 38. T. 1. f. 16ᵃᵇ.

verschieden zu sein. Die Arme desselben unterscheiden sich von denen des Enerin. liliiformis theils durch die Structur, indem alle Glieder vom ersten an mit starken, aufwärts an Höhe und Schärfe zunehmenden Dornen besetzt sind, theils durch die geringere alternirende Verkürzung der Glieder.

    e. Oberschlesien.

    Encrinus gracilis v. Buch.

    Dadocrinus gracilis H. v. Meyer.

      Paläontogr. I. 266. T. 32. f. 4—7 und T. 31. f. 9, 13.

      Bronn Leth. 3. III. 49. T. XIII. f. 2.

      Beyrich Crinoid. 42. T. 1. f. 15ᵃᵇ.

Arme einzeilig, Brocken hervortretend, die ersten Radialien kegelförmig. Die untern Basalglieder ungewöhnlich gross, mit aufgerichteter Stellung.

  In e. bei Kräppiz in Oberschlesien, im Norden des Harzes an der Südseite des Hay bei Aspenstedt, bei Recoaro und in k in den Alpen.

    Encrinus radiatus v. Schauroth.

      H. v. Meyer, Paläontogr. I. 269. T. 31. f. 17 - 19 u. 264. T. 32. f. 12.

      v. Schauroth, Krit. Verz. 8. T. 1. f. 4ᵃ⁻ᵇ.

Krone unbekannt. Gliedstücke messen bei 4—6 Millim. Durchmesser kaum 1 Millim. in der Höhe. Die Gelenkfluche ist mit 30—40 radialen Leistchen verziert, von welchen sich einige gegen die Peripherie hin theilen, während einige andere kürzere durch Zwischentheilung die Zahl derselben vermehren; gegen den engen runden Nahrungskanal hin werden die Leistchen schwächer und enden dergestalt, dass sie eine fünfblättrige Figur um den Kanal undeutlich erkennen lassen.

    r. Recoaro.

von dem von Goldfuss abgebildeten verschieden sei, was auch an der Abbildung in Quenstedt's Petref. T. 54. f. 11 und 12, ebenso an den Exemplaren meiner Sammlung von St. Cassian ersichtlich ist.

Von den in Schwaben vorkommenden Criuojden zeichnet sich nur noch aus

Entrochus dubius Goldf. sp.

> Pentacrinites vulgaris v. Schloth.
> Pentacrinites dubius Goldf.
> Chelocrinus acutangulus H. v. Meyer.
> Entrochus dubius Beyrich.
> Goldf. Petref. germ. T. 53. f. 6.
> H. v. Meyer Paläontogr. I. 272. T. XXXII. f. 17—23.
> T. XXXI. f. 14.
> Quenstedt's Petref. T. 53. f. 2.
> v. Schauroth Krit. Verz. 9. T. 1. f. 5.

Krone unbekannt. Es umgeben Cirren-Wirtel in allmählig grösser werdenden Entfernungen den Stengel, der unverändert einen fünfseilig sternförmigen oder prismatischen Umriss behalt, mit feinblättriger Zeichnung auf allen Gelenk-flächen. Ausgezeichnet findet er sich im Wellenkalke von Edelfingen mit Encrinitengliedern und Rhizocorallium Jenense in den obersten Schichten mit Myophoria orbicularis. [1]

3. Asteridéa.

Aspidura Agass.
Aspidura scutellata Blumenbach sp.

> Asteritis scutellatus Blumenbach.
> Asteriacites eremita v. Schlotheim.
> Ophiura loricata Goldf.

[1] Entrochus Silesiacus v. Quenstedt.
Quenst. Wiegmann's Arch. 1855. II T. IV. f. 3.
gehört einem grössern Encriniten an. · Die Stielglieder sind den Stengeln des Encrin. granulosus von St. Cassian vergleichbar, sind aber nicht gekörnelt.
r. Oberschlesien.

Blumenbach Archaeol. tell. l. 24. T. 2. f. 10.
Goldf. Petr. germ. T. 62. f. 7.
Schmid und Schleiden 44. T. 4. f. 7.
Quenstedt's Petref. T. 51. f. 17, 18.
Bronn Leth. 3. III. T. XI. f. 23.

Auf der Bauchseite umgeben 10 lanzettförmige Täfelchen den Mund und eben solche bedecken die ganze Fläche. Auf dem Rücken ein sechsseitiger Centralschild, um den ein Kreis von 5 kleinen und ein zweiter von 10 grösern Täfelchen. Arme lanzettförmig, kurz, dick, wie auf der Bauchseite von lanzettförmigen Täfelchen besetzt. Durchmesser durch die Arme bis 0^m,012, davon ¼ auf den Centralschild.

In e Laufen bei Rottweil, Marbach bei Villingen 3, f bei Schwenningen 1 Exemplar.

Aspidura Ludeni v. Hagenow.
Paläontogr. I. T. 1 f. 1$^{a—d}$.

Ist von voriger Art durch die viel schlankern und längern Arme, und auch in Gestalt und Bildung der Rückenscheibe verschieden. Der Mittelpunkt bildet ein fünfeckiges Schildchen von fünf andern Fünfecken in Form einer Rosette umgeben. Vielleicht gehört ein Arm von Marbach bei Villingen hierher. [1]

Pleuraster obtusa Goldf. sp.
Asterias obtusa Goldf.
Pleuraster Agassiz.

[1] Acroura prisca Gr. v. Münster sp.
Ophiura prisca Gr. v. Münster.
Acroura Agassiz.
Goldf. petr. germ. T. 62. f. 6.
Bronn Leth. 3. III. T. XIII'. f. 5 a, b.
Arme stielrund, pfriemenförmig, kurz und unbewehrt. Schild der Bauchseite doppelt so lang als breit, und an den Seitenrändern eingebogen. Kleine Tentakeln sitzen reihenweise an den Seitenschildern. Aus e bei Laineck. Acroura Agassizii Münster Beitr. I. T. 11. f. 2 und Asteriacites ophiurus Schl. (Ophiura Schlotheimii Holl.) sind vielleicht nur durch ihren Erhaltungszustand verschieden.

Asterias cilicia v. Quenstedt.

Goldf. petr. germ. T. LXIII. f. 3.

Quenst. Petref. 596. T. 51 f. 23, 24.

Nach v. Quenstedt ist dieser Seestern mit zarten Haaren bedeckt, die Unterseite der Arme breit und tief gefurcht; die Randplatten neben den Furchen sind mit Stacheln besetzt. Neben den Randplatten 2 Reihen Schienen, welche die zurückgezogenen Tentakeln deckten. Die Platten neben den Furchen bilden nur an den Spitzen der Arme den äussern Rand, bald stellen sich etwas kleinere Saumplatten ein, die sich in den Winkeln der Arme vergrössern und zu 4 Reihen vermehren. Das zwischen den Armen ausgespannte Getäfel gibt der Centralscheibe bedeutenden Zuwachs.

Asterias Weissmanni Gr. v. Münster.

Gr. v. Münster Beitr. VI. T. 2 f. 4.

könnte als ein Exemplar derselben Art gedacht werden, woran die Haare noch durchaus erhalten und die Platten damit bedeckt sind.

e Marbach bei Villingen, Tullau, Wollmershausen — 3 Bruchstücke.

Serpulaceae Sow.

Serpula valvata Goldf.

Spirorbis valvata Berger.

Goldf. petr. germ. LXVII. f. 4.

Glatte Spirale mit zwei plötzlich verdickten Windungen, Zweite Windung von der ersten bedeckt. Mündung schief abgeschnitten, nach oben gerichtet.

c Röthenberg 1, e Schächte von Friedrichshall 2 Exempl.

Serpula serpentina Schmid und Schleiden.

Schm. und Schleid. 38. T. IV. f. 1.

Serpula socialis Goldf. Alb. Tr. 57, 90.

Wenig verschieden von

Serpula socialis Goldf.

Petr. germ. LXIX. f. 12^{a-c},

welche Goldfuss aus Uebergangskalk, Unterem Oolit, Wulk
erde und Grünsand citirt. Die langen, glatten, bald ein
zeln, bald in Büscheln stehenden, bald dickern, bald dün·
nern, mehr oder minder gewundenen .Röhren, haben bald
eine gleiche Dicke, bald enden sie mehr oder minder kolben·
förmig, d. h. sie verdicken sich nach unten.

c Röthenberg 1, *e* Dunningen, Rottweil, Horb, Schächte
von Friedrichshall 8, *f* Zimmern o. R. 1 Stück.

Serpula pygmaea Gr. v. Münster.

Gr. v. Münst. Beitr. IV. 54. T. V. f. 26.

Ganz glatt, gleich dick. röhrenförmig, viel dünner als
Serpula serpentina. Auf einem Amorphospongia ähnlichen
Schwamme in *k* bei Cannstatt. [1]

Pelecypoda Goldf.

Conchifera Lam. Lamellibranchiata Blainv.

I. Monomya.

1. Ostrea.

Kein Schalthier ist dem Formenwechsel mehr aus·
gesetzt, als die Auster, weil die Unterlage, auf der die
Unterschale festsitzt, von grossem Einfluss auf ihre Bildung
ist, und die freibleibende Oberschale alle die Eindrücke der
erstern annimmt; mehr als bei jedem andern Schalthiere
muss man daher auf der Hut sein, sich durch die Mannigfaltigkeit der Form nicht zu Aufstellung von Arten verleiten
zu lassen.

Von den

[1] Serpula colubrina Gr. v. Münst.
Goldf. petr. germ. LXVII. f. 5.
Stielrund, schlangenförmig gebogen, mit kleinen, reihenformig geord-
neten Knötchen.
e. Gegend von Bayreuth.

gefalteten Austern
der Trias ist·
Ostrea spondyloides v. Schlotheim (non Gmelin).
Ostrea subspondyloides d'Orbigny.
v. Schlotheim Nachtr. T. XXXVI. f. 1ᵇ·
Goldf. Petr. germ. T. LXXII. f. 5.
d'Orbigny Prodr. p. 177.
die für den Muschelkalk bezeichnendste. Sie ist von veränderlichem Umrisse, mit stark ausgedrückten, vom Wirbel
ausstrahlenden, sich zuweilen gabelnden Falten, welche
durch Anwachslinien dachziegelartig gerippt sind. Die Zahl
der Rippen bei ausgewachsenen Exemplaren, welche 0ᵐ,04
lang und 0ᵐ,03 breit werden, wächst bis zu 15 und mehr.
   In c bei Niedereschach 2, e Oberiflingen, Sulz, Schacht
1 in Friedrichshall 3 Exempl.
   a) Ihre Brut
      Goldf. petr. germ. T. LXXII. f. 5, c,
welche häufig auf andern Schulthieren aufsitzt, ist mehr
kreisrund bis zu 0ᵐ,009 Durchmesser und zählt bis zu 20
sich zum Theil gabelnde Rippen. Dunker hat sie
      Ostrea exigua
genannt, vergl. Schmid und Schleiden T. 4. f. 4.
   In c bei Horgen und Blumegg 4 Exempl.
   b) Wenn die welligen, dachziegelartigen Falten dieser
Brut mehr geradlinigt vom Wirbel ausstrahlen, und etwas
abgerieben sind, scheint mir die Form zu entstehen, welche
v. Quenstedt Anomia matercula genannt hat.
      Quenst. Petref. T. 40. f. 8.
Sie kommt mit der mehr ausgebildeten Brut der Ostrea
spondyloides zugleich vor. In c bei Horgen.
   c) Der Ostrea spondyloides ist eine grössere bis 0ᵐ,06
hohe, 0ᵐ,04 lange flache Auster verwandt, die aber mehr
Rippen, dünnere, fadenförmige, unregelmässig divergirende
und sich vielfach gabelnde Rippen hat. Diese Varietät ist
häufig in den obersten Schichten von e bei Villingen, Marbach bei Villingen, Fluorn, Tullau; Jagstfeld —.8 Exempl.

Sie scheint einen Uebergang zu bilden in

il) **Ostrea montis Caprilis** v. Klipst.

v. Klipst. St. Cassian T. XVI. f. 5,

welche sich durch scharfe Falten, die sich in einzelne Aeste mit scharfen Ansatzrippen vertheilen, auszeichnet. Der besagten Abbildung gehören die Austern aus *c* von Edelfingen 1 und aus *e* von Wollmershausen 2 Exempl. an.

In *e* bei Villingen wurde eine Oberschale gefunden, $0^m,03$ hoch, $0^m,022$ breit, die mehr als 20 scharfe, häufig dichotomirende strahlige Rippen hat und der

c) **Ostrea venusta** Braun.

Gr. v. Münster's Beitr. IV. 60. T. VII. f. 1b

gleicht, jedoch grösser als diese ist.

Ostrea crista difformis v. Schlotheim.

Ostrea difformis Goldf.

Ostrea complicata Goldf.

v. Schloth. Nachtr. T. XXXVI. f. 2.

Goldf. petr. germ. T. 72. f. 1 und 3.

Sie ist zuweilen grösser als Ost. spondyloides, bis $0^m,08$ lang. Sie hat dickere z. Th. oben zugerundete, z. Th. hohe scharfe Rippen mit starken Wachsthumsansätzen. Die Zahl der Rippen steigt bis zu 20.

c Niedereschach; Röthenberg, Horgen 4, e Bühlingen, Marbach b. V., Tullau, Schacht 1 in Friedrichshall 11, ƒ Deisslingen 1 Exempl.

Die **Ostrea multicostata** Münster

Goldf. petr. germ. LXXII. f. 2.

Giebel Liesk. T. II. f. 9,

bei der die Rippen flacher, mehr verwischt, schuppig und runzelig sind, ist der Ostrea difformis nahe verwandt.

c Horgen 1, e Marbach b. V., Bühlingen 2 St.

Ostrea decemcostata Gr. v. Münst.

Goldf. petr. germ. T. LXXII. f. 4.

Giebel Liesk. T. II. f. 4, 5.

Kommt nicht selten gesellig vor. Nur die untere Schale bekannt, hochgewölbt, Wölbung unregelmässig, lang $0^m,03$

bis 0^m,01, breit 0^m,017 — 0^m,007. Zeichnet sich durch meist 10 hohe, scharfe, selten sich gabelnde Falten aus. *b* Forlach 2, *c* Röthenberg, Niedereschach 6, *e* Rottweil, Bühlingen, Marbach b. V., Tullau, Logewenik in Südpolen 6 St.

Die vorgenannten Austern bilden Uebergänge in einander, so dass es sehr schwer wird, sie bestimmt zu trennen.

Ostrea scabiosa Giebel.

Gieb. Lieskau T. Il. f. 17.

Sie ist von veränderlichem Umrisse, flach, faltig und runzelig. Durch die Falten gehen sehr feine, fadenförmige, vom Wirbel ausstrahlende, nach den Falten sich biegende Linien. Sie findet sich in meiner Sammlung nur in der Länge von 0^m,018, und Breite von 0^m,012, während sie bei Lieskau viel grösser vorkommt; ein Exemplar vom Seeberge bei Gotha ist sogar nur 0^m,012 hoch und fast eben so breit. Sie hat einige Aehnlichkeit mit Brut von Hinnites Schlotheimii.

c Röthenberg 1, *e* Schacht in Friedrichshall, Seeberg bei Gotha 2 Exempl.

Ostrea Lisoaviensis Giebel.

Gieb. Liesk. T. II. f. 2.

Länglich oval, gegen den Schlossrand verschmälert, mit etwa 15 einfachen, ziemlich regelmässigen Rippen und scharfen blättrigen Wachsthumsfalten. Die in meiner Sammlung befindlichen Exemplare sind grösser als das von Giebel abgebildete, und die Rippen lassen sich bis an den Wirbel verfolgen, was bei dem letztern nicht der Fall ist. Die hiesigen Exemplare stimmen durchaus nicht mit O. decemcostata überein, wie dies v. Seebach l. c. p. 568 von den thüringischen annimmt.

f Deisslingen, Zimmern 2 Exempl.

Die ungefalteten Austern.

Die Ostrea placunoides und Ostrea subanomia Gr. v. Münster vereinigte Giebel unter Ostrea placunoides, v. Schauroth

unter Ostrea subanomia. Da der Charakter dieser Auster
oft an Anomia erinnert, so habe ich die Münster'sche Benennung beibehalten, wenn sie auch nicht die Priorität für
sich hat.

   Ostrea subanomia Gr. v. Münster.

     Chamites ostracinus v. Schloth. (nach v. Seebach Weim.
       Tr. p. 568).

     Ostracites sessilis v. Schloth.

     Ostrea placunoides Gr. v. Münster.

     Ostrea Bronnii v. Klipstein?

     Ostrea subanomia, var. genuina v. Schaur.

     Ostrea ostracina v. Seebach.

     Lima concinna Dunker (nach v. Seebach Weim. Tr.
       p. 569).

     v. Schloth. Nachtr. T. XXXVI. f. 1ª (aufsitzend).

     Goldf. Petr. germ. II. 19. T. LXXIX. f. 1, 2.

     v. Klipstein St. Cass. T. XV. f. 31.

     Giebel Liesk T. II. f. 9.

     Dunker Paläontogr. I. T. 34 f. 30.

     v. Schauroth Lettenkgr. T. VI. f. 5.

Auf dem Gesteine und auf den verschiedensten Petrefacten in zahlloser Menge aufsitzend mit wulstigem Rande.
Die obere Schale ist rund oder in die Länge gezogen, flach
oder gewölbt, glatt oder mit concentrischen Streifen, mit
schwachen ausstrahlenden Linien, und nicht selten mit einzelnen Warzen besetzt. Wirbel bald in der Mitte bald auf
die Seite geneigt.

In den dolomitischen Kalken der Lettenkohle ƒ und i
erscheint diese Auster als ein unregelmässiger, wulstiger,
meist ziemlich gewölbter, mehr oder weniger kreisförmiger
bis 0ᵐ,025 haltender glatter oder rauher Steinkern mit höcke-
rigen Auswüchsen; von der Schale findet sich keine Spur.

     v. Seebach Weim. Tr. p. 569 hat die Beobachtung ge-
macht, dass bei der Verwitterung dieser Muscheln nur die
Randwülste übrig bleiben, die wunderbar verschlungene
Figuren bilden, welche der Serpula serpentina gleichen.

Wegen Verschiedenheit der Form der Schale, deren grösseres oder geringeres Aufgetriebensein, Stellung der Wirbel, oder Abweichung der Streifung oder Bewarzung, wurden als besondere Arten aufgestellt:

1) Ostrea Schuebleri v. Alberti.

Ostrea subanomia, var. Schuebleri v. Schaur.

Goldf. Petr. germ. T. LXXIX. f. 3.

v. Schauroth Lettenkgr. T. VI. f. 4.

v. Schauroth Krit. Verz. 26. T. II. f. 5ᵃˑᵇ

v. Seebach Weim. Tr. 570. T. XIV. f. 4?

Obere Schale schief oval, aufgetrieben, Wirbel zur Rechten des Beschauers gewendet. Zuweilen Zuwachslamellen und sehr feine radiale Linien.

e Bühlingen, Schächte von Friedrichshall 3, *f* Zimmern 3, *k* Cannstatt 1 Exempl.?

2) Ostrea reniformis Gr. v. Münster.

Ostrea subanomia, var. reniformis v. Schauroth.

Goldf. Petr. germ. T. LXXIX. f. 4.

v. Schaur. Lettenkgr. T. VI. f. 3.

Die Schale (wahrscheinlich die obere) nierenförmig, stark gewölbt, etwas in die Länge gezogen; an der rechten Seite concav; ziemlich glatt, doch zeigen sich auch Zuwachslamellen, und Spuren radialer Linien. Nach der langen Seite bis 0ᵐ,016.

e Bühlingen, Rottweil, Schacht von Friedrichshall 4 Ex.

3) Anomia tenuis Dunker.

Anomia alta Giebel.

Ostrea subanomia, var. tenuis v. Schaur.

Paläontogr. I. T. XXXIV. f. 27, 28, 29.

Giebel Liesk. 14. T. VI. f. 6.

v. Schauroth Lettenkgr. 90. T. VI. f. 1.

Diese Varietät hat spitzen mittelständigen Wirbel und regelmässige Wachsthumsstreifen. Sie ist mehr oder minder rund, oder oval. Vom Bauchrande ab einige sehr schwache strahlende Linien.

e Schacht 1 in Friedrichshall.

4) Anomia Andraei Giebel.

Ostrea subanomia, var. turpis v. Schaur.

Giebel Liesk. T. II. f. 14.

v. Schauroth Lettenkgr. 93. T. VI. f. 7.

Unregelmässige, höckerige mit einzelnen Warzen be-deckte Form mit concentrischen Wachsthumslinien.

e Bühlingen, Schacht 1 in Friedrichshall 3 Exempl.

Ob die vier letzt genannten zu Anomia oder Ostrea gehören, ist nicht nachweissbar, da der Schlossbau nicht bekannt ist und man eine durchbohrte Klappe bis jetzt nicht gefunden hat. Alle sind von Ostrea subanomia nicht wesentlich verschieden.

Die Ostrea subanomia variatio rugifera v. Schaur.

v. Schaur. Lettenkf. 92. T. VI. f. 6.

zeigt regelmässige Lamellenbildung, rinnenförmige Einsenkung über den Rücken und rundliche Form, und ist wesentlich von O. subanomia verschieden.

In *e* in den Schächten von Friedrichshall 4 Exempl.

Anomia? Beryx Giebel.

Ostrea subanomia var. Beryx v. Schaur.

Giebel Liesk. 14 T. 6. f. 5.

v. Schauroth Lettenkf. 93. T. 6. f. 8.

v. Seebach Weim. Tr. 570 T. XIV. f. 5.

Ist weder Ostrea noch Anomia, da wie v. Seabach fand, die beiden Schalen symmetrisch sind, und gehört wahrscheinlich einer eigenen Gattung an.

Die Schale schief, unregelmässig oval, stark gewölbt, Wirbel nicht mittelständig; aufgetrieben, faltig oder warzig in den mannigfaltigsten und bizarrsten Gestalten. Was sie besonders auszeichnet, ist, dass die Streifung, bald feiner bald gröber, nicht radial, sondern schief vom Wirbel und parallel nach der hintern und untern Ecke geht. Länge bis $0^m,006$, Breite $0^m,004$.

e Bühlingen, Schacht am Stallberge, Schächte von Friedrichshall 11, *f* Zimmern o. R. 1 Exempl.

Einer kleinen glatten Auster

Tab. l. f. 1.
Steinkern 4mal vergrössert
erwähne ich, wenn sie auch unbedeutend erscheint, weil sie
für die Einreihung der Schichten von Gansingen wichtig werden kann. n Gansingen. [1]

2. Leproconcha Giebel.

Leproconcha paradoxa Giebel.
Gieb. Liesk. 15. T. II. f. 10, 13.
Sie hat nach Giebel 3 bis 4 Bandgruben am breiten
Schlossrande. Schalen kreisrund mit schwacher Erweiterung
nach vorn, ziemlich gewölbt und durch die concentrischen
Wachsthumslinien deutlich geblättert, nur am Rande treten
einige undeutliche Strahlenfalten auf. Die warzigen Aus-
wüchse sind unregelmässig über die Oberfläche vertheilt.
Von $0^m,01$ bis $0^m,02$ Durchmesser.
e Schächte von Friedrichshall 6 Exempl.
Sie nähert sich in der Form so der Ostrea subanomia,
namentlich der Anom. Andraei Giebel (Ostrea subanomia,
var. turpis v. Schauroth) dass es ohne Kenntniss des Schlosses kaum möglich wird, sie von dieser zu trennen.
Eine festere Stellung als die Varietäten der Ostrea subanomia nimmt in der Trias ein:

3. Placunopsis Morris und Lycett,

durch die scharf eingeschnittenen Linien ausgezeichnet. Sie
unterscheiden sich von Anomia durch die geschlossene flache
Klappe und die kleine quere Bandgrube.
Placunopsis plana Giebel.
Giebel Liesk. 13. II. f. 6.

[1] Eine grössere glatte, runzelige Auster fand Dunker in dem Muschel-
kalke e von Willebadessen.
Ostrea Willebadessensis.
Dunker Paläontogr. 1. 1851. 312. Tab. 36. f. 19.

Schale vierseitig, ziemlich flach, mit spitzem Wirbel.
Oberfläche mit unregelmässigen Wachsthnmsfalten und mit
dicht gedrängten, unregelmässig divergirenden zierlichen
Radialrippen. Hart am Wirbel einige Warzen. Länge und
Breite 0⁽ᵐ⁾,011., Auf Lima lineata in c bei Horgen, ferner
in e bei Friedrichshall 2 Exempl.

Placunopsis obliqua Giebel.
Giebel Liesk. 13. T. VI. f. 13.

Hochgewölbt, oval, mit nicht mittelständigem Wirbel,
mit einzelnen sehr markirten Anwachsstreifen und radialen
Linien. 0ᵐ,014 lang und eben so breit. e Schacht 2 in
Friedrichshall.

Placunopsis gracilis Giebel.
Ostrea subanomia var. orbica v. Schauroth.
Giebel Liesk. 13. T. VI. f. 2.
v. Schaur. Lettenkf. 91. Tab. VI. f. 9.

Stark gewölbt, fast rund, Wirbel spitz, mittelständig.
Von diesem strahlen feine, regelmässige Linien aus, die von
Wachsthumsstreifen stark verschoben werden. Länge der
Schale 0⁽ᵘ⁾,01, Höhe 0ᵐ,009. Kann mit Pecten Albertii in
der Form verwechselt werden; die Streifung ist jedoch ver-
schieden.

In e Rottweil, Schächte von Friedrichshall, Liebringen
im Schwarzburg'schen 5, i⁽⁰⁰⁾ bei Sulz 1 Exempl.

4. Pecten Gualtieri.

a. Gerippt.

Pecten Albertii Goldfuss.
Monotis Albertii Goldf.
Pecten inaequistriatus Goldf.
Avicula Albertii Geinitz.
Avicula Germaniae d'Orbigny.
Goldf. petr. germ. T. 89. f. 1 und T. 120. f. 6.
v. Ziethen Verst. Württ. T. 53. f. 3. ·
Geinitz Verstrgsk. 458. T. 20. f. 2.

Bronn Leth. 3. III. 65. T. 13 f. 7.
d'Orbigny Prodr. 176.
Giebel Liesk. T. II. f. 16, 18 a, b, c. 19 a, b.

Kreisrund, convex, mit einzelnen scharfen Wachsthums
ansätzen, Ohren klein, etwas ungleich. Erreicht einen Durchmesser von 0ᵐ,02. Wenn die dünne äusserste Haut der
Schale noch erhalten ist, erscheint die Abart Pecten inæqui-
striatus Goldf., die sich am schönsten in e findet. Bei
dieser strahlen von der Wirbelspitze gerundete, etwas wellige,
feine, gleichstarke Rippen aus, die gegen den Wirbel zuweilen verschwinden. Zwischen den grössern setzen sich
hie und da feinere Rippen ab.

Ist die äussere Schale etwas abgenützt, wie dies vorherrschend der Fall, so sind die Rippen feiner, erreichen
noch weniger den Wirbel, werden zahlreicher und entstehen
häufig durch Gabelung (Pecten Albertii Goldf.)

Ist die äussere Schale noch mehr abgewittert, so verschwindet die Streifung zuweilen ganz, oder ist nur noch
mit der Luppe zu erkennen, und die concentrische Streifung
erhält eine grössere Aufgetriebenheit. Es ist dies Pecten
obliteratus v. Schaur. Lettenk. T. VI. f. 9.

Der Pecten Albertii des Wellenkalks hat schärfere, ge-
rade, gleichstarke und schmale Radialrippen in fast gleichen
Abständen, die grossentheils bis zum Wirbel reichen. Auch
der sich in den untersten Schichten des Wellenkalks bei
Recoaro mit Posidonomya Clarai findet — v. Schauroth
Krit. Verz. 30. — ist grobrippiger als der im Kalksteine von
Friedrichshall.

v. Seebach — Weim. Tr. p. 754 — trennt den P. inaequistriatus von P. Albertii, was bei dem Gesagten nicht
gerechtfertigt erscheint.

Pecten multiradiatus von St. Cassian.
v. Klipstein St. Cass. 250. T. XVI. f. 10 u. 14.
hat Aehnlichkeit mit P. Albertii.

In e bei Billigheim und Diedesheim 3, in e Schacht am
Stallberge, Deisslingen, Bühlingen, Marbach b. Vill.. Schächte

von Friedrichshall, Sigelsbach, Hasmersheim, Tullau 24, *ʰʰ
Asperg 1, *k* Canustatt 5 Exempl. ¹

Pecten Valoniensis Defr.

Pecten Lugdunensis Leymerie.

Pecten acutauritus Schafhäutl.

Pecten texturatus Oppel.

Pecten cloacinus v. Quenstedt.

Defrance Ann. de la soc. Linn. de la Normandie 1825.
507. T. 22. f. 6.

Leymerie — Mém. de la soc. géol. de Fr. III. 1838.
346. pl. XXIV. f. 5 u. 6.

Portlock — Londonderry. 127. T. XXV. f. 14, 15.

Schafhäutl N. Jahrb. f. Min. 1851, 416. T. VII. f. 10.

Peter Merian in Escher's N. Vorarlberg 1853. 19.
T. III. f. 22—24.

Quenstedt's Jura 31 T. 1. f. 33, 34.

Oppel u. Süss Kössener Schichten, 548. T. II. f. 8ª, ᵇ.

Gleicht sehr dem Pecten textorius, ist aber breiter als
dieser, von fast kreisförmigem Umrisse; die 50—60 strahlen-
förmig auslaufenden Falten sind flächer. Durchmesser 0ᵐ,02.

p Birkengehren, Nellingen 4 Exempl. ²

---

¹ Ob Pecten Schroeteri Giebel.

Gieb. Liesk. T. II. f. 12ª⁻ᵉ
mit alternirend sehwacheru und stärkern Rippen hierher gehöre, wie
v. Schauroth (Krit. Verz. p. 29) dafürhält, ist zu bezweifeln, da er bis
zu 0ᵐ,065 Durchmesser hat, während das grösste Exemplar des Pecten
Albertii kaum ¼ dieses Durchmessers erreicht.

In *r.* bei Liesken.

² Pecten reticulatus v. Schloth. non Chemnitz.

Pecten Eolus d'Orbigny.

v. Schloth. Nachtr. XXXV. f. 4.

Goldf. petr. germ. 48. T. LXXXIX. f. 2.

d'Orbigny Prodr. p. 176.

Hat sich bis jetzt in Süddeutschland nicht gefunden. Die krei-
runden Schalen durch hervorspringende dünne Längsrippen und feine
Querrippen dachziegelartig geschuppt. Ohren ohne Rippen.

r. in Thüringen.

b. Glatt.

Pecten disoites v. Schlotheim sp.

Ostracites pleuronectites discites v. Schl.

Craniolites Schroeteri v. Schloth. (nach v. Seebach.)

Ostracites pleuronectites discus und

Ostracites pleuronectites decussatus v. Schloth. nach

    v. Seebach mit?

Limacites discus Krüger.

Pecten discites Bronn.

v. Schloth. Nachtr. T. XXXV. f. 3ᵃ⁻ᶜ

v. Schloth. Petref. 247. T. 28. f. 5ᵇ·

v. Schloth. Petref. p. 219.

Krüger II. 515.

Goldf. petr. germ. II. 73. T. XCVIII. f. 10.

v. Ziethen T. 52. f. 5. T. 69. f. 5.

Quenstedt's Petref. T. 40. f. 40.

Bronn Leth. 3. III. T. XI. f. 12.

Giebel Liesk. T. II. f. 3 und 8.

v. Schauroth Krit. Verz. 27. T. II. f. 6ᵃ⁻ᶜ

Eiförmig kreisrund, flach convex, rechte Klappe höher
gewölbt als die linke, zu beiden Seiten niedergedrückt, so
dass ihr mittlerer Theil über die breiten Seitenränder hervortritt. Etwas stumpfwinklige, fast gleichförmige Ohren.
Schlosswinkel nach v. Seebach zwischen 94 und 117°. Bis
0ᵐ,05 hoch und fast eben so lang. Schale ziemlich dick,
aus verschiedenen Lamellen bestehend. Die oberste ist sehr
dünn, von weissem Schmelz, mit undeutlicher radialer und
spärlich concentrischer Streifung. Sobald diese Lamelle abgewittert ist, so erscheinen ausstrahlende, kaum mit blossem
Auge wahrnehmbare Linien, die sich über die ganze Schale
wechselseitig durchkreuzen und abschneiden, wovon die Abbildung von Goldfuss T. XCVIII. f. 10ᵇ ein ziemlich undeutliches Bild giebt.

Diese zweite Lamelle zeigt an einzelnen Stücken, die
aber vollkommen den Bau des P. discites haben, feine rudime

Streifung, die sich bald unregelmässig auf verschiedenen
Stellen kreuzt, bald sich aber nach beiden Seiten divergirend
so ausbreitet, dass die in der Mitte des Rückens liegenden
Linien sich durchkreuzen; es ist dies

Pecten tenuistriatus Gr. v. Münster.

Goldf. petr. germ. II. 42. T. 88. f. 12.

Schmid u. Schleiden T. IV. f. 4.

Giebel Liesk. T. II. f. 20 a, b.

Zuweilen werden die etwas erhabenen Streifen ganz
flach, so dass sie eingeschnitten erscheinen, es ist dies

Pecten Schlotheimii Giebel.

Gieb. Liesk. II. f. 20 c.

Ich glaube, dass auch

Pecten Morrisii Giebel.

Gieb. Liesk. T. II. f. 15

hierher gehöre, der ganz die Gestalt des P. discites hat.
Die Radiallinien sind nicht eingeschnitten, wie bei P. tenuistriatus, sondern wie mit dem Pinsel aufgetragen.

e Rottweil, Schacht 2 in. Friedrichshall 2 Exempl.

Ist auch die zweite Lamelle abgewittert, so zeigt sich
eine gleichförmige, kräftig concentrische Streifung, mit deren Verschwinden endlich eine vom Wirbel ausstrahlende
fadenförmige Lamellenbildung sichtbar wird, welche von
dickern oder dünnern concentrischen Fäden durchkreuzt und
verbunden wird.

Die gleiche Lamellenbildung findet auch an der innern
Fläche der Schale statt. Die erste Lamelle ist wie die äussere von weissem Schmelz; fällt diese ab, so zeigt sich die
gleiche Streifung wie bei der zweiten obern Lamelle, und
die Durchkreuzung der Linien wie bei P. tenuistriatus findet
auch hier statt; die Streifung aber, welche v. Schauroth —
Krit. Verz. T. II. f. 7 — von der innern Schale von P. tenuistriatus giebt, habe ich hier nicht gefunden. Nach Abwit-
terung dieser Schale tritt auch hier die scharf ausgedrückte
concentrische Streifung auf.

Einige haben, wie dies auch v. Schauroth beobachtet,

vom Scheitel des Schlosswinkels aus doppelte Falten, so dass
ein zweifacher Schlosswinkel entsteht. Steinkerne, wie sie
namentlich im dolomitischen Kalke vorkommen, zeigen den
Abdruck des hohen und breiten Mantelrands, welcher längs
des Schalenrandes hinlauft, auch wird die bald ovale, bald
dreiseitige Bandgrube sichtbar.

c Oberfarnstedt bei Querfurt 1, e Villingen, Marbach
b. V., Oberiflingen, Schacht von Friedrichshall, Ingelfingen
20, f Schacht am Stallberge 8, ℓ^bh Gölsdorf 2, k Cannstatt 1 Exempl.

Dass alle die hier genannten Spielarten von P. discites
Einer Art angehören, scheint auch dadurch an Sicherheit zu
gewinnen, dass sie alle in den gleichen Schichten mit einander nud in einander übergehend vorkommen.

Pecten laevigatus v. Schloth. sp.
Ostracites pleuronectites laevigatus v. Schloth.
Pecten laevigatus Bronn.
Pecten vestitus Goldfuss.
Avicula laevigata d'Orbigny.
v. Schloth. Nachträge I. 217. T. 35. f. 2.
v. Ziethen T. 69. f. 4.
Goldf. petref. germ. T. 98. f. 9.
Quenstedt Petref. T. 40. f. 38.
Bronn Leth. 3. III. 55. T. XI. f. 11^{a,b}
d'Orbigny Prodr. p. 175.

Die linke Schale hoch gewölbt, oval kreisförmig, mit
ausstrahlenden braunen Bändern, oder mit grossen braunen
Zickzackflecken; die rechte flach convex, und durch die
Spalte zum Durchgang des Byssus unsymmetrisch gemacht.
Schale glatt, mit undeutlichen concentrischen Wachsthums-
ringen. Die Ohren der linken Klappe rechtwinklicht, gleich,
vorderes Ohr der rechten Klappe tief ausgeschnitten. Der
Rand des Byssus mit einer Reihe Zähnen besetzt. Schale
bis über 0^m,1 hoch und fast eben so lang.

Der erste Grad der Verwitterung der Schale beurkundet
sich durch stärkeres Hervortreten der Anwachsringe; bei

weiterem Fortschreiten durch die Anfänge knotiger Radialrippen, wie

Tub. I. f. 2ᵃ

zeigt, und endlich verschwindet die obere Schale ganz und
es erscheinen

Tub. I. f. 2ᵇ

in ungleichen Abständen etwa 12 abgerundete, mit Knötchen besetzte, vom Wirbel ausstrahlende Rippen, so dass
man einen Spondylus vor sich zu haben glaubt. Diese Radialrippen stehen mit den stellenweise auf der unverletzten Schale
ausstrahlenden braunen Bändern in keiner Wechselwirkung.

c Röthenberg 1, e Bühlingen, Marbach b. V., Tullau,
Ingelfingen, Wollmershausen, Schacht von Friedrichshall 18,
f Zimmern o. R., Villingendorf, Bühlingen 5, h Canal am
Stallberge 1 Exempl.

Pecten Schmideri Giebel.

Giebel Liesk. T. 2. f. 7. T. 6. f. 1.

Dazu gehört vielleicht:

Pecten pusillus Berger.

Berger Röth 169. T. III. f. 2 und 3.

Soll sich von voriger Art durch scharf abgesetzte, strahlig
gestreifte Ohren, spitzern Wirbel und den Mangel an Zähnen
am Byssusrande unterscheiden. Durchmesser 0ᵐ,04. Da die
Ohren nicht immer sichtbar sind, und der Byssus-Ausschnitt
selten deutlich hervortritt, so ist mir der Unterschied zwischen
P. laevigatus und P. Schmideri noch nicht klar geworden.

c Diedesheim 1? e Schacht von Friedrichshall 1 Exempl.?

Pecten Liscaviensis Giebel.

Giebel Liesk. T. II. f. 1.

Unterscheidet sich von P. discites durch die langgezogene eiförmige Gestalt, die ungleichartigen grössern Ohren
und flachere Wölbung. Breite 0ᵐ,025, Länge 0ᵐ,03.

e Schacht 1 in Friedrichshall, Tullau 2 Exempl.

Bei Forbach in Lothringen findet sich in b ein Pecten,
der die Umrisse des P. Liscaviensis hat, aber gewölbter ist.
2 Exempl.

5. Hinnites Defrance.

Hinnites Schlotheimii Merian sp.
Ostracites spondyloides v. Schloth.
Ostracites anomius v. Schloth.
Spondylus Schlotheimii Merian.
Ostrea comta Goldf.
Spondylus comtus Goldfuss.
Hinnites comtus Giebel.
v. Schloth. Nachtr. T. XXXVI. f. 1ᵃ (nicht b) und f. 3.
P. Merian Schwarzwald 198.
Goldf. petr. germ. II. 4. T. 72. f. 6. Tab. 105. f. 1.
Giebel Liesk. 25. T. VI. f. 4ᵃˑᵇ.

Giebel fand, dass der gerade Schlossrand unter dem Wirbel sich stark verdickt und hier eine flache, quere, bald ovale, bald zugespitzte, immer aber nach innen stark umrandete Bandgrube liege. Divergirende, zum Theil sich gabelnde schuppige Rippen gehen vom Wirbel aus, zwischen denen und mit ihnen parallel gedrängte, feine Linien laufen. Die Rippen bilden am untern Rande röhrige Stacheln. Ungleichklappige Schalen. Grosse Exemplare erreichen eine Länge von 0ᵐ,08 und eben so viel Breite. b Sulzbad 6, c Marbach b. V., Rottweil, Tullan, Schächte von Friedrichshall 13 Exempl.

6. Lima Bruguière.

a. Mit Rippen.

Lima lineata v. Schlotheim sp.
Chamites lineatus v. Schloth.
Plagiostoma lineatum Voltz.
Lima lineata Deshayes.
v. Schloth. Nachtr. T. 35. f. 1.
Voltz Elsass p. 58.
v. Ziethen 66. T. L. f. 2.
Goldfuss petr. germ. T. 100. f. 3ᵃˑᵇ.
Quenstedt Petref. T. 41. f. 6.

Brown Leth. 3. III. 58. T. XI. f. 10ᵃˑᵇ.
Giebel Liesk. T. VI. f. 11ᵃˑᵇ.
v. Schauroth Krit. Verz. T. II. f. 9.

Schief eiförmig, meist stark gewölbt, mit zugespitztem übergreifenden Wirbel und vertiefter Area. Rippen flach, breit, durch Streifen von einander getrennt, häufig glatt auf dem mittlern Theile der Fläche; in grossen Exemplaren wohl auch der übrige Theil der Schale fast glatt. Auch eine flächere Abart findet sich vor.

Zuweilen erscheint sie kürzer, vielleicht durch Ablösen des untern Theils der Schale und bauchiger.

Bucardites hemicardius Schloth. (nach Merian).
Lima cardiiformis Merian.
Plagiostoma ventricosum v. Ziethen.
Lima cordiformis Desh.
Knorr T. B. i. a. f. 1 und 2.
Merian Schwarzwald p. 197 und 198.
v. Ziethen T. 5. f. 3.
Goldf. petr. germ. T. 100. f. 3ᶜ.
Giebel Liesk. p. 27 f.

glaubt, es könne diess eine eigene Art sein, es finden jedoch so viele Uebergänge statt, dass sich eine eigene Art nicht festhalten lässt.

Zuweilen wird die Streifung markirter, die Schale ist ungleich gerippt, die Rippen sind knotig, zwei kleine zwischen zwei grössern.

Plagiostoma inaequicostatum v. Alberti.
Plagiostoma interpunctatum v. Alberti.
Lima Albertii Voltz.
Lima Schlotheimii d'Orbigny.
v. Alb. Tr. p. 56 und 241.
Voltz grés bigarr. 4.
d'Orbigny Prodr. p. 175.

Die Lima lineata erreicht eine Höhe von 0ᵐ,112, eine Länge von 0ᵐ,087, und eine Dicke von 0ᵐ,056.

b Forbach in Lothringen, c Niedereschach, Obereschach,

Horgen, Mariazell, Alpirsbach, Locherhöfe, Blumegg, Pforzheim, Neckarelz, Hochhausen, Dörzbach — 30, e Rottweil,
Ingelfingen — 2 Exempl.

Lima radiata Goldf.

Lima interpunctata Schmid und Schleiden.

Goldf. petr. germ. T. C. f. 4.

Schmid und Schleiden T. IV. f. 6.

Weniger gewölbt, als die vorige, die über die ganze
Schale ausstrahlenden Rippen flach, doch auch zuweilen gerundet, aber ungleichförmig, in der Mitte des Rückens breiter, hie und da gespalten, was besonders bei ältern Exemplaren hervortritt. Die Streifung viel markirter, als bei
L. lineata. Sie erreicht eine Länge von $0^m,08$, eine Breite
von $0^m,07$, eine Dicke von $0^m,035$.

In b bei Sulzbad — 3, in c bei Cappel, Niedereschbach —
6, in e in Schacht 1 in Friedrichshall — 1 Exempl.

Lima striata v. Schloth. sp.

Chamites striatus v. Schloth.

Cardium striatum Al. Brongniart.

Plagiostoma striatum Voltz.

Lima striata Deshayes.

Knorr I.* n. 79. f. 1, 2, 3.

v. Schloth. Nachtr. T. 34 f. 1[a,b,c].

Voltz Elsass. p. 59.

v. Zietben T. 50. f. 1[a,b,c].

Goldf. petr. germ. T. C. f. 1[a,b,c,d].

Bronn Leth. 3. III. T. XI. f. 9[a,b].

v. Schaur. Krit. Verz. T. II. f. 8[a]

In der äussern Form wie Lima lineata, aber nur halb
so gross, höher gewölbt, schiefer; die Zahl der schön ge-
rundeten Rippen sehr veränderlich von 40—70, wobei die
Breite der Zwischenräume ziemlich gleich der Breite der
Rippen ist. v. Schauroth erwähnt einer Lima aus dem
Vicentinischen — Krit. Verz. 31. T. II. f. 8[b], bei der die
Zwischenräume doppelt so breit als die Rippen sind.

Zuweilen in die Breite gedrückt:

Lima planisulcata Voltz

grés bigarr. p. 4.[1]

b Sulzbad 2, c Niedereschach, Horgen, Pfalzgrafenweiler
6, e Marbach b. V., Rottweil, Tullau, Wilhélmsglück, Schächte
von Friedrichshall, Wimpfen — 20, f Zollhaus bei Dürrheim
1, iᵇᵇ Gölsdorf 4 Exempl.

Lima regularis Klöden sp.

Tab. 1. f. 3.

a. von der Seite,

b. von vornen,

in natürlicher Grösse, wie sie im bunten Sandstein vorkommt; im Muschelkalk hat sie nur bis 0ᵐ,035 Höhe.

Plagiostoma regulare Klöden.

Lima longissima Voltz.

Lima regularis d'Orbigny.

Klöden M. Brandenburg 195. T. III. f. 1.

v. Ziethen T. 69 f. 3ᵃ⁻ᶜ.

Voltz grés bigarr. p. 3.

d'Orbigny Prodr. p. 175.

Wechselt sehr in der Form; die Höhe zur Länge im bunten Sandstein = 2 : 1, im Wellenkalke von Schwaben = 3 : 2,
die von Klöden abgebildete = 4 : 3. Eiförmig, die Rippen, ziemlich radial vom stumpfen Wirbel ausgehend, haben
die Tendenz, sich grossentheils der Area zuzuwenden, und
biegen sich ein wenig gegen diese, was in der Abbildung
nicht ausgedrückt ist. Der Zwischenraum zwischen den 45—56
Rippen, die über die ganze Schale gleichmässig und gleich tief
eingeschnitten sind, und in einer Ebene liegen, ist nicht wie
bei Lima striata gleich der Breite der Rippen, er bildet nur
Linien, die selten ¼, am Klöden'schen Exemplar ⅛ der Breite
der Rippen erreichen. Zwischen den Rippen eine feine con-
centrirte Streifung. Von Lima lineata unterscheiden sie die
Form und die regelmässig eingeschnittenen schmalen Rippen.

b Sulzbad, c Pfalzgrafenweiler 1 Exempl.

[1] v. Seebach rechnet diese zu Lima lineata.

Lima costata Gr. v. Münster.
Goldf. petr. germ. T. 100. f. 2.
Dunker Paläontogr. I. 291. T. 34. f. 25.
v. Schaur. Krit. Verz. 31. T. II. f. 10.

Eiförmig, flach, scharf zugespitzt, weniger schief, als
L. striata; hat 10—20 scharfkantige Rippen, also viel weniger und anders gebildete, als L. striata. Sie erreicht nur
eine Höhe von 0m,028, und eine Länge von 0m,024.
e Schächte von Friedrichshall 7 Exempl.

b. Glatte.

Lima venusta Gr. v. Münster.
Wissmann, N. Jahrb. f. Min. 1842, p. 311.

Glatt, schief eiförmig, von beinahe elliptischem Umrisse. Durchmesser bis 0m,02.
b Forbach in Lothringen 2? e Schacht in Friedrichshall 1 Exempl.?

Ob diese Species richtig gezeichnet sei, ist zweifelhaft,
da keine Abbildung davon vorhanden ist, und die mir zu
Gebot stehenden Exemplare zu unvollständig sind.

Plagiostoma (Lima) praecursor v. Quenst.
Quenstedt Jura T. I. f. 22—24.

Ist der vorigen Art ähnlicher, als der Lima gigantea
des Lias, von welch' letzterer sie sich auch durch ihre
Kleinheit unterscheidet.
p Nürtingen 3 Exempl.

7. Perna Lamark.

Perna vetusta Goldf.
Goldf. petr. germ. T. CVII. f. 4.

Schale sehr dünn, flach convex, concentrisch runzelig.
Schlossrand gerade, fast so breit, als die Schale, die gegen
unten sich etwas erweitert und schief abgerundet ist. Der
Schlossrand bildet mit der Achse einen rechten Winkel und
der Wirbel ragt nur als scharfe Ecke wenig hervor. Der

Schlossrand lässt 12 schmale Furchen wahrnehmen. Länge $0^m,05$, Breite $0^m,038$.

e Marbach b. V., Rottweil, Tullau bei Hall, Gaismühle bei Crailsheim 5 Exempl,

Stets in den untersten Schichten mit Encrinus liliiformis.

8. Inoceramus Sowerby.

Inoceramus priscus Goldf. sp.

Gryphaea? prisca Goldf.

v. Alb. Tr. 87.

Tab. 1. f. 4.

in natürlicher Grösse.

Schloss unbekannt, Schale oval, zugespitzt, ausgezeichnet durch die concentrischen, hohen, stufenförmigen Rippen. Struktur der Schale faserig.

In *e* im Rogensteine über dem Encrinitenkalke von Marbach b. V. 3 Exempl. [1]

10. Gervillia Defrance.

Gervilleia Delongchamp.

Ungleichseitig, oval-dreieckig, schief oder verlängert; die linke Schale die gewölbtere. In jeder Schale zwei

---

[1] Hier will ich der Muschel erwähnen, welche in den Schichten zwischen buntem Sandstein und Wellenkalk in den Alpen sehr verbreitet ist und in Deutschland bis jetzt nicht gefunden wurde.

9. Posidonomya Bronn.

Posidonomya Clarae (Claraf) Emmrich.

Posidonomya socialis Girard.

N. Jahrb. f. Min. 1843. 473.

Catullo Alpi Venete T. 4. f. 1.

Bronn Leth. 3. III. 59. T. XII[4]. f. 9.

v. Schauroth Krit. Vers. T. II, f. 11[a-c].

Nach der Diagnose von Schauroth ist sie etwas ungleichklappig, und hat durch den geraden, etwas schief zur Achse der Muschel gestellten Schlossrand, einen abgestutzten, etwas schief kreisförmigen oder eiförmigen Umriss. Beide Klappen sind mit concentrischen Runzeln oder Reifen und in der Regel mit radialen Streifen versehen.

Muskeleindrücke, der hintere breit, oval, schräg, der Breite nach in der Mitte liegend; Ligament äusserlich, vielfach in Segmente getheilt, die in quer stehenden Gruben an der Schlossfläche liegen, welche je nach den Arten von verschiedener Breite ist. Das Schloss aus einer veränderlichen Zahl schräger oder längs gestellter Zähne bestehend, die innerhalb der Ligamentfläche liegen und sich wechselseitig aufnehmen. Die Schlossgegend bildet eine gerade Linie, in vordere und hintere Ausbreitungen (Ohren) verlängert, wie bei Avicula. Die Ausbuchtung, der rechten Schale zur Aufnahme des Byssus fehlt meist. Die Gervillien sind äusserst veränderlich in ihrer äussern Form, im Detail ihrer Schlosszähne und den Ligamentgruben (d'Orbigny Paläont. T. III. p. 481).

Auf diese Charaktere hat Will. King — a Monograph of the Permian fossils of England 1850 p. 166 — für die englischen Zechsteingervillien die Gattung Bakewellia aufgestellt, wogegen Grünewald (Zechsteinfauna 263) mit Recht geltend macht, dass, da die cucullüenartigen Zähne und der vordere Muskeleindruck an den Gervillien aus verschiedenartigen Formationen ganz wie in der Zechsteinformation deutlich ausgeprägt sind, diese Trennung nicht gerechtfertigt erscheine.

Von Credner haben wir eine vortreffliche Monographie der Gervillien, auf die sich das Nachstehende theilweise stützt.

Gervillia socialis v. Schloth. sp.
　Mytulites socialis v. Schloth.
　Gryphaea mytiloides Link.
　Cypricardia socialis Lefroy.
　Avicula socialis Desh.
　Gervillia socialis Wissmann.
　Gervillia subglobosa Giebel.
　Knorr T. Br.* f. 4.
　v. Schlotheim's Nachtr. T. 37. f. 1.
　Deshayes Coquilles caract. des terrains 1831. 64.
　　T. 14. f. 5.

v. Ziethen T. 69. f. 7 und 8.
Goldfuss petr. germ. T. 117. f. 2.
Catullo Nuov.-Ann. 1846. T. 2. f. 2.
Geinitz Verstein. 457. T. 20. f. 4.
Credner Gervillien 643. T. VI. f. 1.
Quenstedt Petref. 514. T. 42. f. 7.
Bronn Leth. 3. III. 61. T. XI. f. 2 s. h.
Giebel Liesk. 29. T. 4. f. 9.

Elliptisch, schief, ungleichschalig, Achsenwinkel 30 bis 35°, linke Schale hochgewölbt, Wirbel übergreifend; rechte Schale hat einen gedrückten, nicht übergreifenden Wirbel und ist flach convex. Vom Wirbel zieht sich eine flach gerundete Leiste über die Mitte des hintern grossen Flügels.

Das Schloss besteht nach der Diagnose von Credner aus einem starken dreiseitigen, dicht vor und unter dem Wirbel liegenden Zahn der rechten Schale, und aus zwei schmälern, schwach längs gefurchten Zähnen der linken Schale, welche den Zahn der rechten Schale umschliessen. Unter dem Wirbel, dem Schlossrande entlang, erheben sich 6 Zahnleisten der rechten Schale, welche gleich vielen Bandgräben der linken Schale entsprechen.

An manchen Exemplaren erscheint statt der welligen Zahnleiste eine Reihe Höcker zwischen den Hauptzähnen und dem hintern leistenförmigen Seitenzahn, bei andern erheben sich die Hauptzähne kaum merklich und statt derselben, namentlich statt des hintern Hauptzahns der linken Schale, bilden sich 6—8 schmale, leistenartige Zähne, welche unter dem Wirbel fast senkrecht auf die Schlosskante stehen, um nach hinten zu eine mehr und mehr schräge Stellung einnehmen. Bei einem Exemplare von Sulz sind die Schlosszähne durch die aussergewöhnliche Entwicklung des Ligaments fast ganz verdrängt.

Die Form dieser Gervillia ist, wie die schönen Goldfuss'schen Abbildungen darthun, sehr veränderlich, ebenso ist es die Streifung. Bald ist diese regelmässig scharf und zierlich concentrisch, der der Avicula arcuata Münster's von

St. Cassian — Goldf. petr. germ. 2. 128. T. 117. f. 1 — völlig entsprechend, bald ist sie rauh, mit unregelmässigen Zuwachsfalten.

In den Schieferthonen von *e* zeigt sie natürliche Schale, sehr dünn, von bräunlicher Farbe.

In den dolomitischen Kalken von *f* sind häufig Abdrücke der Ligamentbänder und der Zähne blosgelegt.

Die Gervillia socialis ist die Hauptmuschel der Trias. Im Wellenkalke *c* ist sie durchschnittlich klein; grösser wird sie in *e*, die grössten sind in *i* bis zu $0^m,1$ lang.

b Sulzbad 2, *c* Horgen, Diedesheim u. a. O. 16, *e* Bühlingen, Tullau, Wollmershausen, Schächte von Friedrichshall 40, *f* Schacht am Stallberge, Rottweil, Zimmern 8, *i*ᵃᵃ Sulz 3, *i*ᵇᵇ Zollhaus bei Dürrheim, Villingendorf 3, *k* Cannstatt 1 Exempl. .

Gervillia subglobosa Credner.

Credner Gervillien 643. T. VI. f. 2.

Quer oval, klein, Länge bis $0^m,014$. Linke Schale bauchig, fast halbkugelig, stark übergebogen, mit einer schmalen aber hohen Unterstützungsleiste unter dem Wirbel. Achsenwinkel 45°. Rechte Schale sehr flach, deckelartig. Die Schalen schwach concentrisch gestreift. Am geraden Schlossrande der linken Schale nach Credner zwei divergirende Zähne, zwischen welchen ein dreiseitiger Zahn der rechten Schale eingreift. Unter dem Schlossrande eine Rinne für das Ligament mit 3 bis 4 Bandgrübchen.

Sie unterscheidet sich von Gerv. socialis durch viel stärkere Wölbung der linken Schale, durch die hohe Unterstützungsleiste am Wirbel, durch grössere Kürze, den gespaltenen und eingerollten Wirbel.

c Horgen, Diedesheim 2, *f* Villingendorf, Deisslingen, Zimmern 3 Exempl. Die aus *f* sind viel bauchiger als die aus *c*.

Gervillia mytiloides v. Schloth. sp.

Solenites mytiloides v. Schloth. (nach v. Seebach).

Avicula Albertii Gr. v. Münster.

Gervillia Albertii Credner.

Gonionlus triangularis Dunker.
Pterinea polyodonta v. Strombeck.
Gervillia polyodonta Credner.
Gervillia modiolaeformis Giebel.
Gervillia mytiloides v. Seebach.
v. Schlotheim Petref. p. 181.
Goldfuss petr. germ. 2. 127. T. 116. f. 9.
Dunker Casseler Progr. p. 10.
v. Strombeck Zeitschr. der deutsch. geol. Ges. 1849. J.
    p. 185.
Dunker Paläontogr. J. p. 292.
Credner Gerv. 652 und 654. T. VI. f. 6 und 7.
Giebel Liesk. 31. T. IV. f. 11.

v. Seebach, Weim. Tr. 594, weist nach, dass Gervillia
Albertii, Gerv. polyodonta und Gerv. modiolaeformis nur
abweichende Formen Einer Art seien. Er beschreibt diese
nachstehend:

„Sehr ungleichseitig, gestreckt dreiseitig, vorderer und
hinterer Flügel schmal, wenig abgesetzt. Vorderrand und
Bauchrand bilden eine sanft geschwungene Linie. Der Schlossrand etwas länger als der schiefe fast geradlinige Hinterrand. Die nicht steile höchste Wölbung verläuft gegen die
untere und hintere Ecke und bildet mit dem Schlossrande
einen Winkel von 20° im Mittel. Eine flache Rinne verläuft
von dem ganz nach vorn liegenden Wirbel nach unten, ohne
sich im Umriss besonders merklich zu machen. Der kleine
übergebogene Wirbel erscheint durch eine unterstützende Ver-
stärkung der Schale im Steinkerne zweiköpfig. Die Zähne
stets durch Furchung in Kerbzähne aufgelöst, die hinterste
Leiste ist die grösste, und dem Schlossrande fast parallel;
4 bis 6 Ligamentgruben, 2 davon unter dem Wirbel; Stärke
der Schale wechselnd. 0^m,044 lang, 0^m,011 breit."

Häufig ist sie zusammengedrückt, und der Flügel meist
abgebrochen.

v. Schaufoth (Krit. Verz. 32) ist der Ansicht, dass Modiola Cedneri mit ihr zu identificiren sei. Vergl. Berger

— N. Jahrb. f. Min. 1859. 169. T. III. f. 6, 7, 8 —, was
nach v. Seebach — Weim. Tr. p. 598 — nicht der Fall ist.
    b. Sulzbad 3, *c* Marienzell u. a. O. 7 Exempl.
    Gervillia costata v. Schloth. sp.
    Mytulites costatus v. Schloth.
    Avicula costata Bronn.
    Avicula Bronnii v. Alb.
    Gervillia costata v. Quenstedt.
    Bakewellia costata, var. genuina v. Schauroth.
    v. Schloth. Nachtr. T. XXXVII. f. 2.
    v. Alb. Tr. p. 55.
    Goldf. petr. germ. II. T. 117. f. $3^{b.c}$
    v. Ziethen 73. T. 55. f. 3.
    Geinitz Versteinrgsk. 157. T. 20. f. 3.
    v. Strombeck Zeitschr. der deutsch. geol. Ges. I. p. 192.
    Creduer Gerv. 647. T. 6. f. 3.
    Bronn Leth. 3. III. 64. T. II. f. 3.
    Quenstedt's Petrefk. 515. T. 42. f. 4.
    Giebel Liesk. T. IV. f. 5. T. VII. f. 11.
    v. Schauroth Lettenkf. 104. T. V. f. 1.
Vergl. Avicula ceratophaga Schloth.
    Goldf. petr. germ. T. 116. f. 6.
    Münster's St. Cassian 77. T. VII. f. 14.

Ungleichschalig, schief oval, fast rhombisch. Rücken
regelmässig gewölbt, wenig gewunden, über die Flügel erhaben. Die linke Schale etwas höher gewölbt als die rechte;
die erstere mehr als die letztere bedecken bald näher bald
entfernter stehend erhabene Lamellen und Zuwachslinien.
Neigung der Achse zur Schlosskante 45—50°. Nach Credner mit einem unter dem Wirbel liegenden Hauptzahn an
der rechten und 2 Hauptzähnen an der linken Schale. Hinter den Hauptzähnen 2—3 schräge Zahnleisten, deren lezte
einen längern leistenförmigen Seitenzahn bildet. Ueber dem
Schlossrande eine horizontal gestreifte Rinne für das Ligament
mit 4 Bandgruben. Länge 0^m,035, Breite 0^m,024.

In der äussern Form zeigen sich häufig Abweichungen,

auch im Schlossbau. Credner fand, dass je vollständiger
die Schlosszähne ausgebildet sind, um so mehr die Entwicklung des Ligaments beschränkt sei; er glaubt daher, es
könne die Pterinaea Goldfussii von Strombeck als eine Gervillia costata angesehen werden mit deutlichem Schlossappa-
rate, aber ohne deutliche Ligamentgruben.

Als blosse Varietät der Gerv. costata erscheinen:
1) Bakewellia costata, var. contracta v. Schaur.
  Goldf. petr. germ. T. 117. f. 3.
  v. Schauroth Lettenkf. T. V. f. 8.
2) Bakewellia costata, var. acutata v. Schaur.
  v. Schaur. Lettenkf. T. V. f. 8,
welche durch Druck scheint zugeschärft zu sein.
Vielleicht gehört hierher auch noch
  Avicula laevigata Klöden
  Klöd. M. Brandenb. T. III. f. 2,
welche als Steinkern anzusehen ist.
4) Bakewellia lineata, var. hibrida v. Schaur.
  Goldf. petr. germ. T. 117. f. 3ᵃ·ᵇ
  v. Schaur. Lettenkf. 108. T. V. f. 8, 9.

Letztere unterscheidet sich von der gewöhnlichen G. costata nur durch schwach angedeutete radiale Streifung, die
sich auch bei der citirten Abbildung der von Quenstedt abgebildeten G. costata findet.

v. Seebach rechnet weiter hierher:
5) Bakewellia costata var. modiolaeformis v. Schauroth.
  v. Schaur. Lettenkf. 105. T. V. f. 4 und
6) Avicula Bronnii Giebel.
  Gieb. Liesk. 33. T. 7. f. 11ᵃ·ᵇ
Hierher zu rechnen ist endlich noch
7) Gervillia caudata Berger (non Winkler)
  N. Jahrb. f. Min. 1860. 203. T. II. f. 16,
welche unter den Spielarten der G. costata in Süddeutschland häufig vorkommt.

Gerv. costata findet sich in c bei Horgen u. a. O. 14, in
c bei Bühlingen, Oberiflingen, Sindringen, Tullau, Jagstfeld,

Schacht 1 in Friedrichshall, Mühlbach 14, f bei Zimmern 2, i^{aa} Villingendorf 1 Exempl.

Gervillia subcostata Goldfs. sp.

Avicula subcostata Goldf.

Gervillia subcostata Credner.

Bakewellia lineata, var. subcostata v. Schauroth.

Goldf. petr. germ. II. 129. T. 117. f. 5.

v. Ziethen T. 69. f. 6. (Sehr schlecht abgebildet.)

Credner Gerv. 650. T. 6. f. 4.

v. Schaur. Lettenkf. T. V. f. 12.

Fast rhombisch, Achsenwinkel 40—50°; bis 0^m,023 lang. Linke Schale stärker gewölbt als die rechte. Oberfläche hat 14—18 radiale Rippen, die sich mit den Anwachsstreifen kreuzen. Am geraden Schlossrande ein dreieckiger Hauptzahn in der rechten, und 2 denselben umschliessende Zähne in der linken Schale. Ligament mit 4 Bandgruben.

Die radialen fein eingeschnittenen Linien zeigen sich nur bei gut erhaltenen Exemplaren, bei Steinkernen ist die Schale meist glatt und differirt ausserordentlich in der Form. Hierher gehört vielleicht:

Gervillia pernata v. Quenst.

Quenst. Petref. 515. T. 42. f. 3 und

Bakewellia costata, var. Goldfussii v. Schauroth.

Lettenkf. 106. T. V. f. 5.,

wozu letzterer alle glatten Bakewellien rechnet.

Die Gerv. subcostata in f bei Zimmern, Bühlingen, Gölsdorf 24, h Rottweil 1, i^{aa} Sulz 2, i^{bb} Gölsdorf, Cannstatt 8 Exempl.

Gervillia? obliqua n. sp.?

Tab. I. f. 5.

Ist am meisten verwandt mit Gerv. subcostata, vielleicht nur eine Abart; der Rücken zieht sich aber nicht in einer Richtung vom Wirbel nach hinten, vielmehr schief gebogen in S-Form. Diese Form erscheint zuerst in f bei Zimmern 1, dann in i^{aa} bei Sulz 1 Exempl.

Gervillia praecursor v. Quenst.

Tab. I. f. 6.

Quenstedt's Jura 29, T. 1. f. 8—11.

Oppel und Süss Kössener Schichten
T. II. f. 3 und 4.

Hat, wie aus der Abbildung ersichtlich, ebenfalls Aehnlichkeit mit Gerv. subcostata; der Schlosswinkel ist aber verschieden. Variirt in der Form des hintern Flügels. v. Quenstedt fand die Kerben des Schlosses, deren es auf seiner Abbildung, Tab. 1. f. 10, 3 sind.

Aus p von Tübingen und Nürtingen 4 Exempl.

Gervillia substriata Credner.

Avicula alata Klöden?

Bakewellia lineata, var. substriata v. Schaur.

Klöden M. Brandenb. 198. T. III. f. 3.

Credner Gerv. 651. T. 6. f. 5.

v. Schauroth Lettenkf. T. V. f. 11.

Die Abbildung von Credner ist die bessere.

Achsenwinkel 25—30⁰. Wirbel spitz, nach vorn liegend. Schlank gestreckte Gestalt, mit schmalem abgerundeten Rücken, mit zahlreichen feinen Radialrippen. Zuweilen werden diese am Rande der Schale stärker, abgerundeter und es entsteht:

Bakewellia lineata, var. paucisulcata v. Schauroth.

v. Schaur. Lettenkf. 110. T. V. f. 13,

welche ganz die Form der Credner'schen G. substriata hat.

Am geraden Schlossrande hat letztere $\frac{1}{2}$ Hauptzähne und 1 etwas gebogenen leistenartigen Seitenzahn. Rinne mit 5 Bandgruben für das Ligament.

ƒ Zimmern 2, i^{au} Sulz 1, i^{bb} Gölsdorf 3 Exempl.

Gervillia lineata Goldfuss sp.

Avicula lineata Goldf.

Bakewellia lineata, var. genuina v. Schaur.

v. Alb. Tr. 125.

Goldf. petr. germ. T. 117. f. 6.

v. Schaur. Lettenkf. 109. T. V. f. 10.

Rhomboidaler Umriss, hoch gewölbter Rücken, der eine Fläche bildet, so dass der steile Abfall der hintern

91

Seite mit einer stumpfen Kante ausstösst. Wirbel übergreifend, der vordere Flügel abgerundet, und der hintere
fast rechtwinklig und sichelförmig eingeschnitten. Vom Wirbel strahlen zahlreiche eingeschnittene Linien aus. Grösse
0ᵐ,027.

Am geraden Schlossrande ein Hauptzahn und ein gebogener Leistenzahn. Rinne mit Zahnleisten, wie viel noch
nicht zu bestimmen.

Hakewellia lineata, var. oblita v. Schaur.
v. Schaur. Lettenkf. 107. T. V. f. 7.
ist eine Spielart der Gerv. lineata.

c Tullau 1, f Zimmern 1, i⁰⁰ Sulz, Villingendorf 2
Exempl.

11. Cassianella Beyrich.

Nach Beyrich. (Zeitschr. der deutschen geol. Ges., XIV.
1861, p. 9) unterscheidet sich die Cassianella, deren Typus
die Avicula gryphaeata von St. Cassian ist, abgesehen von
den allgemeinen Formcharakteren, von Avicula durch gänz-
liches Fehlen eines vordern Byssusohrs der rechten Klappe.
Dadurch steht sie Gervillia näher, von welcher sie die einfache Ligamentgrube unterscheidet. Das Schloss besteht aus
ein paar kleinen Zähnen unter den Wirbeln und einem langen leistenförmigen hintern und einem kürzern vordern
Seitenzahn. Charakteristisch ist überdies eine innere Scheidewand in der gewölbten linken Klappe unterhalb der Grenze
des vordern Ohrs.

Zu Mikulschütz in Oberschlesien hat sich mit Rhynchonella decurtata, Spirifer Mentzeli u. a.

Cassianella tenuistria Gr. v. Münster sp.
Avicula tenuistria Münster,
Cassianella tenuistria Beyrich,
Goldf. petr. germ. II. 127. T. 118 f. 11

gefunden, die bis jetzt nur von St. Cassian bekannt war.
Ein Bruchstück verkieselt von k aus Bohrloch Nro. 4 in
Cannstatt scheint der gleichen Art anzugehören.

12. Avicula Lam.

Avicula hat die Form der Gervillien; der Unterschied zwischen ihnen liegt vornehmlich darin, dass die cuculldeu- artigen Zähne fehlen und statt ihrer eine Rinne für die An- lage des breiten Bandes ist. An der rechten Klappe ein Ausschnitt für den Byssus.

Dahin scheinen zu gehören:

Avicula crispata
Avicula pulchella und
Avicula Gansingensis,

an denen sich die cuculläeuartigen Zähne nicht wahrnehmen lassen; auch

bei Avicula contorta

scheinen diese zu fehlen.

Avicula crispata Goldf.

Bakewellia costata, var. crispata v. Schauroth.

Goldf. petr. germ. T. 117. f. 4.

v. Schauroth Lettenkf. 105. T. 5. f. 2.

Davon sind nur linke Schalen bekannt, weil wahrschein- lich die rechte glatt ist, daher nicht beachtet wurde; es ist deshalb ungewiss, ob dies Schalthier ungleichklappig ist. Rücken mehr gebogen als bei Gervillia costata und mehr nach hinten verlängert. Sie zeichnet sich aus durch die zierliche, regelmässige Kräuselung ihrer entfernt stehenden hohen concentrischen Linien, deren es etwa 12 sind, so dass diese wie Reihen kleiner Bogenabschnitte aussehen, stets so regelmässig vertheilt, wie sie Goldfuss abbilden liess. Erreicht nur die Länge von $0^m,014$ bei einer Höhe von $0^m,008$ und wird nie so gross als die Gervillia costata. Fin- det sich in den obern Lagen von c bei Villingen 5, und bei Tullau iu den untern Lagen 1 Exempl.

Avicula pulchella n. sp.

Tab. I. fig. 7.

a linke, b rechte Schale von vornen, in natürlicher Grösse; d ein vergrössertes Stück der Schale.

Diese zierliche Muschel ist schlank, die linke Schale gewölbt, mit spitzem übergreifendem Wirbel; mit abgerundetem vordern und einem stumpfwinkligen hinteren scharf abgesetzten Flügel. Achsenwinkel c 25°. Mit 7—8 radialen Rippen, die sich jedoch nicht bis zum Wirbel erheben. Um diese Rippen dachziegelartig krause, scharf markirte, Lamellen, die an Av. crispata erinnern, aber viel dichter stehen und unregelmässiger gekräuselt sind. Auf dem hintern Flügel enden sie in bogenförmigen krausen Linien. Die rechte Schale ist kleiner, flacher und glatt.

In e bei Wollmershausen und bei Forbach in Lothringen 2 Exempl.

Avicula Gansingensis n. sp.

Tab. I. fig. 8.

a linke, b rechte Schale; beide etwas vergrössert.

Steinkern fast ganz glatt, die Abdrücke der äussern Schale zeigen dagegen unregelmässige, rauhe Zuwachslamellen. Linke Schale hochgewölbt, die rechte ziemlich flach. Unter dem Wirbel 3? sehr kleine Zähne, ohne Bandgruben. Achsenwinkel c 26°, Rücken schmal. Scheint der Abbildung in Escher's N. Vorarlberg 105. T. IV. f. 33, aus dem Mergelkalke des Val Brembana, welcher von dieser Avicula erfüllt ist, nahe zu kommen. In der Nähe dieses Mergelkalks finden sich in grauen Kalksteinschichten Myophoria Whateleyae v. Buch, Gervillia bipartita Merian u. s. Diese Avicula variirt. so, dass sie zuweilen der Abbildung Escher's T. IV. fig. 29 ähnlich wird.

Die Gansinger Avicula hat nur $^2/_5$ der Grösse der Schalen vom Val Brembana; ist fast so lang als breit 0^m,015; sie kommt in a bei Gansingen im Aargau in zahlloser Menge vor. Mösch (Aargau p. 17) verwechselt sie mit Modiola minuta Goldfuss, der sie durchaus nicht ähnlich ist.

In o bei Ochsenbach am Stromberge findet sich eine kleine Avicula in gelblichem Mergelsandsteine, welche der Avicula Gansingensis entsprechen wird; ich habe diese früher Bakewellia laevigata (vergl. Fraas über Seminotus und

Kemperconch. p. 100 T. 1. f. 28) genannt; da jedoch Klöden
und d'Orbigny schon eine Avicula laevigata aufgestellt haben,
so ist diese Benennung aufzugeben.

Avicula contorta Portlock.
Avicula Escheri Merian.
Avicula inaequiradiata Schafhäutl.
Gervillia striocurva v. Quenstedt.
Gervillia cloacina v. Quenst.
Portlock-Londonderry 126. T. XXV. f. 16.
Escher N. Vorarlberg 19. T. II. f. 14—16. T. V.
    f. 49, 50.
Schafhäutl, N. Jahrb. für Min. 1854. 555. T. VIII.
    f. 22.
Quenstedt's Jura 31. T. I. f. 7.
Oppel und Süss T. II. f. 5ᵃ⁻ⁿ.

    Linke Klappe stark gewölbt, schief nach rechts gebogen,
Wirbel über den Schlossrand übergreifend, nach hinten steil
abfallend, tiefe, mehr oder minder regelmässige Rippen,
der Krümme der Schale vom Wirbel aus folgend. Der hintere Flügel breit ausgeschweift, der vordere klein und abgerundet.

    In *p* bei Nürtingen und Nellingen 6 Exempl. [1]

<hr>

[1] Zu Monotis glaubt v. Schauroth — Krit. Verz. 39 — rechnen zu
sollen:
    Avicula Zeuschneri Wissmann,
        Lima gibbosa Sow.
        Gr. v. Münster St. Cassian 9. T. 16. f. 1.
        Catullo Alpi Ven. 55. T. 4. f. 1ᵃ⁻ᵉ.
        v. Schauroth Krit. Verz. 38. T. II. f. 12.
    v. Schauroth hat nur die linke Klappe untersucht. Diese erhält durch
den breiten, geraden Schlossrand im Umriss die Form einer halben El-
lipse. Ihren Hauptcharakter bilden die gegen 40 und mehr zählenden
ungetheilten Rippen, welche die ganze Oberfläche, also auch die breiten
Flügel, von welchen der zur Linken liegende etwas ohrähnlich ist, in
ausgezeichneter Weise bedecken. Die Rippen sind knotig, fast dornig;
meist wechseln eine stärkere und eine schwächere ab.
    In r. im Ampezzo-Thale und in den Schichten von Seiss.

II. Heteromya.

1. Mytilus Linné.

Mytilus eduliformis v. Schloth.

Mytilus incertus v. Schloth.
Mytilus arenarius Zenker.
Mytilus vetustus Goldf.
Myalina vetusta Fridol. Sandberger in lit.
v. Schlotheim Nachtr. T. XXXVII. f. 3. 4.
v. Ziethen T. 59. f. 2.
Zenker Urwelt 57. T. 6. f. 13.
Goldf. petr. germ. II. 169. T. 128. f. 7.
F. Römer Paläontogr. I. p. 312. Tab. 36. f. 12 u. 13.
Bronn Leth. 3. III. 66. T. XI. f. 4.
Quenstedt Petrefk. T. 43. f. 3.

Lang, mit sehr zugespitztem, etwas eingebogenem schmalen Wirbel, mit grossem dreieckigem Schlossfelde, wie bei den paläozoischen Myalinen. Hinterseite halb oval; Bauchrand mehr oder weniger eingebuchtet, mit mehr oder minder zahlreichen Wachsthumslamellen. Von Mytilus eduliformis bis M. incertus finden sich vielfach Uebergänge. Eine Form, wie die von Giebel abgebildete — Liesk. T. IV. f. 2ᵃ·ᵇ — findet sich, wiewohl selten, auch hier.

Bis zu 0ᵐ,047 lang, 0ᵐ,026 breit.

c Röthenberg 1, e Marbach b. V., Tullau, Schächte von Friedrichshall, Jagstfeld 11, f Zimmern, Zollhaus bei Dürrheim, Rottweil 8, iᵇᵇ Gölsdorf 1 Exempl. Findet sich nach Berger (Keuper p. 413) auch in m bei Coburg. Hiezu rechnet er auch die Pinna prisca Goldf. — Petr. germ. 164. Tab. 127. f. 2 — in eben diesem Sandsteine.

2. Modiola Lam.

Modiola gibba n. sp.

Tab. I. Fig. 9.

a linke, b rechte Schale, c von vorn, d von hinten, diese aus c, e rechte Schale aus f, f diese von hinten.

Oval, ziemlich gewölbt, ungleichseitig mit spitzen Wirbeln. Schlossfeld kurz, etwas gebogen. Rechte Schale nach hinten steil abfallend, nach vornen sich allmählig verflächend, Wirbel etwas nach vorn gedreht, ziemlich mittelständig; nach hinten und vorn gleichabfallend. Schale rauh, mit Spuren concentrischer Streifung. In der Mitte des Rückens von oben nach unten einzelne undeutliche Radialstreifen. Ist häufig zusammengedrückt oder verschoben. Höhe 0^m,021, Länge 0^m,014.

In der obern Abtheilung von c mit Myophoria orbicularis bei Diedesheim 12, in e in den Schächten von Friedrichshall ist er mehr als um ¼ grösser 2, in f bei Zimmern 2 Exempl.

Modiola minuta Goldf.
Mytilus minutus Goldf. (non Gmelin, non Ziethen).
Mytilus minutissimus d'Orbigny.
Goldf. petr. germ. 173. T. 130. f. 6.
Quenstedt Jura 31. T. 1. f. 14, 36.
Oppel und Süss T. 1. f. 6 und 7.

Gleichseitig, convex, glatt, mit feinen Anwachsstreifen. Schlossrand gerade, bis zur Mitte gehend. Wächst bis zu einer Länge von 0^m,035 bei 0^m,012 Breite, sollte daher nicht M. minutus, noch weniger M. minutissimus heissen.

Findet sich in zahlloser Menge in p bei Tübingen, Nürtingen u. a. O. 15 Exempl. v. Seebach, Weim. Tr. erwähnt eines Exemplars aus h bei Sinsheim.

Modiola similis.
Mytilus similis Gr. v. Münster.
Gr. v. Münst. St. Cassian 81. T. VII. f. 27.

Schärfer und ausgeprägter mit schmälerem aber höherm Rücken und spitzern Wirbeln, als die vorige Art; ganz glatt, mit scharf ausgezogenem Schlossrande, der auf ⅓ der Schale niedergeht, Länge 0^m,009.

In k im Bohrloche Nro. 4 bei Cannstatt 1 Exempl.

Modiola dimidiata Gr. v. Münster.
Gr. v. Münst. St. Cassian 81. T. VII. f. 28.

Convex, elliptisch, mit gekrümmten Wirbeln. Der gerade Schlossrand erreicht die Mitte nicht. Rücken flach, durch eine Hohlkehle, welche vom Wirbel aus gegen vorn sich erstreckt, in zwei Theile getheilt, von denen jeder ein Dreieck bildet, deren hinteres länger und spitzwinkliger, als das vordere ist. Länge $0^m,014$.

In *k* — Bohrloch Nro. 4 in Cannstatt — 1 Exempl.

Modiola hirudiniformis v. Schaur.

Modiola Credneri Dunker.

Gervillia Albertii Gr. v. Münst. sp. bei v. Schauroth.

v. Schauroth Recoaro 509 u. 511. Tab. II. f. 1 u. 2.

v. Seebach — Weim. Tr. p. 598 — hat die vorstehenden drei bisher getrennten in Einer Art vereinigt, von der er nachstehende Diagnose gibt:

„Gerundet dreiseitig, alle drei Seiten gerade, nur die längste ein klein wenig eingebuchtet. Die Verhältnisse der längsten Seite zur Schlosskante und hintern Seite = 10:6:5. In der Zurundung der Bauchseite in den Schlossrand bildet sich mitunter noch eine kleine vierte Seite aus. Linie der höchsten Wölbung gerade, Wirbel subterminal, es ist kein deutliches vorderes Feldchen abgesondert; hinterer Flügel ziemlich breit, flach; denkt man ihn weg, so wird die Schale cylindrisch erscheinen."

c Diedesheim 1 Exempl. [1]

---

[1] **Modiola triquestra** v. Seebach.

  Avicula acuta Goldf.?

  Goldf. petr. germ. II. 127. T. 116. f. 8.

  v. Seebach Weim. Tr. 559. T. XIV. f. 6ᵃˑᵇ.

$0^m,016$ lang, halb so hoch. Unterscheidet sich durch den dreiseitigen Umriss von Modiola minuta, durch gedrungenere Gestalt, kurzen Schlossrand, weniger cylindrische Wölbung von Modiola hirudiniformis.

In *b*. und *e*. in der Gegend von Weimar.

  Modiola cristata v. Seebach.

  v. Seebach Weim. Tr. 599. T. XIV. f. 7ᵃˑᵇ.

Schloss unbekannt, daher ungewiss, ob nicht Myoconcha. Zugerundet dreiseitig. Unterschieden durch ihre gedrungene, plumpere Form und aufgetriebene Wölbung von den Vorgenannten.

In *e*. bei Weimar (in den Thonplatten häufig).

3. Lithodomus Cuv.

Lithodomus priscus Giebel sp.

Lithophagus priscus Giebel.

Lithodomus priscus v. Seebach.

Giebel Lieskau 38. T. 4. f. 10.

v. Seebach Weim. Tr. 601.

Schalen quer verlängert, gleich breit, Schlossrand und Bauchrand parallel laufend, ziemlich gewölbt, halb cylindrisch, Wirbel ganz nach vorn liegend, stark deprimirt, $0^m,024$ lang, $0^m,009$ hoch.

c Edellingen, *c* Friedrichshall. [1]

III. Dimya.

1. Arca (Cucullaea) Lam.

Arca minutissima d'Orbigny.

Arca minuta Goldfuss (non Gmelin).

Cucullaea Goldfussii v. Alb.

v. Alberti Tr. p. 93.

Goldf. petr. germ. II. 145. T. 122. f. 9.

d'Orbigny Prodr. p. 175.

Von der

Arca lata Gr. v. Münster von St. Cassian

— Gr. v. Münst. St. Cass. 82. T. VIII. f. 6. —

nicht zu unterscheiden.

Eiförmig-trapezoidisch, mässig gewölbt mit ziemlich breiten Wirbeln, welche im ersten Drittel der Schale nach vorn liegen. Die hintere Seite zusammengedrückt und vom Rücken durch eine scharfe, unten abgerundete Kante geschieden.

---

[1] Lithodomus rhomboidalis v. Seebach.

v. Seebach Weim. Tr. 601. T. XIV. f. 8ᵃ ᵇ

Unterscheidet sich durch die transversale Wölbung von L. priscus, der einfach cylindrisch gewölbt ist; $0^m,026$ lang, $0^m,012$ hoch.

Im Keuperdolomit am nördlichen Abhange des Elterbergs, bei Leutenthal u. a. O.

Fein concentrisch gestreift, von ausstrahlenden Linien durchkreuzt. Höhe der Schale 0ᵐ,008, Länge 0ᵐ,012.

. c Niedereschach 1 Exempl.

Arca formosissima d'Orbigny.

Arca formosa v. Klipstein (non Sow.).
v. Klipstein St. Cass. 264. T. XVII. f. 22ᵃ ᵇ.
d'Orbigny Prodr. p. 200.

Sehr gut erhalten. Im Seitenprofil fast ein regelmäs-
siges Rhomboid bildend. Bandgrube durch den scharf vorstehenden Schlossrand in zwei ungleichseitige Dreiecke getheilt, welche nach unten sehr spitz zulaufen. Wirbel flach,
breitgedrückt, Schale stark gewölbt, mit concentrischen Anwachsstreifen, am untern Rande viel stärker, als am obern
entwickelt. Mit vom Wirbel ausstrahlenden, dicht stehenden, mit blossem Auge kaum sichtbaren Linien. Länge
0ᵐ,011, Höhe 0ᵐ,005. Diese auch im Campille-Gebirge
vorkommende Muschel in k aus dem Bohrloche Nro. 4 in
Cannstatt — 1 Exempl.

Arca triasina Römer.

Es finden sich in der deutschen Trias 3 Arcaceen, die
nicht selten zusammen vorkommen, zwar einander ähnlich
sind, jedoch fast in jedem Exemplare Differenzen zeigen.

Form rhomboidal, die Längen- und Höhendimensionen
bei allen wenig verschieden, meist $2\frac{1}{2}$: 1. Wirbel im ersten
Drittel nach vorn.

Die Hauptform ist

1) Arca impressa Gr. v. Münster.

Arca triasina Fr. Römer.

Gr. v. Münster St. Cassian 82. T. VIII. f. 4.

Dunker Paläontagr. I. 1851. 298. T. 36. f. 14, 15, 16.
Tab. 35 f. 5,

welche sich durch die vom Wirbel nach hinten gehende
Rinne und dadurch hervorgebrachter Einschnürung des untern Theils der Schale ausgezeichnet. Sie bleibt meist etwas
kleiner als die andern Varietäten.

2) Arca (Cucullaea) Beyrichii v. Strombeck.

v. Strombeck Zeitschr. d. deutsch. geol. Ges. I. 1849.
451 ff. T. VII. f. A.

Ist etwas mehr gewölbt, als die vorige, die Rinne ist
weniger angedeutet, als bei dieser. Sie hat eine kurze, hohe
Bandfläche; bei ihr zeigen sich die zahlreichen divergirenden Kerben unter dem Wirbel, die nach vornen in die Leisten sich verwandeln, am deutlichsten.

3) Arca socialis Giebel.

Arca Hausmanni Dunker?

Dunker Paläontogr. I. 297. T. 35. f. 4.

Giebel Liesk. T. V. f. 2ᵃˑʰ.

Ist etwas weniger gewölbt, als die andern, die Rinne
ist wenig, oft gar nicht angedeutet und das Bandfeld scheint
etwas niederer zu sein.

v. Seebach hat die Arca triasina, A. Beyrichii und A.
socialis zu Einer Art: Arca triasina, welche er genau beschreibt, vereinigt, womit ich vollkommen einverstanden
bin; dass auch Arca impressa von St. Cassian hierher gehöre, scheint mir sicher zu sein. Obschon diese Benennung
die Priorität hätte, so scheint mir doch Arca triasina den
Vorzug zu haben, da die Rinne über den Bauch nicht allen
Varietäten zukommt.

Von den verschiedenen Spielarten findet sich:

die erste in c auf den Locherhöfen — 3, in s bei Marbach b. V., Bühlingen — 2, f Zimmern — 3, k Cannstatt
4 Exempl.,

die zweite in sehr schönen Exemplaren in f bei Zimmern — 4 Exempl.,

die dritte in f bei Zimmern — 3, in k bei Cannstatt
— 1 Exempl.

Arca (Cucullaea) nuculiformis Geinitz (nicht Zenkers).

Br. Geinitz N. Jahrb. f. Min. 1842. 577. T. 10. fig. 11.

Schale quer verlängert, schief eiförmig, gleichförmig
gewölbt, mit spitzern Wirbeln als bei der vorigen Art,
welche fast in ⅛ der Länge nach vorn, während die von
A. nuculiformis fast in der Mitte liegen. Sie ist auch viel

kürzer; Länge 0m,018, Höhe 0m,012. B. Geinitz zählte auf
dem hintern Schlossrande 3—4 lange Zähne.

f Zimmern, Villingendorf — 4 Exempl.

2. Nucula Lam.

Nucula speciosa Gr. v. Münster.

Leda speciosa d'Orbigny.

Goldf. petr. germ. II. 152. T. 124. f. 10.

d'Orbigny Prodr. p. 173.

(nicht Nucula speciosa v. Schaur. Recoaro p. 513).

Bauchig, quer eiförmig bis elliptisch. Mit wenig nach
vorn liegendem, stark herabgebogenen, aber vorstehenden
stumpfen Wirbel. Die stumpfwinklige Schlosslinie ist nach
Goldfuss mit langen und zahlreichen Zähnen besetzt. Lang
0m,009, hoch 0m,008, dick 0m,008.

f Zimmern 2 Exempl.

Nucula Goldfussii Alb.

Nucula cuneata Giebel, non Goldfuss.

Goldfuss petr. germ. II. 152. T. 124. f. 13.

Giebel Liesk. 45. Tab. 6. fig. 7.

Convex dreieckig, fast eben so hoch als lang 0m,006,
mit einem spitzen, etwas nach vorn liegenden Wirbel.
Schlosslinie bildet einen spitzigen Winkel mit fast immer
erhaltenen Zähnen. Die Annahme von Geinitz N. Jahrb. f.
Min. 1842, p. 578, der sie mit Corbula dubia Goldf. für
identisch hält, ist daher unrichtig.

e Röthenberg, Horgen — 2, *e* Duningen, Bühlingen,
Waldmössingen, Schacht am Stallberge, Oberiflingen — 5,
f Zimmern — 2, *i*bb Villingendorf 1 Exempl.

Nucula excavata Gr. v. Münster.

Leda excavata d'Orbigny.

Goldf. petr. germ. II. 153. T. 124. f. 14.

d'Orbigny Prodr. p. 173.

Lang gezogen, Wirbel mittelständig, hinten mit einer
schwachen Furche. Vordere Seite unter dem Wirbel eingedrückt und niedriger, die hintere abgerundet. Die kurze

Schlosslinie macht einen sehr stumpfen Winkel und ist fast bogenförmig; reich besetzt mit Zähnen (Goldf.), Länge $0^m,008$, Höhe $0^m,005$.

e Villingen, Schacht 1 in Friedrichshall — 5, *f* Schacht am Stallberge 2 Exempl.

Nucula subcuneata d'Orbigny.

Nucula cuneata Gr. v. Münster (non Phillips).

Nucula Ulysses d'Orbigny.

Goldf. petr. germ. II. 153. T. 124. f. 15.

Gr. v. Münster St. Cassian T. VIII. f. 13.

d'Orbigny Prodr. p. 175 und 190.

Keilförmig; der spitze, hohe, nach vornen geneigte Wirbel am gerade abgeschnittenen vordern Ende. Mit im rechten Winkel gebrochener Schlosslinie. Nach Goldfuss mit vielen und grossen Zähnen. Höhe $0^m,005$, Länge $0^m,007$.

e Villingen, Schacht 1 in Friedrichshall 3 Exempl.

Nucula elliptica Goldfuss.

Nucula dubia Gr. v. Münster.

Leda elliptica d'Orbigny.

v. Alberti Tr. 93.

Goldf. petr. germ. T. 124. f. 16 ᵃ·ᵇ·

Gr. v. Münster's St. Cassian 83. T. VIII. f. 8 ᵃ·ᵇ·

d'Orbigny Prodr. 197.

Flach convex, glatt, Wirbel weit nach vornen; Schale lang gezogen. Schlosslinie flach, bogenförmig, mit sehr zahlreichen Zähnen. Länge $0^m,008$, Höhe $0^m,004$.

e Villingen, Bühlingen — 3, *i* ᵖ·ᵃ Dürrheim 1 Exempl.

Nucula strigilata Goldf.

Goldf. petr. germ. II. 153. T. 124. f. 18 ᵃ·ᵇ·

Gr. v. Münster's St. Cassian 83. T. VIII. f. 10.

Eiförmig, dreiseitig, vorn abgestutzt, convex. Die vortretenden Wirbel liegen am vordern Ende und sind durch eine stumpfe Kante begrenzt. Oberfläche glänzend, zart concentrisch gestreift.

In *e* bei Horgen — 5, und in *e* in den Schächten von Friedrichshall — 14 Exempl. kommt Brut von Nucula in

Steinkernen vor, die dieser Form ähnlich ist. Ludwig — Wetterau p. 92 — erwähnt dieser Nucula aus *e* von Ohlwald bei Steinau in der Wetterau. Von St. Cassian 1 Exempl.

Nucula sulcellata Wissmann.

Leda sulcellata d'Orbigny.

Gr. v. Münster's St. Cassian 85. T. VIII. f. 15[a, b].

d'Orbigny Prodr. 197.

v. Hauer Raibler Schichten 558. T. II. f. 11, 12.

Schloss mit zahlreichen Zähnen. Schale oval, fast dreiseitig, bauchig, vorn zu einer stumpfen Spitze verlängert, hinten abgerundet. Die Wirbel liegen weit nach hinten, und die vordere Seite hat eine abschüssige, elliptische Lunula, welche mit abgerundeten, erhabenen Rändern eingefasst ist. Hat regelmässige, sehr feine concentrische Streifung.

Länge $0^m,006$, Höhe $0^m,005$. Zwei vollständige Exemplare aus *k* bei Cannstatt. Die von v. Klipstein — St. Cass. 263. T. XVII. f. 19[a, b] — abgebildete N. sulcellata ist bedeutend länger als die von Wissmann und könnte mit Corbula Keuperina übereinstimmen. [1]

8. Cardiola Broderip.

Cardiola dubia n. sp.

Tab. I. fig. 10.

in natürlicher Grösse.

Davon nur eine Schale bekannt. Diese fast kreisförmig, von $0^m,015$ Durchmesser. Wirbel mittelständig. Schale ziemlich

---

[1] Nucula Schlotheimensis Picard.

Nucula Schlotheimii Picard (Zeitschr. f. ges. Naturk. 1858. Bd. 11. 434. T. 9. f. 8 u. 9).

Nach v. Seebach: „Elliptisch, fast doppelt länger als hoch. Wirbel fast mittelständig, etwas nach vorn gerückt. Fast gleichseitig, aber vorn zugerundet, nach hinten ein wenig ausgezogen. Schlosslinie unmerklich gebrochen, Schlossreihe hinter dem Wirbel länger als die vordere. Sanft gewölbt, Abfall nach allen Seiten gleichmässig und sanft. $0^m,01$ lang, $0^m,006$ hoch. Erinnert im ganzen Habitus an Leda.“

In *c.* und *r.* bei Weimar.

und gleichförmig gewölbt mit drei ausstrahlenden, gegen den Wirbel sich verschmälernden nnd vor diesem verschwindenden Hauptrippen. Die welligen Anwachsstreifen biegen sich um die Rippen und bilden dort Knötchen. An die drei Hanptrippen schliessen sich in ungleichen Abständen noch einige schmälere und kürzere an. Die Hauptrippen scheinen sich in röhrigen Stacheln über den Rand hinaus verlängert zu haben.

„Dies Schalthier," sagt Frid. Sandberger in lit., „erinnert an Cardiola, die Ornamente sind der Cardiola retrostriata v. Buch — Sandberger Nassau 270. T. 28. f. 8, 9, 10, die Form der Cardiola concentrica v. Buch — Sandberger Nassau 272. T. 29. f. 1, 1ᵃ — aus Cypridinenschiefer (devonisch) etwas ähnlich."

In e bei Tullau.

4. Myophoria Bronn.

Nach den Forschungen von v. Grünewaldt über die Versteinerungen des schlesischen Zechsteingebirges, die für das Studium der Trias ein schätzbares Hülfsmittel sind, ist der Zahnbau der Myophorien wesentlich unsymmetrisch. In der rechten Schale zwei, in der linken drei Zähne. Der vordern Zahn der rechten Schale und der mittlere der linken entsprechen einander in der Form und sind dick. Der hintere der rechten Schale und der vordere und hintere der linken sind leistenförmig und randlich. Das Ligament äusserlich. Bezeichnend für Myophoria ist die den vordern Muskeleindruck nach hinten begrenzende Leiste, wodurch sie von der Myophoria des Zechsteins (Schizodus) sich unterscheidet. Diese Leiste ist bei einigen sehr stark, bei andern nur schwach (Myophoria ovata).

Wirbel stark eingekrümmt, mehr oder weniger nach vorn gerichtet. Schalen gleichklappig, meist dreiseitig, vorn breit gerundet, nach hinten verlängert und zugespitzt.

Auf Grundlage der Untersuchungen von v. Grünwaldt

hat W. Keferstein — Zeitschr. d. deutsch. geol. Ges. 1857.
151 — nachgewiesen, dass das von Giebel anfgestellte Geschlecht Neoschizodus, wozu dieser

Myophoria laevigata,

„   ovata,

„   elongata, und

„   elegans

rechnet, den Zahnbau der Myophorien habe, daher nicht
von diesen getrennt werden könne.

Gestreifte Zähne haben Myophoria vulgaris

Tab. I. f. 11ᵃ

doppelt vergrössert,

Tab. I. f. 11ᵇ

sehr vergrössert, Wachsabdruck desselben,

vergl. Abbildung von Goldf. petr. germ. T. 135 f. 16ᶜ [1] und
nach v. Seebach — Weim. Tr. p. 606 — auch Myophoria
laevigata, wie die noch lebenden Trigonien; alle übrigen,
von denen die Schlösser bekannt sind:

Myophoria Raibliana,

„   elegans,

„   alata,

„   Goldfussii,

„   Whateleyae,

haben die Streifung noch nicht gezeigt. Der Zahnbau von
all' diesen ist von Myophoria vulgaris nicht wesentlich verschieden, so dass ungeachtet der gefurchten Zähne einzelner
Arten, doch alle Einem Geschlechte angehören werden.

Nach diesen Verhältnissen könnte es scheinen, als ob
Myophoria nur ein Subgenus von Trigonia wäre, wenn nicht
andere Merkmale einträten, die diesem widersprechen. Zu
einem besondern Geschlechte wird Myophoria dadurch:

[1] Im neuen Jahrb. f. Min. 1845. 673. T. V. f. 6. habe ich die gefurchten Zähne abgebildet, die Art jedoch nach den frühern Bestimmungen v. Schlotheim's (Nachlr. T. XXXVI. f. 6.) Myophoria curvirostris,
genannt, während diese nach der Goldfuss'schen Bestimmung zu Myophoria vulgaris gehort.

1) dass bei Trigonia der Zahnbau sich dem Symmetri-
schen nähert, er bei Myophoria wesentlich unsymmetrisch ist,
2) dass die Wirbel von Myophoria mehr oder weniger
nach vorn gerichtet sind, was bei Trigonia nicht der Fall
ist, und besonders dadurch,
3) dass Myophoria die den vordern Muskeleindruck begrenzende Leiste hat, welche bei Trigonia fehlt.
Es stellen sich 3 Sippschaften der Myophorien in der
Trias dar:
a. die Myophoria vulgaris und ihre Verwandten,
b. die vielrippigen,
c. die glatten.

a. Myophoria vulgaris und ihre Verwandten.

Myophoria vulgaris v. Schloth. sp.
Tab. I. Fig. 12.
a. linke Schale,
b. Schild.
Trigonellites vulgaris und theilweise T. curvirostris
v. Schlotheim.
Trigonia trigonella Pusch.
Lyrodon vulgare Goldf.
v. Schloth. Nachtr. T. 36 f. 5, 6.
v. Ziethen T. 58 f. 2.
Goldf. petr. germ. II. 198. T. 135. f. 15ᵈ, fig. 18ᵃ˙ᵇ˙ᵈ˙ᶜ.
Bronn Leth. 3. III. T. XI. f. 6ᵃ˙ᵇ˙.
Schief dreieckig mit weit nach vorn liegenden spitzigen,
eingebogenen Wirbeln, und wo die Schale noch vorhanden
ist, mit stark ausgedrückten feinen concentrischen Linien,
welche sich gleichförmig über Schale, Rinne und Schild
verbreiten; letzterer ist convex, durch 2 flache Rippen in 3
Felder getheilt. Ueber die Mitte der Seitenfläche läuft eine
vom Wirbel ausstrahlende schmale Rippe, zwischen welcher
und dem Grat des Schildes die Schale etwas vertieft ist.
Zuweilen ist an Steinkernen vor der schmalen Rippe eine
dritte noch feinere angedeutet. Bei Steinkernen ist die

Entfernung der beiden Kanten viel grösser (20 und mehr Grad) als bei den Exemplaren mit Schale, wo sie unter einem Winkel von 10° — 12° zusammenlaufen. Dabei wird die Form der Hauptkante mehr abgeflacht, die andere Kante scharf und gratförmig.

Die grössten Exemplare der Myophoria vulgaris erreichen eine Höhe von $0^m,041$ bei $0^m,042$ Länge, doch sind die Verhältnisse der Länge zur Höhe sehr wandelbar.

Sie findet sich schon in den obern Schichten des bunten Sandsteins bei Sulzbad — 5, im Wellenkalke bei Gotha 2 Ex. In grosser Menge findet sie sich in e, besonders über den encrinitenreichen Schichten von Marbach b. V., Rottweil, Wollmershausen, Wilhelmsglück, in den Schichten von Friedrichshall, sehr schön verkieselt bei Oberiflingen — 50, in f im Schachte am Stallberg, bei Rottenmünster, Villingendorf, Zollhaus bei Dürrheim, Zimmern — 18, i^{no} Sulz, Altstadt-Rottweil, Hoheneck — 3, i^{hb} Gölsdorf, Untertürkheim — 4, k Cannstatt 4 Exempl.

Myophoria simplex.

Trigonellites simplex v. Schloth.

Lyrodon simplex Goldf.?

v. Schlotheim Petrefk. 192.

Goldfuss petr. germ. II. 197. T. 135. f. 14.

v. Seebach Weim. Tr. 614. T. XIV. f. 12.

wird von v. Strombeck — Zeitschr. d. deutsch. geol. Ges. 1849. 133 — und von v. Seebach — Weim. Tr. 615 — mit Bestimmtheit als eigene Art aufgestellt, die sich durch bedeutendere Grösse, schiefere Form, mangelnde zweite Rippe, fast immer erhaltene concentrische Streifung und noch weiter ausspringende Hinterecke von Myoph. vulgaris, von Myophoria cardissoides durch die sanft abfallende hintere Böschung unterscheidet. Sie kommt nur als Steinkern vor.

Wie verschieden in der Form die Steinkerne von Myoph. vulgaris sind, davon bietet meine Sammlung vielfache Belege. Die Richtung der ausstrahlenden Rippe, welche bald eine breitere, bald eine schmalere, bald eine gerade, bald

eine gewundene, bald eine tiefe, bald eine ganz flache Rinne
bildet, hat grossen Einfluss auf das Aeussere der Schale,
die bald breiter, bald länger, bald kürzer ist. Die Rippe
am Schilde, die sich in verschiedenen Schwingungen darstellt, verändert überdies nicht selten den gewöhnlichen
Habitus. Sehr häufig fehlt die zweite Rippe. Im Wellenkalke, namentlich in der mittlern Abtheilung kommt Myophoria vulgaris in vielen stets kleinen Exemplaren (in der
Sammlung 18) ohne diese vor, die aber sonst nicht wesentlich von der mit zwei Rippen verschieden ist, so dass
v. Quenstedt sie mit Recht in der Petrefaktenkunde T. 43
f. 19 als Myophoria vulgaris abgebildet hat. Diese kommt
auch in e gemeinschaftlich mit der zweirippigen bei Bühlingen, Thalhausen, Schacht 1 in Friedrichshall und offenbar in diese übergehend, ebenso in f bei Schwenningen
von allen Grössen bis zu 0^m,045 Länge vor. Nach all diesem kann ich mich an den hiesigen Exemplaren noch nicht
überzeugen, dass Myoph. simplex eine eigene Art sei; es
wäre übrigens möglich, dass die ächte Myoph. simplex im
südwestlichen Deutschland fehlt.

Myophoria trigonioides Berger
    Berger Schaumkalk 198. T. II. f. 1—5
im Schaumkalke am Thüringerwalde scheint nach der Abbildung mit Myophoria vulgaris mit Einer Rippe aus dem
schwäbischen Wellenkalke synonym zu sein, worauf auch
die gestreiften Zähne hindeuten, welche an Myoph. vulgaris
nachgewiesen sind.

Myophoria cornuta n. sp.
            Tab. II. f. 1.
        a. linke Schale,
        b. Schild,
        c. vom Wirbel aus.

Ist der Myophoria vulgaris verwandt, aber viel langer
gezogen, fast elliptisch, die Wirbel sind viel spitziger, kleinen eckigen Hörnern ähnlich. Die Kanten viel schärfer,
der Grat vor dem Schilde sehr scharf, ebenso die vom Wirbel

ausstrahlende Rippe; zwischen diesen eine ziemlich tiefe, schmale Rinne. Der Schild ist nach unten ausgebaucht, weniger concav und länger als bei M. vulgaris. Die Anwachslinien wellig, unregelmässig flach, concentrisch. Schloss unbekannt.

ε Schächte von Friedrichshall — 4 Exempl.

Myophoria alata n. sp.

Tab. II. fig. 2.

a. rechte Klappe,

b. Schloss der linken Klappe.

Zweimal so lang als hoch, mit feiner concentrischer Streifung. Wirbel etwas nach vorn geneigt, Schale halbkreisförmig, mässig gewölbt, mit genäherten Wirbeln. Vom Wirbel läuft unter einem Winkel von c 60 Grad eine scharfe, kantige Furche wie bei M. vulgaris nach hinten herab. Hintere Seite zusammengedrückt, scharf abschüssig, gefaltet, flügelförmig. Geradliniger Schlossrand. Hat, wie die Abbildung zeigt, das Schloss einer ächten Myophorie. Schale lang $0^m,018$, hoch $0^m,009$. Im Kieselkalk in *ε* bei Oberiflingen.

Myophoria pes anseris v. Schloth. sp.

Trigonellites pes anseris v. Schloth.

Myophoria pes anseris Bronn.

Lyrodon pes anseris Goldf.

Knorr P. II. 1. T. B. 11^b xi. f. a.

v. Schlotheim Nachtr. T. XXXVI. f. 4.

Goldfuss petr. germ. II. 199. T. 136. f. 1.

Bronn Leth. 3. III. 70. T. XI. f. 8.

Dieses einem Gänsefuss gleichende Schalthier von sehr schiefer Form, fast eben so hoch als breit, hat 3 stumpfe erhabene Rippen, deren hinterste den Schild begrenzt. Schale glatt, Durchmesser bis $0^m,082$. Sehr selten in den mittlern, etwas häufiger in den obern Schichten von *ε* Bühlingen, Wilhelmsglück, Jagstfeld, Luneville — 5 Exempl.

Myophoria transversa Bornemann sp.

Trigonia transversa Bornemann.

Bornemann Lettenk. T. I. f. 1, 2.

v. Schauroth Lettenkf. T. VII. f. 2.

Nähert sich der Myoph. vulgaris; ist aber mehr quer nach hinten verlängert, hat ausser der hintern noch eine vordere Rippe, die Rinne ist viel breiter, die Hauptkante abgerundeter; ähnlicher ist sie der Myoph. pes anseris, unterscheidet sich aber von dieser durch viel geringere Grösse $0^m,028$ laug $0^m,018$ breit und dass die Rippen mehr nach hinten gebogen sind.

In *e* bei Rottweil, bei Tullau, Schacht von Friedrichshall — 4 Exempl. In *f* bei Zimmern; Roman fand sie auch verkiest in der Lettenkohle *h* von Gaildorf. In i^{bb} bei Untertürkheim — 1 Exempl.

Myophoria Raibliana Boué und Deshayes sp.

Cryptina Raibliana Boué und Deshayes.

Lyrodon Kefersteini Münster.

Myophoria Raibliana Merian.

Mém. de la soc. géol. de Fr. 1835. II. T. 4. f. 8$^{a—f}$

Goldf. petr. germ. II. 199. T. 136. f. 2.

v. Hauer Raibler Schichten 550. T. IV. f. 1—6.

Mit Myoph. pes anseris verwandt. Sie hat 1 oder 2 ausstrahlende Rippen und einen auffallend wulstigen Kiel, ist bedeckt mit concentrischen Linien, welche auf dem Schilde Runzeln bilden. $0^m,05$ lang, $0^m,047$ hoch.

Findet sich in *l* bei Bayreuth, und im Tunnel bei Heilbronn — 4? Von Raibl 1 Exempl.

Myophoria elegans Dunker.

Tab. II. f. 3 linke Klappe.

Lyrodon curvirostre Goldf. non v. Seebach.

Cardita curvirostris Giebel.

Neoschizodus curvirostris Giebel.

Neoschizodus posterus Oppel.

Trigonia postera v. Quenstedt.

Goldf. petr. germ. II. 198. T. 135. f. 15$^{a—c}$.

Catullo Alpi Venete T. 2. f. 3.

Giebel Lieskau T. IV. f. 1, 3^{a,b}. 12, 15.

Quenstedt Jura T. 1. f. 2.
Oppel und Süss 535. T. 11. f. 6.
· v. Hauer Monte Salvadore T. 11. f. 7.

Schale schief dreiseitig, vor der. Grenze des Schildes eine schmale, scharfe, unten etwas breitere, stark nach hinten sich drehende Rinne. Die ganze Schale ist mit regelmässigen 20—30 concentrischen ziemlich dicken Rippen bedeckt, welche au der Rinne Dornen absetzen. Die Streifung fehlt oben in der Rinne, gegen unten erscheint sie wieder aber feiner, noch feiner, viel gedrängter und wellenförmig wird sie auf dem Schilde.

Myophoria intermedia v. Schauroth.

v. Schauroth Lettenkf. 127. T. VII. f. 3 hat nach der Abbildung in der Form so grosse Aehnlichkeit mit M. elegans, dass sie mit dieser zu verbinden sein wird.

In den Abbildungen aus *p* von Quenstedt und Oppel und Süss fehlt die Streifung am Schilde; neu aufgefundene haben dargethan, dass diese vorhanden und dies Schalthier identisch mit M. elegans sei.

Diese Versteinerung ist in Schwaben ziemlich selten; die Ansicht von Goldfuss — petr. germ. II. 198 — dass sie sich in allen Schichten finde, beruht auf Verwechslung mit M. vulgaris.

e Marbach b. V., Bühlingen, sehr schön und verkieselt bei Oberiflingen — 5, *f* Zimmern — 1, *i*bb Gölsdorf — 2, *p* Grüneberg bei Nürtingen — 7 Exempl.

Myophoria lineata Gr. v. Münster sp.

Lyrodon lineatum Gr. v. Münster.

Cardita lineata Giebel.

Goldfuss petr. germ. T. 136. f. 4.

G. v. Münster St. Cassian 88. T. VII. f. 29.

Klein, bis zu 0m,011 lang und fast eben so hoch. Dreiseitig mit in der Mitte liegenden Wirbeln. Die Seiten sind mit regelmässigen concentrischen Rippen bedeckt. Schild fast senkrecht abgeschnitten, mit einem vorstehenden glatten Kiele begrenzt und erhebt sich zu einem zweiten Kiele in

seiner Mitte bis zu welchem die concentrischen Streifen fort-
setzen. Das innere Feld ist glatt und vertieft. Gümbel
- - Jahrb. d. k. k. geol. Reichsanstalt 1859, Nro. 1. p. 22 ff. —
fand sie in *l* in Franken. Von St. Cassian 1 Exempl.
Myophoria Struckmanni v. Strombeck.
Zeitschr. d. deutsch-geol. Ges. X. 1858 p. 85
in *h* bei Lüneburg, von der noch keine Abbildung gegeben
ist, hält Gümbel für synonym mit Myophoria lineata.

b. Die vielrippigen Myophorien.

Myophoria Goldfussii v. Alberti.

Tab. II. f. 4.

a. Steinkern.
b. linke Klappe.
c. Lunula.
d. Schild.
e. Durchschnitt durch die Rippen.

Donax costata Zenker.
Venericardia Goldfussii v. Alb.
Lyrodon Goldfussii Alb.
Zenker Urwelt T. 6. f. A.
v. Alb. Tr. p. 93.
Goldf. petr. germ. II. 199. T. 136. f. 3.
v. Ziethen T. 71. f. 1 (nicht gut).
Quenstedt Petrefk. T. 43. f. 18.
Bronn Leth. 3. III. 70. T. XI. f. 7ᵃ—ᶜ.
Dreiseitig, 0ᵐ,016 lang und hoch, mit 14—17 vom
Wirbel ausstrahlenden hohen scharfen Rippen, von welchen
die vordern schwächer sind. Die Rippen auf der linken
variren in der Zahl mit denen auf der rechten Seite des
Schilds. Gedrängt concentrisch gestreift. Goldfuss — petr.
germ. II. 196 — giebt T. 136. f. 3ᶜ eine Abbildung des Zahn-
baus nach einem Exemplar aus meiner Sammlung und glaubt,
dass die Zähne gestreift seien; ich kann dies nicht finden,
glaube vielmehr, dass sie glatt sind.
e Hagenbach — 3, *f* Zimmern, Rottenmünster, Bühlingen,

Schacht am Stallberge 25, i^{aa} Sulz, Altstadt-Rottweil, Villingendorf 4, i^{bb} Gölsdorf, Asperg 5 Exempl., k Cannstatt
6 Exempl.?

Myophoria fallux v. Seebach

v. Seebach Weim. Tr. p. 608, Tab. XIV. f. $10^{a,b}$
unterscheidet sich von Myoph. Goldfussi durch den breitern,
sanfter abfallenden und niemals gestreiften Schild, durch
den Mangel einer scharf prononcirten Rippe auf der Grenze
zwischen Seite und Schild, durch ovalere Form, weniger
gebrochene Schlosslinie und eigenthümliche Vertheilung der
Rippen, die oft auf der Mitte der Seite am weitesten aus einander stehen und am stärksten sind. Wird $0^m,019$ lang und
$0^m,016$ hoch. Findet sich häufig in b im Röth von Thüringen.

Schon Berger — Schaumkalk 198 — hat auf den Unterschied der Myophoria Goldfussii im Röth, im Schaumkalk und
im Lettenkohlendolomit aufmerksam gemacht. Es existirt unbezweifelt dieser Unterschied, ob er jedoch so bedeutend
sei, um die im Allgemeinen ähnlichen Muscheln in 2 Arten
zu trennen, ist eine andere Frage. Wenn bedacht wird, dass
viele Versteinerungen im Wellenkalke verschieden von gleichen Arten im obern Muschelkalke sind, wenn in die Wag-
schale gelegt wird, wie verschieden der Erhaltungszustand im
Röth von dem im dolomitischen Kalke der Lettenkohle ist, so
bleibt es zweifelhaft, ob die Trennung zu rechtfertigen sei.

v. Seebach citirt M. fallax in Ziethen T. 71. f. 1; es ist diese
bestimmt Myoph. Goldfussi aus dem Lettenkohlendolomit, aber
mangelhaft gezeichnet, wie überhaupt Ziethen die Triaspetre-
facten nicht mit dem ihm sonst eigenen Fleisse behandelt hat.

Myophoria vestita n. sp.

Tab. II. fig. 6 (5mal vergrössert).

a. Steinkern.

b. linke Klappe.

c. Schild.

d. Lunula.

e. Durchschnitt der Rippen.

b—d nach Abdrücken von Gutta percha, Wachs und Gelatine.

Bei Gansingen im Aargan findet sich über dem Schilfsandsteine *m* eine Schichtenreihe von Kalkmergel voll Versteinerungen, unter denen sich die oben vorliegende Myophorie nuszeichnet; C. Mösch — Aargau 17 — hält sie für Myophoria Goldfussi. Im Steinkerne gleicht sie dieser etwas,
die starke Rippe an dem Schilde, so wie die verhältnissmässig viel grössere Dicke unterscheiden sie jedoch wesentlich. Sie ist dreiseitig, die Wirbel sind wenig nach vorn
geneigt, sie hat bis 12 abgerundete Rippen, welche alle
den Wirbel erreichen, deren erste sehr hervortretend, und
durch eine breite Rinne von der zweiten getrennt ist. Von
dieser nehmen die Rippen an Stärke ab bis sie zuletzt die
Dicke eines Fadens zeigen. Die concentrische Streifung ist
ähnlich wie bei M. Whateleyae. Was sie am meisten auszeichnen sind Schild und Lunula; ersterer ist ungerippt,
scharf abgeschnitten, erhebt sich in der Mitte zu einem
zweiten Kiele, dessen äusseres Feld scharf abgeschnitten,
das innere vertieft ist. Die Querstreifung setzt über sie fort.
Die radialen Rippen setzen vor der Lunula ab und werden
dort durch stark markirte Querrippen ersetzt, welche ihr
ein sehr zierliches Ansehen geben. Länge und Höhe 0^m,01.
In vielen Exemplaren.

Myophoria Whateleyae v. Buch sp.
Tab. II. fig. 5.
a. rechte Klappe,
b. Schild.
3mal vergrössert.

Trigonia Whateleyae v. Buch.
Myophoria inaequicostata v. Klipstein.
Lyrodon Curioni .Cornalia.
v. Buch N. Jahrb. f. Min. 1845. p. 177.
Bullet. de la soc. géol. de Fr. II. 348. pl. 9 f. 1—3.
v. Klipstein St. Cass. 254. T. 16. f. 18.
Curioni Cornalia: Notize gen. mineralogiche sopra
alcune valli merid. del Tirolo 1848. 44. T. 3. f. 10.
v. Hauer = Raibler Sch. 554. T. V. f. 4—10.

Im Bohrloche Nro. 4 in Cannstatt fanden sich sehr zierliche, 0m,005 hohe und eben so lange Exemplare dieser Muschel. Sie haben Aehnlichkeit mit Myoph. Goldfussi, es sind aber nur 6 grössere ziemlich abgerundete Rippen vorhanden, die gegen den Schild hin, welcher nur 1 Rippe hat, immer steiler und breiter werden. Zwischen den grössern setzt sich an einzelnen Exemplaren je eine kleine Rippe ab, welche den Buckel nicht erreicht. v. Hauer nimmt bei den Exemplaren aus den Raibler Schichten 5—10 Rippen an. Die ganze Fläche ist mit sehr feinen, scharf ausgeprägten Anwachsstreifen besetzt, concav in den Zwischenräumen, convex auf ihrem Rücken, welche sich auch über den Schild verbreiten. Zwischen Rand und Schild eine Depression.

v. Hauer hat die Zähne dieser Art ungekerbt gefunden.

k. Cannstatt 2 Exempl. [1]

c. Die glatten Myophorien.

Myophoria laevigata v. Alberti.

Trigonia laevigata v. Ziethen.

Lyrodon laevigatum Goldf.

[1] **Myophoria curvirostris** v. Schloth. sp.
Trigonellites curvirostris v. Schlotheim.
Myophoria curvirostris v. Seebach.
Myophoria aculeata Hasencamp.
v. Schlotheim Petrefk. 192. Nachtr. 112. T. 36. f. 7.
Hasencamp Verhandl. der physico medicin. Ges. in Würzburg 1856. Bd. 6. p. 61.
v. Seebach Weim. Tr. 609. T. XIV. f. 11.
Dies Schalthier, das bis jetzt aus Süddeutschland nicht bekannt, ist nach v. Seebach viel stärker gewolbt, als Myoph. Goldfussi und M. fallax, der Wirbel ganz nach vorn gedreht, der Schild nicht convex, sondern ausgehöhlt, die hinterste Rippe ist zweifach gebogen, die Zwischenräume sind breit, die Zahl der Rippen geringer (6). Sie steht zwischen der Myoph. Whateleyae v. Buch und der Trigonia harpa Gr. v. Münster in der Mitte.
In c. und f. in Thüringen.

Neoschizodus laevigatus Giebel.
v. Alberti Tr. p. 87.
Goldfuss petr. germ. II. 197. T. 135. f. 12.
v. Ziethen 94. T. 71. f. 2.
Quenstedt Petrefk. T. 43. f. 22.
Giebel Liesk. T. III. f. 1ᵃ⁻ᶜ· 9 u. 10.
Das Schloss abgebildet von v. Quenstedt, Giebel, v.
Grünewaldt — Zeitschr. d. deutsch. geol. Ges. 1851. 249. Tab.
X. f. 3. v. Quenstedt bildet ein Exemplar von Rüdersdorf
mit gut erhaltener Schale ab, welche concentrisch gestreift
erscheint. Auch in meiner Sammlung sind Exemplare mit
Spuren von Streifung. Gewöhnlich ist sie glatt, dreieckig,
am vordern Rande gerundet, · mit hinten scharf abfallender,
fast rechtwinkliger, doch stumpfer Kante. Bei vorgeschrit-
tener Verwitterung entwickelt sich von der Kante aus nach
hinten ein unregelmässiges faseriges Gewebe. Höhe und
Länge bis 0ᵐ,042.
c Horgen 2, e Marbach b. V., Schacht 2 in Friedrichshall, Wollmershausen 15, f Villingendorf, Zimmern, Bűh-
lingen 21; k Cannstatt 10 Exempl., worunter mit deutlichem
Schlosse:
Myophoria elongata Wissmann.
Neoschizodus elongatus Giebel.
Giebel Liesk. T. V. f. 3.
v. Hauer — Raibler Sch. 557. T. III. f. 6—9?
v. Seebach — Weim. Tr. 816. T. XIV. f. 13.
Lang dreiseitig, mit grossem halbrunden und aufgetriebenen Vordertheil der Schale und stark ausgebogener hinterer Kante (nach v. Seebach). Es ist zweifelhaft, ob sie
als eigene Art gelten könne um so mehr, da Uebergänge
in sie von Myophoria laevigata stattzufinden scheinen, und
das Schloss beider gleich ist.
c Diedesheim — 1, e Schächte von Friedrichshall — 2
Exempl.
Myophoria cardissoides v. Schloth. sp.
Bucardites cardissoides v. Schloth.

Chamites glaberrimus v. Schloth. (nach v. Seebach).
Myophoria cardissoides v. Alberti.
Trigonia deltoidea Gr. v. Münster.
Trigonia cardissoides v. Ziethen.
Lyrodon deltoideum Goldf.
Cypricardia d'Orbigny.
v. Schloth. Petrefk. p. 208 u. 215.
v. Alb. Tr. p. 55.
Goldfuss petr. germ. II. 197. T. 135. f. 13.
v. Ziethen T. 58. f. 4.
Bronn Leth. 3. III. 71. Tab. 13. f. 9.
d'Orbigny Prodr. p. 174.
Quenstedt Petrefk. 525. T. 43. f. 21.
Quenstedt Epochen d. Nat. p. 479.

v. Strombeck — Zeitschr. d. deutsch. geol. Ges. I. 1849 —
und Giebel — Lieskau — halten diese Versteinerung identisch
mit Myoph. laevigata; diese Leitmuschel des Wellenkalks und
nur auf diesen beschränkt, unterscheidet sich jedoch von
dieser, dass sie bauchiger, dass der Schild daher verhältnissmässig grösser, die Kante schärfer, zum Schild hin sehr hoch;
die Schale vornen weniger ausgebuchtet ist. Diese Myophoria
wird nie grösser als die von Goldfuss abgebildete, während
M. laevigata in den verschiedensten Grössen vorkommt, die
kleinsten Individuen jedoch von der Form der ältern nicht
abweichen.

c Horgen, Niedereschach, Eagen im Frickthale u. a. O.
— 50 Exempl.
Myophoria rotunda nov. sp.
Tab. II. fig. 7
in natürlicher Grösse
a. linke Schale,
b. vom Wirbel aus,
c. Schild.
Schale glatt, fast kreisrund, schildförmig, Wirbel spitzig,
fast in der Mitte, Bogenabschnitt des hintern und vordern
Randes fast symmetrisch, doch nach hinten eine sanfte aber

deutliche schräg abfallende Kante bildend. Schale convex
bis zu 0^m,02 Durchmesser.

  ε Marbach b. V. 1, *f* Rottweil, Zimmern 7 Exempl.
Myophoria ovata Goldfuss sp.
   Mactra trigona Goldf.
   Lyrodon ovatum Goldf.
   Trigonia ovata v. Strombeck.
   Myophoria trigona d'Orbigny.
   Neoschizodus ovatus Giebel.
   Alb. Tr. p. 87.
   Goldf. petr. germ. II. 197. T. 135. f. 11.
   v. Ziethen T. 71. f. 4.
   v. Strombeck — Zeitschr. d. deutsch. geol. Ges. I. 1840.
      132. 151.
   Bronn Leth. 3. III. 72. T. 13. f. 10.
   Giebel Liesk. T. IV. f. 6ª,ᵇ.
Schale quer oval, glatt, nach hinten verlängert, drei-
seitig, Wirbel im ersten Drittel, etwas nach vorn gerichtet,
gewölbt. Bis zu 0^m,045 Länge auf 0^m,03 Höhe. v. Strom-
beck fand sie in Norddeutschland noch grösser bis zu 0^m,07
Länge und halb so hoch.
   In *ε* Marbach b. V. im Rogensteine 7 Exempl.
Myophoria orbicularis Goldf. sp.
             Tab. IV. fig. 2ª,ᵇ
   Lyrodon orbiculare Goldfuss.
   Lucina plebeja Giebel.
   v. Schlotheim Nachtr. T. XXXIII. f. 7 und 8, T.
      XXXIV. f. 4.
   Goldfuss petr. germ. II. 196. T. 135. f. 10.
   Bronn Leth. 3. III. 72. T. XIII. f. 10.
   Quenstedt Petrefk. T. 43. f. 20.
   Giebel Liesk. 40. T. III. f. 5ⁿ⁻ᵈ.
   v. Schauroth Krit. Verz. 42. T. II. fig. 15.
   v. Seebach Weim. Tr. 618. T. XIV. f. 14ᵃ⁻ᶜ.
   v. Strombeck — Zeitschr. d. deutsch. geol. Ges. I. 1849,
p. 185 — und v. Schauroth — Krit. Verz. p. 42 — vereinigen

die Myoph. orbicularis mit Myoph. ovata, was gewiss nicht
richtig ist, da die letztere gross, hochgewölbt, stark verlängert, die erstere dagegen klein, platt gedrückt, rund,
ein durchaus anderes Thier ist.

„Gleichklappig, fast rund, bildet am hintern Rande
einen grössern, am vordern einen kleinern Bogenabschnitt,
nach hinten steil abfallend, ohne eine Kante zu bilden,
mässig gewölbt, eine unikränzte Lunula ist nicht vorhanden; die Wirbel schwach eingekrümmt, etwas vor der
Mitte." (Giebel.)

Das Schloss, welches v. Seebach verglich — Weim.
Tr. p. 618 — stimmt mit Myophoria.

Die Furche vom Muskeleindruck auf der hintern Böschung herrührend, ist an vielen Exemplaren bald mehr bald
weniger deutlich, oft verschwindet sie auch ganz. Viele
sind mehr in die Länge gezogen, und die Wirbel mehr nach
dem vordern Rande gerückt, überhaupt varirt sie sehr. Es
ist dies eine Leitmuschel der obern Abtheilung des Wellenkalks und findet sich an manchen Orten z. B. bei Diedesheim, bei Edelfingen, Horgen in Hunderten von Exemplaren
bei einander. Sie wird bis 0^m,023 gross.

c Duningen, Horgen, Waldhausen bei Bräunlingen,
Diedesheim, Edelfingen 90 Exempl.

Myophoria? Ewaldi Bornemann sp.

Taeniodon Ewaldi Bornemann.

Opis cloacina v. Quenstedt.

Schizodus cloacinus Oppel und Süss.

A. Escher N. Vorarlberg T. IV. f. 42 u. 43.

Bornemann Liasformat. in der Umgegend von Göttingen 1854 S. 66.

Quenstedt Jura T. I. f. 35.

Oppel und Süss T. II. f. 7.

Credner N. Jahrb. für Min. 1860 p. 308 f. 1—4.

Fraas Seminotus und Keuperconch. T. 1. f. 24—27.

Winkler: der Oberkeuper in den bayr. Alpen — Zeitschr.
   d. deutsch. geol. Ges. XIII. 1861. p. 475 T. VII. f. 6^{a—d}.

Die grössern Exemplare dieser Muschel siud quer elliptisch, die meist kleinern mehr dreiseitig. . Grösse bis 0ᵐ,01
breit, 0ᵐ,007 hoch; dünne Schale mit 2—3 stärkern und
dazwischen liegenden zärtern Anwachsstreifen. Wirbel etwas vor der Mitte und schwach nach vorn gebogen. An
der Spitze beginnt eine scharfe Kante, welche nach hinten
sich zieht.

Da Bornemann und Credner ausser zarten Zahnleisten
keine Spur von Zähnen fanden, so wurde dies Schalthier
dem Genus Taeniodon Dunker zugezählt. Nun hat Winkler
in oben citirter Schrift das Schloss dieses Schalthiers gefunden und untersucht und es als das von Schizodus erklärt.
Dieses Genus unterscheidet sich von Myophoria nur durch
den Mangel der vordern Muskelleiste, so wie durch den
weniger massigen Schlossbau, und da nach der Schilderung
von Winkler bei vorliegendem Schalthiere diese Muskelleiste
nicht zu fehlen scheint, so steht es um so mehr in Frage,
ob dasselbe Schizodus beizuzählen sei, da bis jetzt dieses
Genus nur aus der Zechsteinformation bekannt und bei der
Kleinheit der Schale es äusserst schwer ist, die Gewissheit
für den Bau des Schlosses beizubringen.

Dieses gesellig vorkommende Schalthier findet sich
häufig in o bei Ochsenbach — 6, in p bei Birkengehren
&u. a. O.

Nahe damit verwandt, vielleicht nur im Erhaltungszu-
stande davon unterschieden, sehr häufig in Nord- und Süddeutschland:

Taeniodon praecursor Schloenbech,
    N. Jehrb. f. Min. 1862. 151. T. III. f. 1ᵃ⁻ᶜ.

Gleichschalig, ungleichseitig, abgerundet-dreiseitig, die
kleinen spitzen und etwas vorstehenden Wirbel fast in der
Mitte. Schloss unbekannt. Schale ziemlich gewölbt, mit·
dichten feinen concentrischen Streifen. Von Myophoria?
Ewaldi durch das Fehlen der scharf ausgeprägten Rinne
verschieden.

  · Länge 0ᵐ,001 — 0ᵐ,01. Länge zur Höhe = 100 : 70 — 80.

5. Corbula Lam.

„Meistens ungleichklappig, ungleichseitig und fast geschlossen. Die linke Klappe ist gewöhnlich kleiner und wird von dem Rande der rechten umfasst. In jeder findet sich ein einzelner, kegelförmiger, gebogener, aufwärts steigender Schlosszahn mit einer zur Seite liegenden Grube zur Aufnahme des gegenseitigen Zahns. Sie liegt in der rechten Klappe hinter dem Zahn, in der linken vor demselben. Das schmale Band befestigt sich bei jener in der Tiefe der Grube, bei dieser in einer Furche des grössern und breitern Zahns." (Goldfuss.)

Fridol. Sandberger hat in nachstehender Art das Schloss einer ächten Corbula entdeckt, mit dem Löffelzahn in der grossen Schale, der den Corbula-Schwanz hat wie eine tertiäre, während die kleinere gekielt ist, wie bei der oligocänen C. longirostris und der myocänen C. Sismondae.

Corbula Keuperina v. Quenstedt sp.

Tab. II. f. 8 vergrössert;

a. rechte Schale,

b. Schloss derselben,

c. Schlosszahn von der Seite.

Nucula sulcellata v. Klipst.? (non Wissmann.)

Cyclas Keuperina v. Quenstedt.

v. Klipstein St. Cassian T. XVII. f. 19 a. b.

Quenst. Petrefk. T. 44. f. 17 (Abbildung nicht gut.)

Oval dreieckig, ziemlich bauchig, vornen abgerundet, nach hinten zugespitzt und eine steile Kante bildend. Wirbel wenig nach vorn stehend, übergreifend, ziemlich spitz. Schale fast glatt, Länge derselben bis $0^m,013$, Höhe $0^m,006$. In den untern Mergeln des Keupergypses l am Stallberge bei Rottweil in einer Schicht von $0^m,1$ Mächtigkeit, eben so in gleichem Horizonte in grauem kalkigen Gesteine in der Umgegend von Heilbronn in zahlloser Menge verbreitet.

Dass diese Corbula einem Meeresthiere, nicht der Brack- und Süsswasser-Corbula — Potamomya der Engländer —

angehöre, möchte daraus hervorgehen, dass damit eine nicht näher zu bestimmende Gervillia und eine später zu erwähnende Anoplophora und bei Heilbronn eine der Myophoria Raibliana, und einer Myoconcha ähnliche Muschel vorkommt.

Corbula? elongata n. sp.

Tab. II. f. 9.

a. rechte Schale

b. von oben (vergrössert.)

Schloss nicht bekannt. Hat Aehnlichkeit mit Corbula Keuperina, ist aber viel länger gezogen und weniger bauchig; glatt. Findet sich in n bei Gansingen im Aargau. Aehnliche Schalen auch in o bei Ochsenbach.

Corbula gregaria Gr. v. Münster sp.

Corbula dubia Gr. v. Münster.

Nucula gregaria Gr. v. Münster.

Nucula (Ervilia?) exilis Dunker.

Corbula? triasina Römer.

Cypricardia gregaria d'Orbigny.

Corbula gregaria v. Schauroth.

Goldfuss petr. germ. II. 250. T. 151. f. 13 a, b 152. T. 124. f. 12.

Dunker Paläontogr. I. 314. T. 36. f. 18.

d'Orbigny Prodr. 174.

v. Schauroth Lettenkf. 119. T. VI. f. 17.

Giebel hält sie für Brut von Myophoria laevigata, v. Seebach für Myophoria lineata, worüber sich nicht streiten lässt, da die zu Gebot stehenden Exemplare meist eine nähere Untersuchung nicht zulassen; doch ist beides zweifelhaft, da in den Schichten von e, wo sie sich findet, die Myophoria laevigata fehlt, und die Myophoria lineata in einem deutlichen Exemplare noch nie entdeckt wurde.

Bei einzelnen zeigen sich Schlosstheile, welche der nachstehenden Diagnose von v. Schauroth — Lettenkohlenf. p. 121 — zu entsprechen scheinen:

„Ein starker Zahn in der rechten Schale und zwei Zähne, von welchen der eine oft verkümmert ist, in der linken

Schale, stehen unter dem Wirbel. Von den Zähnen läuft eine schwache Schlossrand-Verdickung innen mehr oder minder weit ab, ganz wie es in neuern Arten von Corbula auch vorkommt."

Wirbel hoch und übergebogen, Schale bauchig, mit schief nach hinten laufender Kante, mit feinen concentrischen Anwachslinien. Länge bis 0ᵐ,009, Höhe 0ᵐ,0085. Sehr häufig in c und e, ganze Schichten überdeckend. c Horgen u. a. O. 80, e Tullan, Wollmershausen, Schächte von Friedrichshall 35, ƒ Zimmern 1 Exempl.

Zuweilen ist diese Corbula mehr oder weniger aufgetrieben und wird dann von v. Schauroth

    Corbula incrassata,

    Nucula incrassata Gr. v. Münster.

    Goldfuss petr. germ. II. 152. T. 124. f. 11.

    v. Seebach Weim. Tr. p. 629. T. XV. f. 6.

von Goldfuss Cardium (Venus?) induratum genannt

    Alb. Tr. p. 54.

Sie findet sich besonders in c 24 Höfe bei Freudenstadt u. a. O. 10, e Schächte in Friedrichshall 5, iᵃᵃ Gölsdorf, iᵇᵇ Asperg, Dürrheim 2 Exemplar.

Corbula nuculiformis Zenker sp.

    Cucullaea nuculiformis Zenker.

    Corbula nuculiformis v. Schauroth.

    Schmid und Schleiden T. IV. f. 3.

    v. Schauroth Lettenkf. T. IV. f. 19.

Ist grösser als C. gregaria, bauchig, der Schlosswinkel grösser, mit deutlicher nach hinten laufender Kante und hohem nicht übergebogenem Wirbel.

    ƒ Zimmern, Gölsdorf, Schacht am Stallberge 5 Exempl.

6. Astarte Sow.

Dunker und Giebel haben die nachstehenden Astarten aufgestellt. Ob das Schloss diesem Schalthiere ganz entspreche, ob namentlich auch der gekerbte innere Rand der

Schale bei ihuen ausgeprägt sei, muss spätern Beobachtuu-
gen vorbehalten bleiben.

Astarte triasiua Fr. Römer.

Venerites subsulcatus Menke.

Venus nuda Goldfuss.

Cyprina? triasina d'Orbigny.

v. Schlotheim's Nachtr. T. XXXIV. f. 6.

v. Alberti Tr. p. 54.

v. Ziethen T. 71. f. 3.

Dunker Paläontogr. I. 312. T. 36. f. 1—6.

d'Orbigny Prodr. p. 173.

Quenstedt's Petrefk. T. 46. f. 29.

v. Schauroth — Krit. Verz. p. 44 — stellt sie zu Arca?
Schmidii, von der sie jedoch eine sehr abweichende Form hat.

Herzförmig, zusammengedrückt, mit unregelmässigen
concentrischen Streifen, übrigens glatt und glänzend. Wirbel spitzig, etwas nach vorn gedreht. Länge und Höhe
beinahe gleich $0^m,02$.

b Forbach 1, c Horgeu, Niederaschach, Mörtelstein 4,
e Marbach b. V. 9 Exempl.

Astarte subaequilatera Dunker.

Paläogr. I. 313. T. 36. f. 10 u. 11.

Vergl. Bruno Geinitz Beitr. 578. Tab. 10. f. 10.

Schale und Wirbel mehr abgerundet als bei voriger
Art; letzterer fast ganz in der Mitte. Wenig länger als
hoch. Länge bis $0^m,033$, Höhe $0^m,028$.

e Marbach b. V., Schächte von Friedrichshall 4 Exempl.

Astarte Willsbadesssusis Dunker.

Paläontogr. I. 314. T. 36. f. 7, 8, 9.

Unterscheidet sich von den beiden vorhergehenden durch
die stark nach vornen gerückte Lage der Wirbel und die
dadurch hervorgebrachte Ungleichheit des Umrisses. Schale
für die Lunula tief eingeschnitten. In der rechten Klappe
nach v. Seebach — Weim. Tr. p. 620 — ausser dem Hauptzahn
ein deutlicher vorderer und ein etwas schwächerer hinterer
Nebenzahn. Lang $0^m,019$, hoch $0^m,015$.

c Horgen 1, e Marbach b. V., Wilhelmsglück, Schächte
von Friedrichshall 7 Exempl.
Wesentlich von den vorhergehenden verschieden, ist
Astarte Antoni Giebel.
Corbula triasina Dunker.
Paläontogr. l. 314. T. 36. f. 18.
Giebel Liesk. T. 111. f. 6ᵃ⁻ᶜ.

Ausgezeichnet durch die kreisrunde Form, die scharfen,
zierlichen Wachsthumslinien, die mittelständigen kaum etwas nach vorn gerichteten Wirbel. Die unter dem Wirbel
verdickte Schale giebt nach v. Seebach eine einspringende
dicke Platte ab, welche den Schlossapparat trägt. Dieser
besteht in der rechten Klappe aus einem sehr starken breit
dreiseitigen Zahn und zwei Hauptzähnen in der linken Klappe.
Durchmesser 0ᵐ,018.

e Schacht am Stallberge und Schächte von Friedrichshall 3 Exempl.

7. Cardinia Agass.

Thalassites Berger, Sinemuria
Christol, Pachyodon Stutchbury.
Der Cardinia problematica· v. Hauer. ·
Unio problematica v. Klipstein.
v. Klipstein St. Cassian 265. XVII. f. 25ᵃˑʰ.
v. Hauer Raibler Sch. 545.
scheint dem früher zu Mya mactroides — Alberti Tr. p. 153 —
aus p bei Tübingen gestellten Schalthier verwandt zu sein.
Oppel — XXVI. f. 12 — vergleicht es mit Cardinia Listerl
Agass. Da man das Schloss nicht kennt, steht es sehr in
Frage, ob es nicht vielmehr zu der später aufzuführenden
Anoplophora zu stellen sei.

8. Trigonodus Frid. Sandberger in lit.

„Von derselben Zahnformel wie Unio, und daher auffallend ähnlich im Zahnbau; der stark entwickelte Hauptzahn

ist aber nicht zusammengedrückt, sondern fast ein gleich-
schenkliges Dreieck. Ist ohne Zweifel ein Meeresconchyl,
da es sich in ƒ nur mit Meeresthieren findet. Cardinia ist
ganz verschieden ohne scharf ausgeprägten Hauptzahn und
den langen scharfen Leistenzahn, welcher in der entgegen-
gesetzten Klappe eine so tiefe Furche zwischen den beiden
Leistenzähnen derselben verursacht. Das Ligament ist
sicherlich äusserlich, und doch ist Cardinia unter den
Meeresthieren am ähnlichsten, und die neue Gattung wird
wohl neben diese zu stellen sein." (Frid. Sandberger.)

Trigonodus Sandbergeri v. Alberti.

Tab. II. f. 10.

a. linke
b. rechte Schale
c. linker ⎫
d. rechter ⎬ Abdruck in Wachs.

Nur als Steinkern bekannt, der den innern Bau darstellt. Gleichschalig, dreiseitig, nach hinten verlängert und
zugespitzt, vornen abgerundet, mit im dritten Viertel nach
vorn liegenden Wirbeln. Länge bis $0^m,04$, Höhe ⅗ der
Länge. Der Bau des Schlosses ergiebt sich aus c und d.

v. Quenstedt Petref. 563, T. 47. f. 35 rechnet diese
Versteinerung zweifelhaft zu den Thalassiten, v. Schauroth
— Lettenkf. 116 — zu Clidophorus.

Von dieser häufig in ƒ vorkommenden Muschel bei Zimmern a. R., Bühlingen, Rottweil 30 Exempl.

Unio Keuperinus Berger.
Berger Keuper 412. T. VI. f. 1, 2, 3.

gehört, so weit es sich nach der Abbildung beurtheilen lässt,
zu Trigonodus Sandbergeri. Die äussere Schale ist glatt,
und bildet nach hinten eine Kante.

Trigonodus Hornschuhi Berger sp.
Unio Hornschuhi Berger.
Berger Keuper 412. T. VI. f. 4, 5, 11.

Schloss ähnlich dem vorigen. Schale oval, $0^m,037$ lang,
$0^m,029$ hoch. Sie hat einen nach vorn gedrehten stumpfen

Wirbel im ersten Drittel, ist ziemlich flach, mit wenigen verwischten Anwachsstreifen. Vom Wirbel geht eine flache Kante nach hinten, welche sich unten in einem kleinen Bogen nach vorn wendet. Eine ziemlich markirte Falte umgiebt den untern Theil der Schale, und vorn ist ein Muskeleindruck wahrnehmbar.

Die Muschel findet sich bei Coburg in der untern Abtheilung der bunten Mergel l in einer $0^m,112$ bis $0^m,17$ mächtigen Dolomitschichte in Abdrücken der innern und äussern Schale; Abdrücke der äussern Schale in h im Schacht und Canal am Stallberge 3 Exempl.

Dass die besagten Muscheln bei Coburg nicht dem Süsswasser angehören, geht daraus hervor, dass sich mit ihnen Mytilus eduliformis und Turbonilla Theodorii finden.

Ob Unio Roepperti Berger

Berger Keuper 414, T. 6. f. 12

ebenfalls zu Trigonodus gehöre, ist zweifelhaft, da man das Schloss nicht kennt.

9. Crassatella Lam.

Tab. II. fig. 11.
linke Schale wenig vergrössert.

Diesem Geschlechte nahe stehend scheint diess in o bei Ochsenbach vorkommende Schalthier zu sein. Damit scheint übereinzustimmen:

Escher N. Vorarlberg T. IV. f. 38

aus dem Val Brembana im obern Keuper.

Schale oval dreiseitig, Wirbel im ersten Drittel nach vorn, nicht übergreifend, spitzig, etwas nach vorn gedreht. Schale dick, rauh, mit hohen Anwachsstreifen, nach vorn abgerundet, nach hinten eine Kante bildend. Lang bis $0^m,018$, hoch $0^m,01$.

10. Cypricardia Lamark.

Cypricardia Escheri Giebel sp.
Cyprina Escheri Giebel.

Cypricardia Escheri v. Seebach.
Giebel Liesk. T. III. f. 7ª·ᵇ·ᶜ·
Tab. IV. f. 14.
v. Seebach Weim. Tr. 622. T. XV. fig. 1ª·ᵇ·

Nach Giebel: „Gleichklappige Schalen, quer dreiseitig, mässig gewölbt, hinten gekantet, steil abfallend, glatt, die Wirbel weit vor der Mitte, nach vorn eingerollt, die unter den Wirbeln beginnenden Nymphen schmal und flach; vor den Wirbeln eine tiefe Lunula. Vorderer Muskeleindruck sehr klein, tiefgrubig. Länge der Schale 0ᵐ,012, Höhe 0ᵐ,009."

Eine genaue Beschreibung des Schlosses von v. Seebach spricht mehr für Cypricardia als für Cyprina.

Diess Schalthier fand Giebel in c bei Lieskau. Aehnlich ist ein Steinkern in e aus dem Schachte 2 von Friedrichshall, aber bedeutend grösser. Auf dies Schalthier scheint auch ein Bruchstück aus k bei Cannstatt hinzuweisen, die Schalen sind jedoch regelmässig concentrisch gestreift, und das Bruchstück nicht vollständig genug, um die Identität darzuthun.[1]

11. Cardita Brugg.

(Venericardia Lam.)

Cardita multiradiata Emmrich sp.
Myophoria multiradiata Emmrich.
Venericardia praecursor v. Quenstedt.
Cardita multiradiata Winkler.
Quenstedt Jura 30. T. 1. f. 25.
Winkler Schichten der Avicula contorta 16. T. 2. f. 4.
Winkler der Oberkeuper — Zeitschr. d. deutsch geol. Ges. XIII. 1861. 480. Tab. VII. f. 10.

[1] Ob die Cypricardia suevica — Oppel u. Suss T. I, f. 4 — zu den Cardiaceen gehöre, steht noch in Frage, da weder Schloss noch Muskeleindrücke bekannt sind.
p. bei Nürtingen.

Gleicht der Myophoria Goldfussii, hat jedoch viel mehr
die Charaktere von Cardita, wie Winkler des Weitern aus-
führt. Die Radialstreifen sind mehr nach hinten geschweift
als bei M. Goldfussii. Die Zahl der Hauptrippen beträgt 16;
die Anwachsstreifung ähnlich wie bei M. Goldfussii.

p Nürtingen 6 Exempl.

Cardita crenata Goldfuss.

Cardium crenatum d'Orbigny.

Goldf. Petr. germ. II. 185. T. 133. f. 6ᵃ⁻ᶠ.

Gr. v. Münster's Beitr. IV. 86. T. VIII. f. 19.

d'Orbigny Prodr. 190.

Häufig im obern Keuper der Alpen, wurde noch nicht
in Schwaben, dagegen von Gümbel in *l* bei Baireuth gefunden, wesshalb sie uns besonders interessirt. Sie ist
„abgerundet, trapezoidisch, convex oder bauchig, hinten
zusammengedrückt und schief abgeschnitten, vorn abgerundet mit etwas vorstehenden am vordern Ende liegenden Wirbeln. Vom Wirbel strahlen 22 schmale Rippen
aus, welche von concentrischen Linien durchkreuzt werden.
Die rechte Klappe hat einen grossen dreieckigen hintern
und einen kleinen divergirenden vordern Zahn, während
in der linken der vordere grösser und schwielig ist."
(Goldfuss.)

Aus *k* von St. Cassian 1 Exempl. [1]

12. Myoconcha Sow.

Einzelne Arten dieser Gattung wurden früher von
v. Strombeck — Zeitschr. der deutsch. geol. Ges. 1850. II.
p. 9 — von Dunker im Cassler Schulprogramm p. 11 und in
der Paläontogr. I. p. 396 als Modiola, von Giebel Liesk. p. 34
als Mytilus aufgestellt. v. Schauroth — Recoaro p. 513 —
fand, dass der Schlossbau mit Pleurophorus stimme. Später
hat derselbe diese Schalthiere zu Clidophorus, in seinem

[1] d'Archiac (form. trias) erwähnt noch der Cardita domestica v. Mora
in Spanien ohne nähere Beschreibung.

Krit. Verz. p. 40 dagegen wieder zu Pleurophorus gereiht;
v. Seebach — Weim. Tr. p. 693 — weist endlich die Identität
von Pleurophorus mit Myoconcha nach, welch' letzterer
Gattungsnamen die Priorität hat.

King — Monogr. of permian foss. Engl. p. 181 — beschreibt den Schlossbau von Pleurophorus:

„Zwei Hauptzähne in jeder Klappe, nach innen zu divergirend, und sich wechselseitig in einander fügend, der
Seitenzahn linear, der aufzunehmende in der linken Schale.“

Diese Schlosscharaktere werden nach v. Grünewald —
Zechsteinfauna 256 — rudimentär, und gehen wie die des
russischen Zechsteins in vollkommene Zahnlosigkeit über, so
dass diese Gattung wie Lucina in ihren Zahncharakteren
schwankend ist.

Myoconcha (Pleurophorus) tritt zuerst in den devoni-
schen Schichten, dem Spiriferen-Sandsteine auf — Sandberger
Nassau 267. T. XXVIII. f. 4, 4ᵃ — und ist sehr verbreitet,
eine Leitmuschel in der Zechsteinformation. Sie zeichnet
sich durch ein ganz nach vorn gerücktes Schloss und äusseres Ligament aus. In der Trias ist sie meist glatt, oder
mit wenigen Anwachsstreifen, selten mit radialen Linien
geziert.

Myoconcha gastrochaena Dunker sp.
Tab. III. fig. 3. a—d.

a. b. Steinkern in natürlicher Grösse aus *f.*
c. Innerer Abdruck der linken Schale in Wachs.
d. Rechte Schale mit dem Schlosse aus *k* von Cannstatt.

Modiola Goldfussii Dunker.
Myophoria modiolina Dunker.
Myoconcha Goldfussii Dunker.
Modiola gastrochaena Dunker.
Pleurophorus Goldfussii v. Schauroth.
Clidophorus Goldfussii var. genuina v. Schaur.
Mytilus gastrochaenus Giebel.
Dunker Cassler Schulprogr. p. 11 und 15.

Dunker Paläontogr. I. 296. T. 35. fig. 13.
Giebel Liesk. 31. Tab. 5. f. 1.
    v. Schauroth Recoaro 515. T. 2. f. 4ª·
    v. Schauroth Lettenkf. T. VI. f. 10 und 12.

Gleichschalig, Schalen glatt, ohne Anwachsstrcifen, Um-riss ziemlich rectangulär, diagonal aufgetrieben, mit fast am vordern Ende liegenden vorwärts gekrümmten Wirbeln. Unter dem Wirbel eine Muskularleiste. Mantelsaum mit dem Bauchrande parallel. Länge bis $0^m,042$, Höhe im Mittel $0^m,015$; die Länge zur Höhe varirt.

e Villingen, Schacht am Stallberge, Tullau 3, ƒ Vil-lingendorf, Zimmern o. R., Bühlingen, Schacht am Stall-berge 7, iᵃᵃ Sulz 1, k Cannstatt 1 Exempl.

Auch in l in der untern Abtheilung des Keuper-gypses am Stiftsberge bei Heilbronn findet sich eine Muschel $0^m,035$ lang, $0^m,025$ hoch, die das Ligament mit Myoc. gastrochaena gemein hat, aber weniger diagonal aufgetrie-ben ist.

Clidophorus Goldfussii var. plicata v. Schaur.
    v. Schauroth Lettenkf. 114. T. 6. f. 12.
hat ausser der diagonalen noch 2 Kanten auf der hintern Abdachung, scheint sonst aber nicht von Myoc. gastrochaena verschieden zu sein. Daran erinnert

Myophoria pleurophoroides Berger.
    N. Jahrb. f. Min. 1860. 200. T. II. f. 12.
in c im Coburg'schen.

Myoconcha Thielaui v. Strombeck sp.
Modiola Thielaui v. Strombeck.
Pleurophorus Goldfussii v. Schaur.
Modiola substriata v. Schaur.?
Mytilus inflexus Fr. Römer?
Mytilus Mülleri Giebel?
Clidophorus Goldfussii v. Schaur.
Myoconcha Thielaui v. Seebach.
    v. Strombeck — Zeitschr. d. deutsch. geol. Ges. II. 90.
        T. V. f. 1, 2.

v. Schauroth Recoaro 512. T. 2. fig. 4^{b.}
Giebel Liesk. 35. T. 3. f. 2 und 4.
Tab. 6. f. 9.
v. Schauroth Krit. Verz. 40. T. II. f. 13.
v. Seebach Weim. Tr. 626. T. XV. f. 2^{a, b.}

Unterscheidet sich von Myoconcha gastrochaena dadurch, dass die diagonale Auftreibung fehlt, dass die Schalen nach hinten viel breiter werden, der Schlossrand convex, der Bauchrand hinten etwas gewölbt, vorn eingedrückt ist, der Wirbel fast ganz vornen liegt, und die Schale radial gestreift ist.

„Vorderes Muskelmal tief, durch eine hintere Leiste begrenzt, Mantellinie einfach, hinteres Muskelmal gross; Nymphen für das Ligament äusserlich.

„In der linken Schale unmittelbar über dem vordern Muskel eine Querzahnleiste, über ihr eine parallele Zahnfurche, die sich nach dem Schalenrande erhebt, und hier einen zweiten ebenfalls leistenförmigen Zahn bildet. Hinter dem Wirbel beginnt dicht unter dem Schalenrande eine feine lineare Furche, die nach hinten an Umfang zunimmt, unter ihr findet sich ein linearer nach hinten anschwellender Seitenzahn. Hinter dem Wirbel beginnt dicht unter dem Schlossrande ein nach hinten zunehmender leistenförmiger Zahn." (v. Seebach.)

c Villingen 1 Exempl.
Nicht wesentlich verschieden scheint:

Tab. III. fig. 2. a, b,

wovon

a. Steinkern etwas vergrössert,
b. Abdruck desselben in Wachs.
In ƒ bei Zimmern 1 Exempl. [1]

---

[1] Mytilus Quenstedtii Giebel.
Giebel Liesk. p. 36.
Ist flacher gewölbt, als Myoc. Thielaui, ohne vordere Buchtung. Gerade und über dem Schlossrande laufen vom Wirbel aus zwei Kanten parallel, deren hintere mit dem Schlossrande eine Hohlkehle, mit der

Myoconcha Cannstattiensis v. Alb.

Tab. III. fig. 1.

linke Schale von innen, doppelt vergrössert.

Lang gezogen, elliptisch, doppelt so lang als hoch,
ziemlich gewölbt, Rücken und Bauchrand fast parallel, vornen und hinten fast gleichförmig abgerundet, Wirbel nah
am vordern Ende. Gehört zu den zahnlosen Formen von
Myoconcha (Pleurophorus) wie die des russischen Pl. costatus Brown (Mytilus Palassii Murchis. Vern. und Keyserl.)
aus dem Zechsteindolomit von Murum an der Oka.

Aus *k* im Bohrloch Nro. 4 in Cannstatt 1 Exempl.

Ob die nachfolgende zu Myoconcha gehöre, ist zweifelhaft, da die Steinkerne weder die Muskelleiste noch den
Mantelsaum derselben zeigen. Da sie eine Leitmuschel in
c ist, so will ich sie vorläufig hierher stellen.

Myoconcha? elliptica v. Schauroth sp.

Tab. III. fig. 4.

rechte Schale in natürlicher Grösse.

Clidophorus Goldfussii, var. elliptica v. Schauroth.

v. Schauroth Lettenkf. T. V. f. 11.

Von elliptischem Umrisse, diagonale Kante wenig deutlich, Schale aber mehr aufgetrieben als bei den andern Arten von Myoconcha. Wirbel noch weiter vorn liegend als
bei Myoch. Thielaui. Mit sparsamen runzligen Anwachsstreifen. Wird nicht grösser als die gegebene Abbildung.

c Horgen, Diedesheim, Ingelfingen 25 Exempl. Im
Vicentin'schen fand ihn v. Schauroth in den kalkigen Schichten unter dem Wellenkalke.

13. Anoplophora Frid. Sandberger in lit.

Agassiz zählt die sogenannten Myaciten der Trias —
in Mollusq. foss. — zu Pleuromya und behält alle die von

andern ein concaves Streifenfeld begrenzt. Radiallinien nur am hintern
Rande schwach angedeutet.

In *c*. bei Lieskau.

v. Schlotheim und Goldfuss aufgestellten Arten bei. d'Orbigny
Paläont. fr. III. p. 326 und Prodrôme 173 — und Geinitz
Petrefactenk. p. 401 rechnen sie zu Panopaea. v. Strombeck
— Zeitschr. d. deutsch. geol. Ges. I. 129, 151, 182, 209 —
hält alle für eine Art, während Terquem — Mollusc. foss. 52
— bei Bouzonville im Moseldep. neben andern einzelne mit
dem Muskeleindruck und dem Habitus der Pleuromyen beobachtet haben will, welche in ihren Muskel und Mantel-
eindrücken sich der Form der Anatinen (Cercomya Agass.)
nähern.

v. Seebach — Weim. Tr. 630 — rechnet die Myaciten des
Muschelkalks ausser. Mya mactroides zu Pholadomya Sow.,
weil, wenn man Homomya damit verbinde, zwischen Myacites und Pholadomya keinerlei Unterschied bleibe.

Giebel fand das Schloss des Myacites elongatus v. Schloth.
völlig zahnlos, unter dem Wirbel den Schlossrand gebuchtet
in der rechten Klappe, in der linken entsprechend verdickt,
und dahinter eine verlängerte dicke Schwiele über der sich
das Band befestigte. Dabei einen grossen vordern und einen
kleinen hintern Muskeleindruck. Mantelsaum hinten tief gebuchtet.

Da die als Myaciten aufgeführten Muscheln nicht klaffen,
den für Mya charakteristischen löffelförmigen Fortsatz in der
linken, eben so wenig die entsprechende Grube in der rechten Schale haben, so können sie nicht diesem Genus angehören.

Fridol. Sandberger in lit. hat alle Myaciten, die am
Ende nicht klaffen, keine Zähne, aber einen geraden, unter dem Buckel etwas ausgebuchteten Schlossrand haben,
bei einzelnen eine Leiste nach innen abgeht, und überdiess
einen ganzrandigen Manteleindruck und schmal keilförmi-
gen unten aber herzförmig erweiterten vordern Muskeleindruck wahrnehmen lassen und das Band äusserlich haben,
Anoplophora
genannt, die der paläozoischen Cardiomorpha Konink und
Pleurophorus King nahe steht.

Tab. III. fig. 5. a, b.

a giebt den Abdruck des Schlosses von Anoploph. Münsteri in Wachs.

Ob *b* ebenfalls dieser Gattung angehöre, ist unentschieden.

Nach Frid. Sandberger in lit. liess sich Anoplophora mit
Cardiomorpha vereinigen, wenn letztgenannte Gattung
selbst aus gleichartigen Elementen bestände; so aber hat
Konink ausser Formen, auf welche die besagte, namentlich das äussere Ligament völlig passt, auch noch andere
hinzugezogen, bei denen das Ligament nach der Abbildung und Beschreibung innen liegen muss, z. B. C. oblonga Sow. sp. und C. Puzosiana Kon. Erstere Gruppe
unterscheidet sich von Anoplophora nur durch die Einbie-
gung im Schlosse, welche auf einen Schlossbau ähnlich der
lebenden Solenomya und Glycimeris schliessen lässt.

Bei den Steinkernen der Anoplophora ist die nach Innen
vom Wirbel abgehende Leiste durch eine schmale Rinne
an denselben angedeutet.

Die Muskeleindrücke sind selten deutlich; am undeut-
lichsten sind sie bei Anoplophora lettica.

Tab. III. fig. 12. b, c.

Die Ausbuchtung am Wirbel scheint hier für die nach
Innen abgehende Leiste bestimmt zu sein.

Nach vorstehender Diagnose rechne ich die nachstehenden Schalthiere hierber:

Anoplophora musculoides v. Schloth. sp.

Tab. III. fig. 6.

Myacites musculoides v. Schloth.
Pleuromya musculoides Agass.
Panopaea musculoides d'Orb.
Pholadomya musculoides v. Seebach.
v. Schloth. Nachtr. T. 33. f. 2.
Goldfuss petr. germ. T. 153. f. 10.
v. Ziethen T. 71. f. 5.
v. Seebach Weim. Tr. 633.

Hierher gehört das von Giebel oben beschriebene Schloss des M. elongatus.

Oval, ziemlich gewölbt, vordere Seite von den Wirbeln bis zur Hälfte herab, abschüssig, herzförmig. Die ziemlich breiten Wirbel liegen fast vornen, und von ihnen geht eine flache nicht immer ausgedrückte Furche fast bis zum untern Rande herab.

Anopl. musculoides unterliegt einem grossen Formenwechsel, vorzüglich hervorgebracht durch Druck und Verschiebung. Die Längendimensionen wechseln sehr. Ist sie lang gezogen, so entsteht

Myacites elongatus v. Schloth.

Pleuromya elongata Agass.

Panopaea elongatissima d'Orbigny.

v. Schloth. Nachtr. II. 108. T. 33. f. 3.

Bronn Leth. 3. III. 74. T. 11. f. 13.

Terquem Moll. foss. T. III. f. 8^b, 10, 11, 12—15.

Giebel Llesk. T. III. f. 8^a. b.

Anoplophora musculoides ist eine der Hauptmuscheln der Trias, die stellenweise in zahlloser Menge vorkommt.

c Horgen u. a. O. 0, o Schacht am Stallberge, Villingen, Marbach b. V., Wilhelmsglück, Wollmershausen, Schächte von Friedrichshall, Logewenik in Südpolen 140, f Zimmern o. R., Bühlingen 5, i^aa Rottweil und Sulz 5, i^bb Sulz 1, k Cannstatt 1? Exempl.

Ob Pholadomya rectangularis v. Seebach.

v. Seebach Weim. Tr. 635. T. XV. f. 4.

eine specifisch verschiedene Art bilde, eine Missbildung oder eine Varietät der Anopl. musculoides sei, wird weitern Beobachtungen überlassen bleiben müssen.

Goldfuss beschreibt ferner:

den Myacites radiatus Gr. v. Münster.

Goldf petr. germ. T. CLIV. f. 13 ^a. b.

Er zeichnet sich vor Anopl. musculoides durch spitzere Wirbel aus. Auch diese Form ist in e zu Hause, es findet jedoch so viele Uebergänge zu An. musculoides statt, dass

es mir noch nicht gelang, sie als eigne Art festzuhalten.
Die ausstrahlenden Linien sind selten deutlich.

c Wilhelmsglük, Schächte von Friedrichshall 9 Exempl.
Myacites obtusus Goldf.
Panopaea obtusa d'Orbigny.
Goldf. petr. germ. II. 261. T. CLIV. f. 4ᵃˑᵇ
wird theils in Myoconcha gastrochaena,· theils in Anopl.
musculoides aufgehn, da die schiefe Form der Schalen hier
offenbar durch Abnutzung entstund. [1]

Anoplophora Fassaensis Wissmann sp.
Tab. III. fig. 8.
a. linke Schale,
b. von oben.

Myacites Fassaensis Wissmann.
Pleuromya brevis Agass. ?

Diese Muschel gehört im Fassa-Thale der untern Abtheilung des Wellenkalks (den Schichten von Seiss) an. Die
Abbildung in Münst. St. Cassian 9. T. 16. f. 2ᵃ⁻ᶜ gibt ein
sehr unvollständiges Bild. Diese Körper, sagt Wissmann,
bieten gut erhalten einen eiförmigen länglichen Umriss dar,
über den der starke, fast in der Mitte liegende Buckel etwas
vorspringt. Ich kenne Exemplare dieses Schalthiers von
Vaël, oberhalb Vigo im Fassa-Thale, welche ganz die gleiche
Form, wie die bei uns im Wellenkalke sehr häufig vorkommenden kleinen Myaciten haben.

[1] Anoplophora grandis Gr. v. Münster sp.
Myacites grandis Gr. v. Münster.
Pholedomya grandis v. Seebach.
Goldf. petr. germ. II. 261. T. 154 f. 2.
v. Seebach Weim. Tr. p. 634.
Sehr gross, 0ᵐ,083 lang, 0ᵐ,048 hoch. Verkehrt eiförmig, bauchig,
Die vordere Seite hat eine grosse, bis zur Mitte schief herabsteigende
herzformige Fläche. Die breiten Wirbel vorn im dritten Viertheile. Die
ansehnliche Wölbung der Seitenfläche nimmt hinten plötzlich ab. Die Ober-
fläche ziemlich glatt, mit zahlreichen, kaum sichtbar ausstrahlenden Linien.
In c. in Oberschlesien, In Nord- und Mitteldeutschland, in r? bei
Laineck im Bayreuth'schen.

Sie bieten eine Menge Spielarten, bald sind sie ziemlich rund, bald mehr in die Länge gezogen, bald platt gedrückt, bald erfolgte der Druck auf die Wirbel, so dass
sie Arcomyen gleichen und doch lassen sich alle leicht auf
die gleiche Form reduciren. Bei einzelnen Exemplaren zeigen sich Spuren radialer Linien.

Sie bleibt immer klein, bis $0^m,03$ lang und $0^m,02$ hoch
bis zu $0^m,015$ dick. Der hintere Rand ist etwas abgedacht.
Mit gleichförmigen, über die ganze Schale verbreiteten Anwachsstreifen. Sie klafft nicht und hat ganz den Habitus
der Anoplophoren. Schloss unbekannt.

Tapes subundata v. Schauroth aus dem Val dell' Erbe in c.

v. Schaur. Recoaro 516. T. II. f. 7.

Vergl. Bornemann Lettenk. 16. T. I. f. 6.

und Tellina Canalensis Catullo

Catullo Alpi Venet. 56. T. 4. f. 4.

v. Schauroth Krit. Verz. 47. T. II. f. 17.

könnten hierher gehören.

Es ist dies eine Hauptmuschel des bunten Sandsteins
von Forbach, und findet sich auch in den Wellenmergeln
in zahlreicher Menge.

b Forbach 4, *c* Pforzheim, Diedesheim, Horgen, Fassa-
Thal — 60 Exempl.

Anoplophora impressa n. sp.

Tab. V. fig. 2.

a. linke Schale,

b. von oben.

Myacites inaequivalvis v. Schaur.

v. Schaur. Recoaro 516. T. II.

könnte hierher gehören.

In Alb. Tr. p. 54 und in Voltz grès bigar. p. 4 wird
sie als Myacites ventricosus aufgeführt, sie hat aber nichts
als die Aufgetriebenheit mit diesem gemein. Charakteristisch
für sie ist ihre Faltenlosigkeit, die vom Wirbel ausgehende,
sich nach unten verbreiternde Rinne, welche eine merkliche
Einbuchtung des untern Schalenrands hervorbringt. Einzelne

Exemplare sind platt, andere vom Wirbel aus gedrückt, so
dass die Arcomyenform erscheint.

b Sulzbad — 4, *c* Horgen, Niedereschach u. a. O.
8 Exempl. Die aus *b* sind kleiner, etwas mehr walzen-
förmig, die Rinne etwas weniger markirt, es ist aber sicherlich die gleiche Art.

Anoplophora Muensteri Wissmann sp.

Tab. III. fig. 9.

rechte Schale.

Quer verlängert, diagonal nach hinten gekantet, von
welcher Kante die Schale dachförmig abfällt. Schlossrand
gerade und parallel mit dem untern Rande, der ein wenig
eingebuchtet ist. Ueber die Schlossbildung vergl.

Tab. III. fig. 5. a.

Zwei bis dreimal so lang als hoch, hinten und vornen gleich
abgerundet, mit wenigen und flachen Anwachsstreifen. Der
spitze, etwas nach vorn gerichtete Wirbel liegt im ersten
Fünftheile der Länge der Schale, doch varirt diese Stellung nicht unbedeutend, da die Schale nicht selten so
viel kürzer wird, dass sich die Länge zur Höhe = 2 : 1
verhält.

f Rottweil, Zimmern, Schacht am Stallberge, Villingendorf — 10, *i*ᵐ Sulz 1 Exempl.

Unionites Muensteri Wissmann.

Cardinia Muensteri Desh.

G. v. Münster St. Cassian 26. T. 16. f. 5 u. 6

(schlecht abgebildet).

d'Orbigny Prodr. 198.

Tab. III. fig. 10.

von Heiligkreuz bei St. Leonhard in Tyrol gehört nach
einem Exemplar, welches ich von Wissmann erhielt, obschon es viel kleiner, wahrscheinlich hierher. Mit natürlicher glänzender Schale, fein concentrisch gestreift, während

Tab. III. fig. 9.

einen Steinkern darstellt. Da sich diese Muschel unter Meeresthieren findet, kann sie nicht wohl eine Unio sein.

Anoplophora lettica v. Quenstedt sp.
Tab. III. fig. 12. a—c.
Anodonta lettica v. Quenstedt.
Myacites letticus v. Schaur.??
Quenstedt Petrefk. T. 44. f. 16.
v. Schauroth Lettenkf. 117. T. VI. f. 14.

Schalen doppelt so lang als hoch, vorn und hinten gleich abgestutzt, dünn, schwach gewölbt, nach hinten und vornen gleich abfallend. Schlosslinie mit dem untern Rande fast parallel. Die stumpfen Wirbel in der vordern Hälfte der Länge. Beide Schalenhälften sind in den kohligen Schiefern bei Gaildorf fast immer mit einander verbunden und aus einander klaffend; fein concentrisch gestreift, mit wulstigen Anwachsstreifen. Länge der Schale bis 0ᵐ,03.

In A bei Friedrichshall liegt bräunlich grauer schiefriger Mergel, erfüllt von dieser Muschel? Die Schalen sind aber einzeln zerstreut. Der innere Bau
Tab. III. fig. 12. b, c.
stimmt keineswegs mit Anodonta, eher mit Anoplophora.

Dass dies kein Süsswasser-, höchstens ein Brackwasserthier sei, geht daraus hervor, dass es mit Lingula, Myophoria transversa und mit Lucinen vorkommt.

Anoplophora dubia n. sp.
Tab. III. fig. 11.
In a bei Gansingen findet sich diese Anoplophora ähnliche Muschel — flach, in die Länge gezogen, mit breitem Wirbel, der bald mittelständig, bald im ersten Drittel nach vorn liegt. Die Schale spitzt sich nach vorn zu und bildet nach hinten eine ziemlich breite axtförmige Kante. Mit runzligen Zuwachsstreifen. Schloss unbekannt.

Sehr ähnlich dieser Muschel ist die von A. Schlönbach im N. Jahrb. f. Min. 1862. 157. T. III. f. 3ᶜ abgebildete, der sich die Fig. 3ᵃ, 3ᵇ anschliessen. Es sind diess die Schalen, welche im Hannöverischen und Braunschweigischen ganze Schichten erfüllen, und dort fossile Gurkenkerne heissen, dieselben, welche Fraas, N. Jahrb. f. Min. 1859 p. 9

als Anodonta postera bezeichnet. Sie haben zum Theil
Aehnlichkeit mit Myoconcha gastrochaena, sind aber weniger aufgetrieben, und der Wirbel liegt nicht so weit nach
vornen, als bei dieser; sie hat viel mehr den Charakter
der Anoplophoren.

Bei Gansingen kommt sie nur vereinzelt vor, während
sie bei Blankenhorn am Wege nach Ochsenbach (am Stromberge) im Liegenden der Kössener Schichten in Masse, gewöhnlich aufgeklappt auftritt.

Die Exemplare von Gansingen sind besser conservirt
als die von Ochsenbach und die aus den Kössener Schichten.

Diess Schalthier scheint sehr verschiedenen Formen,
was zum Theil im Erhaltungszustand liegen mag, unterworfen zu sein. Der fig. 3ᵃ und 3ᵇ von Schlönbach schliessen sich die Tab. I. f. 32, 33, 34, 35 von Fraas — Württ.
naturw. Jahreshefte 1861 aus o an, die ich früher Anodonta
dubia nannte und vielleicht seine Fig. 36, 37, 38, welche
mit Seminotus ebenfalls im grobkörnigen Sandsteine o von
Stuttgart vorkommen. Hierher scheint auch die in Quenstedt's Jura T. I. fig. 32 abgebildete Muschel aus p zu gehören.

Dass sie keine Süsswassermuschel sei, geht daraus hervor, dass sie mit Myophoria elegans, M. vestita, Myoph.?
Ewaldi, mit Avicula Gansingensis vorkommt. Wenn diese
Meeresthiere sind, so muss es auch Seminotus sein. Da
nun aber nach den Beobachtungen von Agassiz eine Trennung von Meeres- und Süsswasserthieren von der Kreide
nicht stattfindet, so geben die Fische in diesem Falle keine
Entscheidung.

n Gansingen 2 Exempl., o Ochsenbach sehr häufig, in
p in der untersten Abtheilung dieser Gruppe.

———

Agassiz — Mollusq. foss. p. XII — erwähnt noch
der Pleuromya tenuis aus f,
der Pleuromya aequis,

der Pleuromya costulata,

der Pleuromya brevis aus *b*, und

der Arcomya varians,

Daubrée — Descr. du Dep. du Bas Rhin p. 115 ---:

des Myacites Walchneri Voltz,

der Pleuromya gracills Schimper.

Ob und welchen der vorhergehenden Schalthiere sie synonym seien, ist nicht zu bestimmen, da Abbildungen fehlen.

14. Thraola Blainv.

Thracia mactroides v. Schloth. sp.

Myacites mactroides v. Schloth.

Pleuromya mactroides Agass.

Panopaea mactroides d'Orbigny.

Thracia mactroides v. Seebach.

v. Schloth. Nachtr. T. 33. f. 4.

(Die Goldfuss'sche Abbildung unterscheidet sich wenig von Anopl. musculoides.)

v. Seebach Weim. Tr. p. 636. T. XV. f. 5 a. b. c.

Diess Schalthier wird von v. Seebach wegen der zahlreichen feinen Punktstreifen auf der Schale, welche die concentrischen Falten kreuzen, zu Thracia gerechnet. Wo diese Punktstreifen fehlen, was auf allen von mir gefundenen Exemplaren der Fall ist, zeichnet es sich hauptsächlich durch die unregelmässige runzlige concentrische Streifung, durch mehr dreiseitige Bildung und dass die Wirbel meist verschoben sind, vor Anopl. musculoides aus, in dessen verschiedene Formen es übrigens überzugehen scheint.

Schlossbau unbekannt.

Diese Thracia findet sich in c bei Horgen u. a. — 4, *f* Zimmern o. R. — 4, *i*ᵃᵃ Sulz — 2 Exempl.

15. Isocardia Lam.

In *k* bei Cannstatt finden sich verkieselte Schalthiere, welche lebhaft an Isocardia und zwar an

Isocordia minuta v. Klippstein.

v. Klipst. St. Cassian 261. T. XVII. f. ᵃˑᵇ und
Isocardia rostrata Gr. v. Münster.

Gr. v. Münst. St. Cassian 87. T. VIII. f. 26.
erinnern, doch wage ich nicht, sie als synonym mit diesen
aufzuführen, da ihr Erhaltungszustand keine vollständige
Vergleichung zulässt.

16. Cardium Linn.

Cardium cloacinum v. Quenstedt.

Quenst. Jura T. I. f. 37.
Oppel und Süss T. II. f. 2.
Fast kreisrund, bauchig, radial gestreift.
p Nellingen, Erlaheim — 2 Exempl.
Cardium Rhaeticum Merian.

C. striatulum Portlock.
Merian N. Denkschr. d. allg. schweiz. Ges. XII. 1853.
T. IV. f. 40, 41.
Winkler Zeitschr. d. deutsch. geol. Ges. XIII. p. 482.
T. VII. f. 14ᵃ⁻ᵉ.

Mässig gewölbt, Umriss fast kreisrund, an der hintern
Seite der Schale laufen 8—10 Radialstreifen vom Wirbel
herab, sonst ist die Schale glatt.
p von Nellingen und Hohengehren.

17. Lucina Brug.

Lucina ist wie Myoconcha in den Schlosscharakteren
schwankend, und die Schlosszähne variren von $^2/_2$ bis $^0/_0$.
Lucina Romani n. sp.
Tab. IV. fig. 4.
beide Schalen aufgeklappt.
Myacites brevis v. Schauroth.
Myacites letticus Bornemann.
v. Schaur. Lettenkf. 15. T. I. f. 3, 4, 5.
Bornem. Lettenk. T. VI. f. 16.

Der zu früh verstorbene Dr. Roman in Heilbronn besass eine schöne Sammlung dieser Muschel aus den kohligen
Schiefern von Gaildorf, die er mir zur Benützung anver-
traute. Sie kommt hier stets aufgeklappt mit beiden Schalen vor, ist aber mehr oder weniger platt gedrückt.

In dem Meereskalke i^a über dem Lettenkohlensandsteine findet sich diese Lucina ebenfalls, aber weniger zusammengedrückt, und nur in einzelnen Schalen. Vergl.
Tab. IV. fig. 5. 6.

Höher in i^{bb} einzelne Schichten von gelbem Kalkmergel, die theils von grössern Exemplaren, theils von Brut
dieses Schalthiers erfüllt sind.

Die Kieskerne in der Lettenkohlengruppe von Böttingen
bei Freiburg i. B.

Tab. IV. fig. 5. a.

scheinen Brut derselben Species zu sein. Fridol. Sandberger
in lit. fand:

„dass deren halbinnerliches Band ganz wie bei der Gruppe
Cryptodon (Axinus Sow.) eingefügt ist, und einem zahnlosen
Typus, wie er auch lebend und tertiär vorkommt, an-
gehöre."

Im Allgemeinen ist die Schale von Lucina Romani
elliptisch, ziemlich gewölbt mit runzeligen Anwachsstreifen
und dazwischen liegenden feinen concentrischen Linien,
vornen kreisförmig abgerundet, hinten schief abgestutzt.
Wirbel breit im ersten Drittel. Vom Wirbel aus geht eine
mehr oder weniger scharfe, etwas bogenförmige Kante nach
dem abgestutzten, etwas eingebuchteten Hinterrande, so dass
die Schale ein unregelmässiges Dreieck bildet. Länge der
Schale zur Höhe $= 3 : 2$. Sie erreicht eine Länge von $0^m,036$.

Sie findet sich im südwestlichen Deutschland mit Anoplophora lettica, mit Myophoria transversa und Estheria
minuta, in Thüringen mit Myacites longus v. Schauroth,

v. Schauroth Lettenkf. T. VI. f. 15,

welcher der Arca impressa Muenst. etwas ähnlich sieht,
vielleicht nur eine Spielart der Luc. Romani ist.

h Rottenmünster, Schacht und Kanal am Stallberge,
Kochendorf, Gaildorf, Böttingen, Balbronn am Niederrhein
— 8, *iⁿᵃ* Sulz, Altstadt-Rottweil — 2, *iᵇᵇ* Hausen bei
Rottweil, Sulz, Höhe über Rottweil gegen Neukirch, bei
den Bohrlöchern an der Prim — 10 Exempl.

Lucina Schmidii Geinitz sp.

Tab. IV. fig. 1.

a. linke Klappe,
b. von vorn.

Arca? Schmidii Br. Geinitz.
Cucullaea ventricosa Dunker.
Venus ventricosa Dunker.
Lucina Credneri Giebel.
Pholadomya Schmidii v. Seebach.
v. Schloth. Nachtr. II. T. 33. f. 5.
Geinitz N. Jahrb. f. Min. 1851. 577. T. X. f. 9.
Dunker Paläontogr. I. T. 35. f. 8.
Giebel Lieskau T. VI. f. 8ᵃ⁻ᶜ.
v. Seebach Weim. Tr. p. 635.

Gleichklappig, quer eiförmig und etwas länger als hoch,
stark gewölbt, mit etwas nach vorn und auf den Schlossrand eingekrümmten, ziemlich mittelständigen Wirbeln und
einer vordern feinen Kante. Mit starker Nymphe für das
äussere Band und ohne Spur von Zähnen am Schlossrande.
Mit ziemlich regelmässig von einander entfernt stehenden
Wachsthumslinien. Länge bis 0ᵐ,03, Höhe 0ᵐ,024, doch
in Länge und Höhe ziemlich veränderlich. Gleicht mehr
einer Lucina als einer Pholadomya.

e Schächte von Friedrichshall — 4, *f* Zimmern o. R.,
Schacht am Stallberge — 7, *iᵇᵇ* Gölsdorf, Sulz 2, *k* Cannstatt 1? Exempl.

Lucina donacina v. Schloth. sp.

Tab. IV. fig. 3.

a. linke Klappe,
b. area,
c. von oben.

Venus donacina v. Schloth.

Cyprina? donacina d'Orbigny.

Goldfuss petr. germ. II. 242. T. 150. f. 3.

Passt mehr zu Lucina als zu Venus, um so mehr, wenn das genus der erstern in der Trias constatirt ist.

Unsere Figur ergänzt die Goldfuss'sche.

Queroval, bauchig, mit unregelmässigen flachen Runzeln. Wirbel spitz, etwas vor der Mitte, nach vorn gerichtet. Schlossrand etwas gebogen. Vom schief stehenden Wirbel geht eine Rinne nach hinten, wo die Schale eine Kante bildet, steil abfällt und sich auf der Area mit scharfem Grath mit dem Schlossrande vereint. Nach vorn ist die Schale scharf zugestutzt. Schloss unbekannt. Länge 0^m,041, Höhe 0^m,034.

c Schächte bei Friedrichshall 3 Exempl.

Lucina exigua Berger sp.

Myophoria exigua Berger.

N. Jahrb. f. Min. 1860. 190. T. II. f. 8—10.

Eine Menge kleiner 0^m,005 langer, 0^m,004 breiter, ovaler Schalen, wenig convex, glatt, mit spitzem mittelständigen oder etwas nach vorn liegenden Wirbel scheinen ebenfalls zu Lucina zu gehören. Sie finden sich in grosser Menge, ausser dem Schaumkalke *c* im Thüringerwalde, in *e* bei Oberiflingen, etwas ähnliches in *k* im Bohrloche Nro. 4 bei Cannstatt.

18. Storthodon Giebel.

Storthodon Liscaviensis Giebel.

Giebel Liesk. 50. T. IV. f. 13.

Schloss nach Giebel aus zwei hohen Zähnen gebildet, einem hohen vierseitig pyramidalen unmittelbar unter dem Wirbel, und einem zweiten an der Basis horizontal nach innen vorspringend. Band äusserlich. Schale dreiseitig, glatt, höher als lang, die hintere Fläche durch eine hinter dem Wirbel liegende Kante flügelförmig verlängert. Die

breiten Wirbel nach vorn eingekrümmt. An den zwei in
den Schächten von Friedrichshall in e gefundenen Exemplaren sind die Flügel abgebrochen.

19. Tellina Lam.

Tellina edentula Giebel.

Giebel Liesk. T. IV. f. 47ª. ʰ

Schale elliptisch, flach, glatt, Wirbel mittelständig,
spitz. Dieser ähnliche in e bei Villingen und Friedrichshall
— 2 Exempl.

20. Tancredia.

Tancredia triasina v. Schaur.

v. Schauroth Lettenkf. T. VII. f. 1.

Quenstedt Jura 30. T. I. f. 29—31.

Glatt, ziemlich flach, Wirbel in der Mitte, dreiseitig,
nach dem hintern Rande läuft schief abwärts eine deutliche
Kante. Höhe zur Länge = 4 : 7. Länge $0^m,01$.

In f bei Zimmern ist eine ähnliche Muschel, die jedoch
runzlige Anwachsstreifen zeigt. Hierher gehört eine Muschel
des Naturaliencabinets in Stuttgart von p vom Grüneberg
bei Nürtingen — $0^m,019$ lang.

21. Panopaea Menard.

Panopaea agnota n. sp.

Tab. IV. fig. 6.

a. linke Schale,

b. von oben.

„Die Muskeleindrücke, der gespaltene Manteleindruck,
selbst die groben Fältchen eines frühern Manteleindrucks
stimmen mit lebenden und tertiären, z. B. dem Kern
von Pan. Menardi, dass diess unbezweifelt eine ächte
Panopaea ist.“ (Frid. Sandberger in lit.)

Queroval, bauchig, vorn abgerundet, hinten schief

abgeschnitten und hier stark klaffend, mit breiten übergreifenden, über den Schlossrand erhabeneu Wirbeln im vordern
Drittheile. Länge 0^m,08, Höhe 0^m,035, Dicke 0^m,028. Schale
mit runzeligen Anwachsstreifen und Spuren radialer Linien.
Der untere Rand läuft mit dem horizontalen Schlossrande
fast parallel.

e Schacht in Friedrichshall 1, ƒ Zimmern o. R. 1 Exempl.

Da Panopaea agnota unbezweifelt zu Panopaea gehört,
diess Geschlecht daher in der Trias nachgewiesen ist, so
wird es gerechtfertigt erscheinen, diesem alle mehr oder
minder klaffenden Myaciten beizuzählen, als:

Panopaea gracilis n. sp.

Tab. IV. fig. 7.

a. linke Schale,

b. von oben.

Zeichnet sich durch Zierlichkeit, die ovale, fast dreiseitige Form, die stumpfen, vorn im ersten Drittel der
Länge liegenden Wirbel, den Mangel an Zuwachsstreifen,
daher gegen die andern Myaceen durch ihre Glätte aus.
Sie klafft, wenn auch nicht stark, Manteleindruck schwach
angedeutet. Schale nach hinten abgestutzt. Eine schwache
Falte, von Befestigung des Mantels herrührend, umgibt den
untern Rand des Steinkerns. Vom Wirbel aus strahlen an
gut erhaltenen Exemplaren verwischte, z. Th. wellige, dicht
gedrängte Linien über die ganze Schale aus.

Sie bildet viele Varietäten, die bald kürzer, bald länger, bald höher, bald niederer sind. Sie bleibt immer klein;
das abgebildete ist das grösste Exemplar, das ich kenne.

In e Schacht 1 in Friedrichshall — 1, sehr verbreitet
in ƒ bei Zimmern o. R., Rottenmünster, Bühlingen, Schacht
am Stallberge — 32 Exempl.

Panopaea ventricosa v. Schloth. sp.

Tab. III. fig. 7.

Myacites ventricosus v. Schloth.

Pleuromya ventricosa Agass.

Gresslya ventricosa Agass.?

Panopaea ventricosa d'Orbigny.

v. Schloth. Nachtr. T. 33. f. 2.

Goldf. petr. germ. II. 260. T. 153. f. 11ᵃˑᵇ·

Schale verlängert eiförmig, Wirbel im ersten Drittel nach vorn. Höhe zur Länge = 3 : 4. Der untere Rand dem Schlossraude fast parallel, concentrisch gestreift mit einzelnen Runzeln, von denen eine mitten auf der Schale sich besonders hoch erhebt und einen Muskel anzudeuten scheint. Klaffend mit aufgeblähtem, bauchigen Ansehen. Schloss unbekannt.

Kommt nur in c vor. Schächte von Friedrichshall — 6 Exempl.

Panopaea Albertii Voltz sp.

Tab. V. fig. 1.

a. linke Schale,

b. von oben zusammengedrückt.

Myacites Albertii Voltz.

Pleuromya Albertii Agass.

Lyonsia Albertii d'Orbigny.

Goldf. petr. germ. 261. T. 154. f. 3.

d'Orbigny Prodr. 173.

Sie klafft, dagegen vom Munteleindruck wenig wahrzunehmen. Die grössten Exemplare bis 0ᵐ,058 lang, 0ᵐ,035 hoch, die kleinsten bis 0ᵐ,032 lang.

Sie hat breite, fast in der Mitte liegende Wirbel. Am vordern Rande 10—15 concentrische Runzeln, welche sich nahe an diesem ausgleichen und verschwinden, so dass die Schale hier glatt, nur hie und da etwas runzlig ist. Die Runzeln sind bei den kleinsten Exemplaren ebenso ausgezeichnet ausgeprägt, als bei den grössten. Sie ist wenig gewölbt, am hintern Rande etwas abgestutzt.

Von Anoplophora impressa unterscheidet sie sich durch die Stellung der Wirbel, durch die weniger bauchige Gestalt, durch den Mangel der für A. impressa charakteristischen, vom Wirbel ausgehenden Rinne und durch ihre Runzeln, die jener gänzlich fehlen.

Ist sie vom Wirbel aus gedrückt, wie diess auch bei andern zweischaligen Muscheln häufig der Fall ist, und wahrscheinlich dadurch entstund, dass das Thier mit aufrechtstehender Schale in den Meeresschlamm eingehüllt und durch dessen Gewicht gedrückt wurde, so entsteht zuweilen auch bei kleinen Exemplaren und je nach dem Grade des darauf drückenden Schlammes mit vielen Modificationen.

Arca inaequivalvis Goldfuss.
Arcomya Agass.
Panopaea triasina Desh.
Panopaea subaequivalvis d'Orbigny.
Arca triasina d'Orbigny.
de la Beche, bearb. von v. Dechen p. 455.
v. Ziethen T. 70. f. 3 (nicht gut gezeichnet).
Agass. Myes 176. T. 9. f. 1.
Deshayes Conchyl. 132. T. 7. f. 1—5.
d'Orbigny Prodr. 173 und 175.
Aus c von Horgen, Diedesheim, Schwaderloch bei Albbruck — 16 Exempl.

Panopaea Althausii n. sp.
Tab. V. fig. 3.
a. linke Schale,
b. von oben.

Schale bauchig, sehr in die Länge gezogen, hinten stark klaffend. Schloss und Bauchrand parallel. Die ziemlich spitz zulaufenden, etwas nach hinten gekehrten Wirbel im ersten Viertel der Länge. Nach vorn und hinten fällt die Schale sanft ab. Mit flachen, runzeligen Anwachsstreifen und deutlichem Muskeleindrucke im hintern Theile der Schale. Unterscheidet sich von Anoplophora musculoides (var. elongata) durch verhältnissmässig viel grössere Länge, geringere Höhe, dem mit dem Schlossrande parallelen Schalenrand, das Klaffen der Schalen und den Muskeleindruck.

b Forbach, c Horgen 1 Exempl.

151

22. Anatina Lam.

Ob die Nachstehenden diesem Genus angehören, ist zweifelhaft, da das Schloss unbekannt.

Anatina praecursor v. Quenstedt sp.
Cercomya praecursor Quenstedt.
Anatina praecursor Oppel und Süss.
Quenstedt Jura T. 1. f. 15.
Oppel und Süss T. 1. f. 5ª·ᵇ·

„Schale flach, quer nach hinten verlängert und dort schmäler werdend. Vornen breiter und mehr abgerundet. Gegen vornen eine schwache Einsenkung; gegen hinten bemerkt man nur schwache Zuwachsstreifen, während vor der Einsenkung eine regelmässige, concentrisch wellenähnliche Streifung die ganze vordere Seite bedeckt." (Oppel.)
p Nürtingen 1 Exempl.

Anatina Suessii Oppel.
Oppel p. 8. fig. 1.

„Die Schale gewölbter, der Hauptkörper grösser, die hintere Verlängerung kürzer, als bei voriger Art. Vom Wirbel gegen den Unterrand eingebuchtet. Vom Wirbel aus schräg rückwärts gegen unten eine abgerundete Kante. Hinter dieser biegen sich die concentrischen Falten und wenden sich plötzlich gegen oben. Der hintere Rand der Muschel klafft stark:" (Oppel.)
p Nürtingen 1 Exempl.

Brachiopoda Cuv.

I. Terebratulidae.

Terebratula Llhwyd.

Subgenus Waldheimia King.

Waldheimia vulgaris v. Schloth. sp.
Terebratula communis Bosk.
Terebratula vulgaris v. Schlotheim.

Terebratula radiata v. Schloth.?

v. Schloth. Nachtr. T. 37. f. 5—9.

v. Zietbcn T. 39. f. 1.

Gr. v. Münster St. Cassian 61. T. VI. f. 12 u. 13.

Catullo Alp. Ven. T. 2. f. 1.

Bronn Leth. 3. III. 53. T. 9. f. 5 u. 6.

Giebel Liesk. T. VI. f. 10, 11.

v. Schauroth Krit. Verz. 15. T. 1. f. 9—13. T. 2. f. 11.

v. Seebach Weim. Tr. 561. T. XIV. f. 1ᵃ⁻ᶜ·

Dass dieser Brachiopode zu Waldheimia gehöre, ergibt sich aus dem innern Bau, der sich wesentlich von dem der Terebratula unterscheidet und an vielen Exemplaren wahrnehmen lässt.

Tab. V. fig. 4.

Die Dorsalklappe *a.* zeigt den für Waldheimia charakteristischen Bau der Schleife;

b. die Crura oder Schenkel der Schleife;

c. die Bauchklappen-Oeffnung, Deltoideum und die Schlosszähne;

d. die Schlossgrube sammt dem Septum charakteristisch für Waldheimia.

Alle diese sind aus dem obern Muschelkalk *e.*

Weitere Beiträge zur Erkenntniss des innern Baus dieser Waldheimia geben die oben citirten Fig. 1ᵃ ᵘ·ᵇ von v. Seebach.

Die Struktur der Schale, welche bekanntlich aus offenen Röhrchen besteht, die auf der Oberfläche als Punktirung erscheinen, ist sehr selten unverletzt erhalten und dann so fein, dass eine sehr bedeutende Vergrösserung dazu gehört, um sich zu orientiren.

Das Aeussere dieser Waldheimia ist sehr veränderlich und gibt Veranlassung zu einer Menge Varietäten. Die von v. Schlotheim T. XXXVII. f. 6, 7 und 9, die v. Ziethen 52. T. 39. f. 1. und die v. Schauroth Krit. Verz. T. 1. f. 9ᵃ⁻ᵇ· abgebildete zeigt die Hauptform, von der alle übrigen ausgehen. Diese ist rund oder etwas eiförmig, glatt, die grosse Klappe aufgetrieben, die kleine meist kreisrund mit einer wahrscheinlich vom Septum herrührenden, vom Schlossrande ausgehenden vertieften Einsenkung.

Terebratula macrocephala Catullo,

Catullo Alp. Ven. T. 1. f. 5.

scheint ein sehr grosses Exemplar dieser Varietät zu sein.

v. Schauroth in seinem Krit. Verz. leitet nach dem allgemeinen Umriss der Horizontalprojection und nach der Form des Rückens der grossen Klappe nachstehende Varietäten ab:

Wird der gebogene Stirnrand und das breite Deltoideum verkürzt, wodurch die kleine Klappe querelliptisch wird, so entsteht

Terebratula subdilatata v. Schaur.

v. Schaur. Krit. Verz. T. 1. f. 10 a. b.

Wird sie länglich eiförmig, wenig zusammengedrückt, glatt, so heisst sie

Terebratula amygdala Catullo.

Catullo Alp. Ven. 49. T. 4. f. 2.

v. Schaur. Krit. Verz. 18. T. 1. f. 11.,

wird die Form fünfseitig

v. Schloth. Nachtr. 113. T. 37. f. 5.

· v. Schaur. Krit. Verz. 18. T. 1. f. 12.

Terebratula quinquangulata v. Schauroth.

Es ist diess die Ter. cassidea Catullo;

Catullo Alp. Ven. 40. T. 4. f. 3.

Wird diese länger, wodurch sie einen länglich fünfseitigen Umriss erhält, so nennt sie v. Schauroth

Terebratula amygdaloides.

Krit. Verz. 20. T. I. f. 13.

Ist das Schnabelende der obbesagten Hauptform mehr in die Länge gezogen, der Rücken schmäler, bleibt die Randlinie am vordern Ende in der Horizontale, so entsteht die

Terebratula parabolica v. Schaur.

v. Schaur. Krit. Verz. T. 1. f. 14,

welche den Schnabel der Terebr. angusta hat.

Terebratula rhomboides v. Schauroth.

v. Schloth. Petrefk. III. T. 37. f. 8.

v. Schaur. Krit. Verz. T. II. f. 1ᵃ⁻ᵈ

hat mit Terebr. angusta den hohen Rücken und etwas rhom-bischen Umriss gemein, die kleine Klappe ist aber nicht median eingesenkt, sondern gleich der grossen Klappe mit einer medianen Firste versehen. Am nächsten steht ihr nach v. Schauroth

Terebratula Liscaviensis Giebel.

Giebel Liesk. 56. T. 3. f. 3.,

deren Rückenklappe höher gewölbt ist, mit einem grössern Schnabel und winklicher Stirn, als die Hauptform der Wald-heimia vulgaris. Sie unterscheidet sich von der Ter. rhom-boides durch den gestreckten, mehr rhombischen Umriss und durch die bedeutende Auftreibung der kleinen Klappe.

Terebratula subsinuata v. Schaur.

v. Schaur. Krit. Verz. 25. T. II. f. 3.

ist aufgetrieben, ziemlich eiförmig und zeigt auf beiden Klappen von der Schnabelseite ab, median eine Depression, wodurch die grosse Klappe einen breiten Rücken bekommt.

Alle diese Varietäten, welche mehr oder minder seltene Abänderungen der Hauptform sind, gehen durch so viele Uebergänge in diese über, dass sie durchaus nicht als eigene Arten zu halten sind. Sie finden sich mehr oder weniger ausgeprägt in Schwaben wie bei Recoaro, nur die T. amyg-daloides und T. subdilatata sind mir noch nicht vorgekommen.

Die dunkelrothe Farbenzeichnung an einigen dieser Schalthiere, welche viele Aehnlichkeit mit der an der noch lebenden Waldheimia picta Chemn. hat, deutet ebenfalls auf die richtige Einreihung unter Waldheimia, obschon sie keinen bestimmten Artcharakter bildet. Im N. Jahrb. f. Min. 1845. 672. T. 5. f. 1—5. habe ich die gemalten schwä-bischen Muschelkalk-Terebrateln abbilden lassen, die ich hier theilweise mit einem neuen Exemplare ergänzt wieder-gebe. Die Hauptform im Kalkstein von Friedrichshall ergibt sich aus

Tab. VI. fig. 1. a, b, c.

Eine wesentlich verschiedene Streifung hat die im Wellenkalk vorkommende

Tab. VI. fig. 1. d.,

welche mit keiner der von v. Schauroth gegebenen Formen übereinstimmt. Sie nähert sich der

Terebratula substriata v. Schloth.

Ter. striatula v. Ziethen??

v. Ziethen T. 44. f. 2.

aus e von Tarnowitz durch die feinen, vom Wirbel ausstrahlenden, mehr oder weniger eingeschnittenen Linien.

Tab. VI. fig. 1. e, f.

zeigen eine merkwürdige Einschnürung der Dorsalschale und gehören, obwohl verschieden gefärbt, doch nur einer Varietät an, die sich an Waldheimia Liscaviensis anschliessen wird.

Bei dem Umstande, dass die oben bezeichneten Varietäten im Aeussern vielfach in einander übergehen, ist anzunehmen, obschon der innere Bau und die Färbung nur von wenigen bekannt sind, dass alle bis auf weitere Untersuchungen zu dem Genus Waldheimia gestellt werden müssen.

Die Waldheimia vulgaris in b bei Forbach — 4, in c Niedereschach, Mariazell, Horgen u. a. O. 27, e Fluorn, Villingen, Flötzlingen, Bühlingen, Wollmershausen, Schächte von Friedrichshall, Luneville u. a. O. — 100, f Schacht am Stallberge, Schwenningen, Zimmern o. R., Rottenmünster — 24 Exempl.

Waldheimia? angusta v. Schloth. sp.

Terebratula angusta v. Schloth.

Waldheimia? angusta Süss.

v. Schloth. Petrefk. 285.

v. Buch Terebr. 114. T. 2. f. 33.

Dunker Paläontogr. I. 285. T. 34. f. 1—4.

v. Schauroth Krit. Verz. 22. T. 1. f. 15.

Obschon diese Uebergänge in die Terebr. parabolica

v. Schaur. zu machen scheint, so hat sie doch eine so eigenthümliche Form, dass sie sich beim ersten Anblick von
Waldheimia vulgaris unterscheidet. Sie ist glatt, schmal
länglicht-rund, Oberschale sehr gewölbt, mit auf beiden
Seiten plötzlich abfallenden Rücken. Unterschale glatt,
Schnabel dick, übergebogen. Länge 0^m,012, Breite 0^m,0085.
c Schächte von Friedrichshall 8 Exempl. [1]

II. Spiriferidae.

1. Spirifer Sowerby.

Spirifer? hirsutus n. sp.

Tab. VI. fig. 2.

Ein unvollständiges Exemplar. Jederseits der schmalen
Bucht etwa 8 radiale, mehr oder minder wellige, bis zum
Wirbel gehende Rippen, zwischen welchen einige kleinere,
nur bis zur Hälfte der Schale von unten hinaufreichen,
wodurch er ein struppiges Ansehen erhält. In der Bucht
selbst eine starke Rippe mit zwei ganz dünnen Neben-
rippen. Die Form dieses Brachiopoden hat den Habitus der
Kohlenkalk- und Zechsteingruppe — des Spirifer fasciger
Keyserling.
In c bei Niedereschach. [1]

---

[1] Die nachstehende wird von v. Schauroth als Varietät der Waldheimia vulgaris aufgeführt, ist aber von so verschiedener Form, dass
sie als eigene Art zu betrachten sein wird.
  Terebratula sulcifera v. Schaur.
      v. Schaur. Recoaro 504. T. 1. f. 6.
      v. Schaur. Krit. Verz. 24. T. II. f. 2.
  Aufgeblasene kuglige Gestalt mit schön gewölbtem Schnabel. Glatt,
durch eine tiefe, schmale Rinne ausgezeichnet, welche vom Schnabelloch
aus in gleicher Breite bis an den gegenüberliegenden Rand sich erstreckt.
Das abgebildete Exemplar hat 0^m,006 im Durchmesser.
  Aus der Gegend von Recoaro.
[2] **Spirifer medianus** v. Quenst.
      Terebratula cassidea Dalmann.

157

2. Spiriferina d'Orbigny.

Spiriferina fragilis v. Schloth. sp.

Terebratulites fragilis und T. parasiticus v. Schloth.
Delthyris flabelliformis Zenker.
Delthyris semicircularis Goldf.
Spirifer fragilis v. Buch.
Delthyris fragilis Gr. v. Münster.
Trigonotreta fragilis Bronn.
Spiriferina fragilis Süss.
Leonhard's Taschenb. 1814. T. 2. f. 4, 5.
De la Beche Handbuch der Geogn., übersetzt von
v. Dechen 1832. 454.
Zenker — N. Jahrb. für Mineral. 1834. 391. T. V.
f. 1—6.
Quenstedt Petrefk. T. 38. f. 31.

Halbkreisförmig, grösste Breite am Schlossrande. Jederseits der schmalen Wulst und Bucht 6 Falten; kleinere Exemplare zeigen wohl auch jederseits nur 3—4 Falten. Länge am Schlossrande von 1 Exemplar aus c — 0^m,03, Höhe 0^m,018. In e gewöhnliche Länge 0^m,015, Höhe 0^m,009. Hat Aehnlichkeit mit Spiriferina cristata aus dem Kohlenkalke von Visé und Spiriferina laeviguta aus dem Devonschen Kalke der Eifel.

Obere Schale punktirt.

c Marbach, Ezgen im Frickthale — 4, e Villingen,

Spirifer Mentzelii Dunker.
Gr. v. Munster's Beltr. IV. T. VI. f. 20ᵃ˙ᵇ.
Catullo Alpi Venet. T. IV. f. 4ᵃ⁻ᶜ
Dunker Paläontogr. I. T. 16. f. 4ᵇ.
Quenstedt Petrefk. T. 38. f. 33.

Glatt, obere Schale hoch gewölbt, mit stark übergebogenem Schnabel, untere Schale ziemlich glatt. Schliesst sich einerseits an den Spirifer rostratus des Lias, andrerseits an palaozoische Formen an. Kommt in Oberschlesien, bei Recoaro, in Ungarn am Plattensee, und bei St. Cassian vor.

Mühlbach bei Wimpfen, Schacht 1 in Friedrichshall, Höchberg bei Würzburg — 7 Exempl. [1]

8. Retzia King.

Retzia trigonella v. Schloth. sp.
Terebratulites trigonellus v. Schloth.
Terebratula aculeata Catullo.
„   bicostata Catullo.
„   trigonelloides v. Strombeck.
Spirigera trigonella d'Orbigny.
Retzia trigonella Süss.
v. Schlotheim Petrefk. 271. z. Th.
v. Buch Terebrateln 83. T. 1. f. 8.
Catullo Zool. 119. T. 1. f. B[b]. A[1].
Catullo Alpi Ven. T. 1. f. 6 u. 7.
· d'Orbigny Prodr. 177.
v. Schauroth Recoaro 505. T. 1. f. 7.

Mit 4 oft hoch und scharfkantigen Rippen. Unterscheidet sich von Terebratula trigonella des Jura durch verhältnissmässig grössere Breite und stumpfern Winkel am Schnabel. Wegen der punktirten Struktur der Schale von Süss zu Retzia gerechnet.

e Erkerode 1, Tarnowitz 2 Exempl. Ein grösseres Exemplar in der Sammlung des verewigten Herzogs Paul

[1] Spiriferina Mentzelii v. Buch sp.
· Terebratula Mentzelii v. Buch.
Spiriferina Mentzelii Süss.
N. Jahrb. f. Min. 1843. T. II. A. Fig. 1[a,b].
Paläontogr. I. 285. T. XXXIV. f. 20, 21, 22.
Bronn Leth. 3. III. 52. T. XII.[1] f. 8 (7).
Hat nach v. Buch einen Schlosskantenwinkel, der zuweilen einen rechten Winkel übersteigt. Ein deutlicher Sinus, $1/3$ der Breite, senkt sich in die Dorsalschale mit 4 scharfen Falten, 14 (nach Dunker 14 bis 24) bedecken die Schale; die meisten dichotomiren am Schnabel und Buckel. Die Schlosskanten sind doppelt so lang als die Randkanten.
e. Tarnowitz.

von Württemberg in Mergentheim aus *c* der dortigen Gegend. In der öffentlichen Sammlung in Stuttgart 1 Exempl. aus *e* von Tullau. [1]

IV. Discinidae.

Discina Lam.

Helcion Montfort, Orbicula Cuv.

Discina discoides v. Schloth. sp.
Patellites discoides v. Schloth.
Patella elegans Zenker?
Calyptraea discoides Goldf.
Orbicula discoides v. Quenst.
Orbicula discoidea Gr. v. Münster.
Patella subannulata Gr. v. Münster.
Helcion lineatus d'Orbigny.
v. Schlotheim Nachtr. T. XXXII. f. 3.
v. Alb. Tr. p. 54.
Quenstedt in Wiegmann's Arch. 1837. V. 142. T. III.
f. 7—11.

[1]

III. Rhynchonellidae.

Rhynchonella Fischer.

Rhynchonella decurtata Girard sp.
Terebratula decurtata Girard.
Rhynchonella decurtata Süss.
N. Jahrb. f. Min. 1843. 474. Tab. II. B. f. 4.
Dunker Paläontogr. I. 286. T. 34. f. 9—14.
v. Schauroth Krit. Verz. 25. T. II. f. 4ᵃ⁻ᵉ.

Die Dorsalschale hat 6 scharfe Falten, 3 auf jedem Flügel, 2 in dem schwach eingesenkten Sinus. Die Seitenfalten heben sich am Rande zu einer kleinen Spitze in die Höhe. Die Schale ist flach, so dass die Falten am Rande eben so hoch stehen als im Buckel. Die Ventralschale hat 9 Falten, 3 im Sinus und 3 auf jeder Seite, sie steigt vom Buckel bis zur Mitte gleichmässig, von da an schwächer bis zur Stirn (Girard).

In *e.* bei Mikulschütz in Oberschlesien und bei Recoaro.

Gr. v. Munster St. Cassian 69. T. VI. f. 22.
Goldf. petr. germ. III. 6. T. 167. f. 6ᵃ·ᵇ
Quenstedt Petrefk. T. 39. f. 38 u. 39.

Die hochgewölbten, fast kreisrunden, zierlich concentrisch gestreiften Schalen von dunkelbraunem glänzendem Schmelze; von mikroskopischer Kleinheit bis $0^m,011$. Der Scheitel der Oberschale liegt in $^2/_5$ der Länge. Unterschale flach, mit cinem vom Mittelpunkte ausgehenden, mässig aufgetriebenen Spalt. Oft auf Schalthieren aufsitzend; nicht selten familienweise.

c Ezgen im Frickthale, Niedereschach, Horgen — 4, e Schächte von Friedrichshall 18 Exempl.

Discina Silesiaca Dunker sp.
Orbicula silesiaca Dunker.
Paläontogr. I. T. 34. f. 15 u. 16.

Sie zeichnet sich durch ihre Grösse bis $0^m,024$, durch die mehr niedergedrückte Eiform, durch die blasse, in's Weisse gehende Farbe der Schale, die rauhe concentrische Streifung, und ganz besonders dadurch von D. discoides aus, dass der Wirbel mehr am Ende, viel excentrischer als bei dieser liegt, auch der Spalt mehr aufgetrieben ist.

c Horgen, Niedereschach, Cappel bei Villingen — 7, e Bühlingen, Schacht am Stallberge, Rottweil, Schächte von Friedrichshall — 10, f Zimmern o. R. — 4 Exempl.

V. Lingulidae.

Lingula Brug.

Lingula tenuissima Broun.
Tab. VI. fig. 3.
Lingula calcaria Zenker?
Lingula angusta Gr. v. Münster.
v. Alb. Tr. p. 57.
Zenker N. Jahrb. f. Min. 1834. 394. Tab. V. F. C.
N. Jahrb. f. Min. 1835. 332.

Bronn Leth. 2. III. 51. T. XIII. f. 6^{b.}
Quenstedt Petrefk. T. 39. f. 37.

Verlängert oval, flach, gleichseitig, hoch $0^m,015$, breit
$0^m,0085$. Vornen abgerundet, hinten spitzig. Hat einen vom
hintern Theil ausgehenden bald höhern, bald flachern Wulst.
Schale dunkel kastanienbraun bis bräunlich schwarz, in *f* oft
von mehr lichter Farbe. Von dem spitzen Wirbel aus zierlich
concentrisch gestreift, hie und da mit einzelnen blassern
Streifen. Wechselt sehr in Länge und Breite. Kommt ver-
einzelt im Kalksteine, mehr gesellig im schiefrigen Thone vor.
Sie bewohnte das tiefe Meer, denn sie findet sich nur mit
Meeresthieren.

c Horgen, Mariazell, Niedereschach — 5, *e* Bühlingen,
Schächte von Friedrichshall — 12, *f* Schacht am Stallberge,
Bühlingen, Rottenmünster — 9 Exempl.

Lingula Zenkeri v. Alb.

Tab. VI. fig. 4.

Lingula Keuperea Zenker??
N. Jahrb. f. Min. 1834. 394. T. V. f. B.

Mehr oder weniger vierseitig, hoch $0^m,011$, breit $0^m,006$.
Wulst viel flacher, aber breiter als bei voriger Art. Schale
vornen breit, fast gerade abgeschnitten, daher eckig. Hinteres Ende weniger spitzig, als bei voriger Art. An der
Spitze ein bis 3 Millim. im Durchmesser haltendes kreis-
rundes Schildchen. Hat viel dünnere Schale als L. tenuissima. Sie ist licht bräunlichgrau, das Schildchen dunkler
und glänzender; sie ist nicht concentrisch gestreift, wie die
vorige, dagegen richten sich einzelne Runzeln, welche dem
obern abgeschnittenen Ende parallel laufen, an den Rändern nach hinten auf.

In Verbindung mit der Lettenkohle in *h* tritt mit
Estheria minuta und Pflanzen eine Menge Brut dieser Lingula auf.

h Böhriugen, Bühlingen, Canal und Schacht am Stallberge — 11 Stücke, z. Th. mit vielen Exemplaren. *i*^{bb} Gölsdorf 2 Exempl.

Gasteropoda.

I. Cirrobranchia Wiegm.

Dentalium Linn.

Dentalium laeve v. Schloth.

Dentalium rugosum Dunker.
v. Schlotheim Nachtr. T. XXXII. f. 2.
Goldfuss petr. germ. III. 2. T. 166. f. 4ᵃ⁻ᶜ.
Dunker Progr. p. 18.
Quenstedt Petrefk. T. 35. f. 20.

Glatte, drehrunde, mehr oder weniger gekrümmte, schlanke, vorn spitz zulaufende Wurmröhren von 0ᵐ,02 Länge.

c Röthenberg, Horgen — 3, e Villingen, Schacht am Stallberge, Höchberg bei Würzburg — 5 Exempl. [1]

II. Capuloidea Cuv.

Capulus Montfort.

Capulus mitratus v. Schloth. sp.

Patellites mitratus v. Schloth.
Capulus mitratus Goldf.
v. Schlotheim's Nachtr. 114. T. 32. f. 4.
v. Alberti Tr. p. 93.
(Nicht synonym mit Orbicula discoides — Vergl. N. Jahrb. f. Min. 1838. p. 113.)

---

[1] Dentalium torquatum v. Schlotheim.
v. Schlotheim's Nachtr. T. XXXII. f. 1.

Geinitz (Beitr. p. 27) und Quenstedt (Petrefaktenkunde p. 444) sind der Ansicht, dass Dentalium torquatum — Dentalium laeve mit der Schale sei. v. Strombeck (Zeitschr. d. deutsch. geol. Ges. I. 1849. p. 128) bezweifelt dies mit Recht, da die äussern Abdrücke in den dolomitischen Kalken die Runzeln zeigen müssten. Soll grösser als Dentalium laeve sein und ringförmige Runzeln haben.

In c? Wurde bis jetzt in Süddeutschland nicht gefunden.

Ausgezeichnet durch die lang gezogene mützenförmige Gestalt und die runzlige anastomosirende Querstreifung. Zusammengedrückte Exemplare wurden für die Deckelklappe eines Balanus gehalten. v. Alb. Tr. p. 96.

c Diedesheim 1, e Villingen, Tullau, Schacht 1 in Friedrichshall — 5 Exempl.

Capulus Hartlebeni Dunker. .

Paläontogr. I. 333. T. 42. f. 1, 2..

Eine in die Höhe gewundene Spirale mit mächtiger Basis und nach der Seite gestellter dünner Spitze. Grösster Durchmesser 0^m,045.

In einem etwas zerdrückten Exemplare aus c bei Horgen.

III. Trochidea Cuv.

Die nachfolgenden Gasteropoden der Trias in Geschlechter und Arten zu bringen, ist eine noch schwierigere Aufgabe, als diess bei den Pelecypoden der Fall ist, da die sehr zerbrechlichen Embryonalwindungen und die Mündung auf allen von mir gesammelten Exemplaren nicht deutlich erhalten sind. Man hat die langgezogenen theilweise zu Turritella, Melania, Rostellaria, Eulima, Chemnitzia, Litorina, Loxonema reihen wollen, stets blieb die Ungewissheit, ob die Bestimmung richtig sei. Bronn hat die Indifferentesten zu Turbonilla Risso gestellt, wohin für jetzt auch die gerippten, langgezogenen Schnecken zu rechnen sein werden. Giebel, der bei Lieskau bessere Exemplare fand, hat sie als Chemnitzia, Litorina und Turbonilla aufgeführt. v. Schauroth hat alle, ausser Pleurotomaria und Delphinula, unter Rissoa Frém. vereinigt, und dieses Geschlecht nach der Gestalt der Windungen in eine Anzahl Arten und Varietäten getheilt. Hierher rechnet er auch Natica.

Wie zu Chemnitzia, Turbonilla oder Rissoa, lebenden und tertiären Typen, können die thurmähnlichen Trochideen der Trias, wenigstens theilweise, zu Holopella Mac Coy des paläozoischen Systems gehören, sie schen sich nicht

selten, abgesehen von den wenig bekannten Mündungen,
zum Verwechseln ähnlich.

1. Pleurotomaria Defr.

Die in der Trias vorkommenden Pleurotomarien sind
von sehr verschiedener Länge der Spira. Die Steinkerne
vom Wellenkalk in Schwaben sind die, welche Wissmann
— Pleurotomaria Albertiana genannt hat; andere aus der
Gruppe i^bb haben eine viel längere Spira, dagegen eine
verhältnissmässig kleinere Basis, während die Pleurotomaria
von Elm bei Königslutter eine niederere Spira hat, und noch
niederere Formen vorkommen.

Diess und die Verzierung der Kanten hat Giebel veranlasst, mehrere Arten aufzustellen.

Pleurotomaria Albertiana Wissmann.
  Trochus Albertinus Goldf.
  Trochus Hausmanni Goldf.
  Turbo Albertinus d'Orbigny.
    „   Goldfussii d'Orbigny.
  v. Ziethen T. 68. f. 12.
  Goldfuss petr. germ. III. 52. T. 178. f. 12.
  Quenstedt Petrefk. T. 34. f. 39.
  d'Orbigny Prodr. p. 172.
  Giebel Liesk. T. V. f. 6 a, b.

Hoch, kreiselförmig, stark gekantet, die Kanten mit
Knötchen besetzt; längs gestreift. Höhe 0^m,022, Basis
0^m,015. Steinkerne glatt, weniger gekantet.

c Horgen u. a. O. — 6, e Bühlingen 1, f Zollhaus bei
Dürrheim, Schwenningen — 2, i^bb Gölsdorf — 2 Exempl.

Pleurotomaria Hausmanni Goldf. sp.
  Turbo Hausmanni Goldf.
  Pleurotomaria Hausmanni Giebel.
  Goldfuss petr. germ. III. 96. CXCIII. f. 4 a, b.
  Giebel Liesk. T. VII. f. 6.
  v. Schauroth Krit. Verz. 50. T. III. f. 1.

Kleiner und niederer, als die vorige Art. Höhe dem Durchmesser gleich, die Nahtkanten stärker, als bei voriger, nur sie sind mit Knötchen besetzt. Ohne Längsstreifung.
e Villingen 1 Exempl.

Pleurotomaria Leysseri Giebel.
Turbo funiculatus Klöden.
Klöden M. Brandenb. p. 158. T. II. f. 6.
Giebel Lieskau 59. T. V. f. 10.

In der Mitte zwischen beiden vorhergehenden stehend. Höhe $0^m,013$, Basis $0^m,01$. Zierliche Körnung der Seitenkante und Längsstreifung, welche sie mit Pl. Albertiana gemein hat, unterscheiden sie von der vorigen; von ersterer ist sie durch den Gehäusewinkel, die kürzere Form verschieden.

c Elm bei Königslutter — 10, *e* Bühlingen — 1, *f* Zimmern, Rottenmünster, Rottweil 8 Exempl.

Ich gestebe, dass ich stets in Verlegenheit bin, zu welcher der besagten Formen ich das Gefundene einreiben soll, ich glaube daher mit v. Strombeck, Dunker und v. Schauroth annehmen zu sollen, dass alle diese drei Pleurotomarien Einer Art angehören.

In den Kreidemergeln *k* von Caunstatt fanden sich auch einige Pleurotomarien, welche sich diesen anschliessen, und alpinischen Formen, z. B. der Pleurotomaria Beaumonti v. Klipstein — v. Klipst. St. Cassian 163. T. X. f. 18ᵃ⁻ᶜ. ähnlich sind.

Pleurotomaria sulcata n. sp.
Tab. VI. fig. 5. a, b.
Der Pleurotomaria venusta Gr. v. Münster.
Gr. v. Münst. St. Cass. 113. T. XII. f. 13.
ähnlich, und noch mehr der paläozoischen
Pleurotomaria subchlathrata Sandberger.
Sandberger Nassau 198. T. 24. f. 10ᵃ⁻ᶜ.
Spindelförmig, Umgang bauchig, mit 4 scharf abgesetzten Windungen und etwa 12 scharfen, über die Schale erhabenen, tief eingeschnittenen Spiralstreifen. Mit einem am

äussern Mundsaum wahrnehmbaren Spalt und sehr markirter Spindelsäule. Mündung ziemlich vierseitig. Sie kommt von $0^m,02$ Höhe bei $0^m,015$ grösstem Durchmesser bis zu $0^m,005$ Höhe vor. Verkieselt.

k Cannstatt 3 Exempl.

Pleurotomaria extracta Berger sp.

Natica extracta Berger.

Berger Schaumkalk 205. T. II. f. 17.

T. VI. fig. 6.

Erinnert ebenfalls an Pleurotomaria venusta Gr. v. Münster — St. Cassian 113. T. XII. f. 4. Kegelförmig, mit 4 Windungen, diese unten gewölbt, oben ganz flach, Mündung ziemlich gross. Diese Schnecke ist meist verkiest. Die 4 scharf abgesetzten Spiralstreifen sind zuweilen wie auseinandergezogen und monströs. Selten sind sie so klein als P. venusta, meist grösser, bis zum $2^1/_2$fachen; bis $0^m,014$ Länge. Es ist diess eine in *c* bei Horgen, Niedereschach, Mörtelstein bei Neckarelz u. a. O. häufig vorkommende Versteinerung — 15 Exempl.

2. Delphinula Lam.

Delphinula infrastriata v. Strombeck.

v. Strombeck Zeitschr. d. deutsch. geol. Ges. II. 1850. 92. T. V. f. 3—8.

Damit, obschon viel kleiner, scheinen synonym:

Schizostoma dentata Gr. v. Münster.

Delphinula biarmata v. Klipstein.

Trochus biarmatus d'Orbigny.

Gr. v. Münster St. Cass. 106. T. XI. f. 8 u. 9.

v. Klipstein St. Cassian 203. T. XIV. f. 16[a, b]

d'Orbigny Prodr. p. 190.

von St. Cassian.

v. Strombeck, der diess Schalthier im Schaumkalke von Braunschweig fand, sagt, dass dessen untere Kante mit 12 bis 16 plattgedrückten dornartigen, nach vorn sich neigenden

Erhöhungen besetzt sei, eine kurze Spira, weiten Nabel,
ovalgedrückte ganze Mündnng habe. Das Aeussere der Ge-
häusemündung ist mit 2 abgerundeten Kanten versehen,
von denen die eine etwas über, die andere etwas unter dem
Kiele mit Dornen liegt. Oben sind die Windungen mit
schwachen radialen Falten, im Nabel mit scharfen, sehr gedrängt liegenden Anwachsstreifen verziert.

In *f* bei Zimmern und dem Schacht am Stallberge fanden sich Bruchstücke, welche hierher gehören werden, es
sind Abdrücke der obern Windungen, welche sich durch
sehr markirte Anwachsstreifen auszeichnen. [1]

4. Natica Lam.

Natica Gaillardoti Lefroy.
 Ann. des sc. nat. V. 8. 292. T. 34. f. 10, 11.
 Voltz grés bigarr. p. 3.
 v. Ziethen T. 32. f. 7.
 Goldfuss petr. germ. III. T. 199. f. 7.
 Quenstedt Petrefk. T. 33. f. 21.
 Giebel Liesk. T. V. f. 8, 13.
 v. Schauroth Krit. Verz. 57. T. III. f. 2ᵃ·ʰ·?

Mit deutlichen Anwachsstreifen, niederer Spira. Höhe
zum Durchmesser = 3 : 4. Kommt charakteristisch nur im
bunten Sandsteine, gross, bis 0ᵐ,04 im Durchmesser vor.

b Fontenoy und Sulzbad — 8 Exempl. Etwas Aehnliches fand sich in c bei Mariazell, aber nur 0ᵐ,023 Durchmesser — 1 Exempl.

[1]   5. Trochus Linn.

Trochus clathratus Berger.
 Berger Schaumkalk 204. T. 2. f. 18, 19.
 Die bisher gefundenen Reste sind so wenig bezeichnend, dass es
sehr in Frage steht, ob sie zu Trochus gehören.
 Ebenso verhält es sich mit
 Trochus echinatus Klöden.
 Klöden M. Brandenburg 158. Tab. 11. f. 7.

Natica palla Goldfuss.

Nerites spiratus v. Schlotheim??

Turbo helicites Gr. v. Münster.

Natica cognata Giebel.

v. Schlotheim Petrefk. p. 110.

v. Alberti Tr. p. 53.

v. Ziethen T. 32. f. 8.

Giebel Liesk. 65. T. 7. f. 9.

Oval, dünn, mit schwachen Anwachsstreifen; immer klein, bis $0^m,013$. Höhe gleich dem Durchmesser, daher Mündung höher als breit. Saum etwas umgeschlagen. Unterscheidet sich von Natica Gaillardoti, abgesehen von der Kleinheit, durch ihre Höhe, kürzeres Gewinde und rinnenförmige Naht.

c Horgen u. a. O. — 7, e Rottweil, Bühlingen — 5, f Zimmern o. R., Bühlingen — 22, i⁰⁰ Gölsdorf 1 Exempl. In k bei Cannstatt fanden sich 14 Exempl. einer ähnlichen Natica. Verwandte Formen sind die v. Klipstein beschriebenen N. Mandelslohi, Catulli, Althusii von St. Cassian.

Natica (Euspira?) gregaria v. Schloth. sp.

Buccinites gregarius v. Schlotheim.

Helicites turbilinus v. Schloth.

Phasianella gregaria Menke.

Turbo incertus Catullo.

Turbo Menkei Gr. v. Münster.

Buccinum turbilinum Geinitz.

Trochus gregarius Geinitz.

Natica incerta Dunker.

Rissoa Strombeckii var. Dunkeri, v. Schaur.

Natica gregaria v. Schauroth.

v. Schlotheim Nachtr. II. T. 32. f. 5 u. 6.

Gaillardot Ann. des sc. nat. T. 8. Tab. 34. f. 10 a.

Catullo Zool. foss. T. 1. f. A. 4.

Goldfuss petr. germ. III. 93. T. 193. f. 3. u. f. 1?

Gr. v. Münster St. Cassian 99. T. X. f. 7.

Geinitz N. Jahrb. f. Min. 1842. 577. T. 10. f. 7, 8.

169

Dunker Paläontogr. I. 304. T. 35. f. 36.

Quenstedt Petrefk. T. 33. f. 20.

v. Schauroth Recoaro 519. T. 2. f. 9.

Giebel Liesk. 65. T. 5. f. 4.

v. Schauroth Lettenkf. T. VII. f. 5 u. 10.

v. Schauroth Krit. Verz. 58. T. III. f. 3.

Eiförmig, mit stufenartig ansteigendem Gewinde, etwa vier Umgängen und elliptischer Mündung. Bis 0m,008 Durchmesser bei gleicher Höhe.

b Sulzbad 2, c Horgen, Marlach 3, e Villingen, Bühlingen, Rottweil, Schächte von Friedrichshall — 150, f Rottenmünster, Böhlingen, Zollhaus bei Dürrheim, Zimmern — 6 Exempl. In k bei Cannstatt fanden sich 32 Exemplare einer Natica, die dieser ähnlich ist.

Die Natica gregaria varirt ausserordentlich in der Zahl der Umgänge und der Höhe, so dass es mir scheint, als ob der nachfolgende nur eine mehr ausgewachsene Natica gregaria sei:

Turbo gregarius Goldfuss.

Turbonilla gregaria Dunker.

Rissoa dubia, var. turbo v. Schauroth.

Goldfuss petr. germ. III. 93. T. 193. f. 2, 3.

Dunker Paläontogr. I. T. 35. f. 18, 27—29.

v. Schauroth Lettenkf. 135. T. VII. f. 6.

v. Schauroth Krit. Verz. 59. T. III. f. 4[a,b].

Kegelförmig, mit 4—6 Umgängen, spitzig, der letzte Umgang stark gewölbt; Gehäusewinkel 40—50°.

e Schächte von Friedrichshall — 3 Exempl.

Natica turris Giebel.

Giebel Liesk. 68. T. 5. f. 12,

die der N. gregaria sehr nahe kommt, hält v. Seebach — Weim. Tr. p. 642 — für eine eigene Art.

Natica neritaeformis n. sp.

Tab. VI. fig. 7.

a. von hinten,

b. von oben,

c. von der Seite.

Erinnert an

Pileopsis Jurensis Goldf.

Nerita Jurensis Römer.

Goldf. petr. germ. III. T. 168. f. 11 [a, b.]

Steinkern, glatt, mit aufgerichtetem Bauch, Scheitel nach der linken Seite hin aufgerollt; mit offenem Gewinde, Basis oval. Höhe $0^m,011$, Basis $0^m,005$. Da die Mündung nicht gezähnt ist, wird sie vorerst zu Natica zu stellen sein.

ƒ Zimmern o. R, Bühlingen 2 Exempl.

Natica Kassiana Wissmann.

? **Litorina** Göpperti Dunker.

Rissoa Strombecki, var. Göpperti v. Schauroth??

Gr. v. Münster St. Cass. 98. T. X. f. 3ᶜ.

Dunker Paläontogr. I. 306. T. 85. f. 20, 21.

v. Schauroth Lettenkf. 138. T. VII. f. 9.??

v. Schanroth Krit. Verz. 60. T. III. f. 7.??

Der letzte Umgang bedeckt die ersten fast ganz und bildet eine eiförmige Mündung mit dickem Saume. Natica oolitica Zenker — Taschenbuch v. Jena, 1836. p. 228. — Geinitz Beitr. 577. T. X. f. 4 [a, b], 5 u. 6 gehört vielleicht hierher. Durchmesser $0^m,003$.

ƒ Gölsdorf — 1, *k* Cannstatt 2 Exempl.

Natica alpina Merian?

non d'Orbigny — Prodr. p. 188.

In *o* bei Ochsenbach finden sich Schalthiere, welche an Brut der Natica alpina Merian aus dem Val. Brembana und Val. Seriana, O. vom Comersee, obschon die Windungen höher sind, erinnern.

Fraas — Semiuotus und Keuperconch. 98, T. I. f. 18--23 — hat diese, zu denen sich noch andere schwer bestimmbare Formen gesellen (fig. 12--17) Paludina arenacea genannt; es können aber nicht wohl Paluden sein, weil sie mit Meeresmuscheln: Myophorien, Mytilus, Avicula u. a. gemeinschaftlich vorkommen.

Natica

Tab. VI. fig. 8. vergrössert.

Mit hohem Gewinde und umgeschlagenem Saume, mit
faltiger Längsstreifung und rauher Oberfläche.
Aus n von Gansingen im Aargau. [1]

5. Naticella Munster.

Obschon die Mündungen eingewachsen sind, gleichen
diese Schalthiere, womit auch v. Seebach — Weim. Tr.
p. 642 — einverstanden ist, doch so der Natica costata von
St. Cassian, namentlich der
Naticella striato costata Gr. v. Münster.
Gr. v. Münster St. Cass. T. X. f. 15,
Turbo d'Orbigny — Prodr. p. 191 und der
Naticella acute costata v. Klipstein.
Klipst. St. Cassian. 199. T. XIV. f. 4ª·ᵇ
dass sie für synonym angesehen werden müssen. Goldfuss
hat sie Natica doliolum genannt. Vergl. v. Alberti: Uebersicht
der mineralogischen Verhältnisse des Gebiets der vormaligen
Reichsstadt Rottweil, in: Ruckgaber's Geschichte der vormal.
Reichsst. Rottweil 1838 II. p. 604. Daraus in: N. Jahrb. f.
Min. 1838 p. 468. Theils mit starken welligen Querrippen,
theils mit wechselnden feinen und starken Rippen. Sie erreichen eine Höhe von 0ᵐ,006, bei einem Durchmesser bis zu
0ᵐ,008. Dahin gehören wohl auch: Rissoa percostata v. Schaur.
v. Schauroth Krit. Verz. 66. T. III. f. 15ª·ᵇ
aus c bei Rovegliana und Natica costata Berger — Schaumkalk 205. T. II. f. 20 u. 21.
Aus e bei Tullau — 3 Exempl. [2]

[1] v. Schauroth (Lettenkf. 142. T. 7. f. 17) beobachtete, dass an einzelnen Individuen von Natica, besonders an N. Gaillardoti, nach Abwit-
terung der dem Mundsaume folgenden Zuwachsstreifung zickzackförmige,
quer über die Wölbung der Umgänge laufende Rinnen erscheinen, und
hat diese var. exculpta genannt.

[2] ##### 6. Euomphalus Sow.

Euomphalus exiguus Philippi.
Serpulites lithuus v. Schlotheim?
Planorbis? vetustus Zenker.

7. Turritella Lam.

Tab. VI. fig. 9[a.b.]

Turritella obsoleta v. Schloth. sp.

Buccinites obsoletus v. Schloth.

Buccinites communis Pusch.

Rostellaria? obsoleta Goldf.

Turritella obsoleta Goldf.

Turritella detrita Klöden (non Goldfuss).

Turbinites dubius Gr. v. Münster.

Eulima Schlotheimii Geinitz.

Melania Schlotheimii v. Quenst.

Loxonema obsoleta d'Orbigny.

Turbonilla parvula Dunker?

v. Schlotheim Nachtr, T. 32. f. 7.

Gaillardot Ann. des sc. nat. T. 8. Tab. 34. f. 9.

Pusch Beschreibg. v. Polen 1833. I. p. 253.

v. Ziethen T. 36. f. 1.

Klöden M. Brandenb. p. 152.

v. Alberti Tr. p. 53.

Geinitz Versteiungsk. 331. T. 15. f. 24.

Quenstedt Petrefk. T. 33. f. 14.

d'Orbigny Prodr. p. 172.

?Euomphalus minutus Menke.

v. Schlotheim Petrefk. 98. T. XXIX. f. 11.

Zenker — Taschenbuch v. Jena 230.

Schmid und Schleiden 39. T. IV. f. 2.

Dunker Progr. p. 19.

Berger Schenmkalk p. 204.

v. Seebach Weim. Tr. 644. T. XV. f. 8[a.b.]

Vier mit ihrer obern deprimirten und kantigen Fläche in einer Ebene liegende Windungen, die untere Seite concav. Die einzelnen Windungen durch eine eingesenkte Spirale getrennt. Die obere Fläche eben und nach aussen, ehe sie zur Seite abfällt, eine scharfe Kante bildend, an der Sparen kleiner Knötchen sich befinden. Durchmesser 0m,006, Höhe 0,0015.

Findet sich in Thüringen in c, in Oberschlesien in. r.

Dieser Euomphalus gleicht dem Serpulites lithuus v. Schlotheim, wenn man sich die gerade ausstehende Röhre wegdenkt.

173

Dunker Paläontogr. I. 305. T. 35. f. 23, 24.
v. Schauroth Recoaro 520. T. 2. f. 10ª·
Giebel Liesk. 63. T. 7. f. 2 u. 5. T. 5. f. 9 u. 15.
v. Schauroth Lettenkf. 135. T. VII. f. 7.
v. Schauroth Krit. Verz. 59. T. III. f. 5.

Sechs bis sieben schön gerundete Windungen, mit fast kreisrundem Querdurchschnitt der Umgänge; letztere plötzlich verdickt. Mündung lang gezogen elliptisch, oben sich verengend. Sehr veränderlich, bald länger, bald kürzer. Zählt zu den häufigsten Versteinerungen der Trias; erreicht eine Höhe von 0ᵐ,06 bei 0ᵐ,025 unterem Durchmesser.

b bei Sulzbad — 3, *c* Horgen u. a. O. 20, *e* Sulz, Tullau, Ingelfingen, Schächte von Friedrichshall — 50, *f* Zimmern, Bühlingen — 5, *i*ʰᵇ· Zimmern — 1 Exempl. Aehnliche Formen aus *k* bei Cannstatt — 10 Exempl.

Eine Abänderung,

Tab.·VI. fig. 10.

Windungen entfernt, von der Dicke der fehlenden Schale herrührend, schiefer als bei voriger Art ansteigend, am untern Rande abgerundet, am obern stumpf, hat Goldfuss
Turritella deperdita genannt.

v. Alberti Tr. p. 92.

8. Turbonilla Leach und Risso.

a. Glatte.

Turbonilla detrita Goldfuss sp.
Tab. VII. fig. 1.
Rostellaria detrita Goldf.
v. Alberti Tr. p. 202 u. 315.

Neun bis zehn sehr gerundete Windungen, spitz kegelförmig, Gehäusewinkel 20°. Basis zur Höhe = 1 : 3. Länge 0ᵐ,14.
b Sulsbad — 1, *e* Marbach b. V. 1?, *f* Zimmern 1 Exempl.?
Turbonilla gracilior v. Schauroth sp.
Tab. VII. fig. 2. vergrössert.
Rissoa dubia, var. gracilior v. Schauroth.

v. Schauroth Recoaro — 520. T. 2. f. 11.

v. Schauroth Lettenkf. 137. T. VII. f. 8.

Giebel Liesk. 61. T. 5. f. 14.

v. Schauroth Krit. Verz. 59. T. III. f. 6.

Sehr schlank, 8 und mehr Umgänge, ein Gehäusewinkel von circa 15°. Die Umgänge schön gerundet. Bei $0^m,01$ Höhe — $0^m,003$ Basis. Unterscheidet sich von Turb. detrita, wozu sie v. Schauroth rechnet, dadurch, dass die letzte Windung bei ihr proportional den übrigen zunimmt, während bei T. detrita die letzte Windung viel höher als die andern und T. detrita stets viel grösser ist.

ƒ Rottenmünster, Zimmern — 2, o Stuttgart 2? Exempl.

Turbonilla? Gansingensis n. sp.

Tab. VII. fig. 3.

Kegelförmig, mit 6 schön gerundeten glatten Umgängen. Gehäusewinkel circa 24°.

n Gansingen — 1 Exempl.

Turbonilla scalata v. Schloth. sp.

Strombites scalatus v. Schlotheim.

Melania? scalata Lefroy.

Rostellaria und Turritella scalata Goldf.

Turritella Schröteri Voltz.

Turritella obliterata Goldf.

Turritella scalaria Gr. v. Münster.

Turbonilla scalata Bronn.

Chemnitzia scalata d'Orbigny.

v. Schlotheim Nachtr. T. 32. f. 10.

Goldfuss petr. germ. III. T. 196. f. 14.

Bronn Leth. 3. III. 77. T. 11. f. 14.

d'Orbigny Prodr. p. 172.

Giebel Liesk. 62. T. 7. f. 1.

v. Schauroth Lettenkf. 140. T. VII. f. 15.

Es giebt von dieser Schnecke zwei Abänderungen. Die eine entspricht der Abbildung von Goldfuss; die 8—10 ganz glatten, flachen Umgänge schliessen eng an einander und bilden zusammen einen glatten Kegel. Querschnitt der Umgänge

viereckigt. An der Naht mit stumpfem Kiele, Oberfläche der
Kante schief. Länge bis 0^m,12. Durchmesser des letzten Umgangs etwa 0^m,04, mit senkrechter, gegen die Basis des
letzten Umgangs gestellter Spindel. Gehäusewinkel sehr verschieden, nach Giebel 26—35°.

Die andere Abänderung entspricht der Abbildung von
v. Schlotheim. Die Umgänge sind vertieft und an den
Kanten mit denen sie zusammenstossen, etwas übergreifend,
so dass ein staffelförmiger Bau entsteht. Die Formen dieser
beiden Abänderungen gehen übrigens so in einander über, dass
durchaus nicht zwei Arten daraus gemacht werden können.

So häufig diese Schnecke im Schaumkalke Norddeutschlands ist, so selten tritt sie in Schwaben auf.

b Sulzbad — 3, *c* Horgen; 24 Höfe — 3, *e* Schwenningen,
Marbach b. V., Bühlingen — 4, *f* Zimmern — 4 Exempl.

In *p* findet sich eine dieser ähnliche Schnecke, nur fand
Quenstedt auf der glatten Fläche der Umgänge ausgebuchtete
Linien, welche wie er dafürhält, auf einen Strombiten schlies-
sen lassen.

p Nürtingen 2 Exempl.

Turbonilla conica v. Schauroth sp. ·

Rissoa scalata var. conica v. Schaur.

Dunker Paläontogr. I. T. 35. f. 2.

v. Schauroth Lettenkf. 140. T. VII. f. 14.

v. Schauroth Krit. Verz. 61. T. III. f. 11.

Kegelförmig, mit 5—7 Windungen und einem Gehäusewinkel von 20—30°. Könnten junge Exemplare der Turb.
scalata sein. ·

c Horgen u. a. O. — 4, *f* Bühlingen, Zimmern 2 Exempl.

Turbonilla Strombeckii Dunker.

Rissoa Strombeckii, var. genuina v. Schaur.

· Dunker Paläontogr. I. 306. T. 35. f. 19.

v. Schauroth Lettenkf. 139. T. VII. f. 12.

v. Schauroth Krit. Verz. 61. T. III. f. 10.

Sechs bis acht Umgänge, flach gewölbt, von abgestumpf-
tem Ansehen, Mund elliptisch. ·

c Niedereschach — 1, e Friedrichshall, Bühlingen —
3 Exempl.

Turbonilla Giebeli Dunker

Rissoa Strombeckii, var. Giebeli v. Schaur.

Dunker Paläontogr. I. T. 35. f. 3.

v. Schauroth Lettenkf. 138. T. VII. f. 11.

Kegelförmig mit 4—5 flach gewölbten Umgängen. Höhe
$0^m,013$, Basis $0^m,009$.

c Seedorf — 1, e Bühlingen 1 Exempl.

b. Gerippte Turbonillen.

Turbonilla ornata n. sp.

Tab. VII. fig. 4.

in doppelter Grösse, Wachsabdruck.

Mit 10—12 durch tiefe Näthe getrennten flachen Umgängen, welche mit ihrem untern gekielten Rande über einander ragen und starke Absätze bilden. Mündung fast kreisrund.
Auf der ganzen Windung herab deutliche Rippen mit Knötchen
in der Mitte der Umgänge besetzt. Gehäusewinkel circa 12°.

Diese bis zu $0^m,015$ Länge bei $0^m,0035$ Basis, finden
sich als äussere Abdrücke in dem dolomitischen Kalke f bei
Zimmern, Rottenmünster, Rottweil — 10 Exempl.

Verwandt sind von St. Cassian

Turritella punctata Gr. v. Münster.

Gr. v. Münst. St. Cassian T. XIII. f. 16.

Turritella pygmaea Gr. v. Münster.

Gr. v. Münster St. Cassian T. XIII. f. 23.

Cerithium bisertum Gr. v. Münster.

Gr. v. Münst. St. Cassian T. XIII. f. 44.

Cerithium Brundis v. Klipstein.

v. Klipstein St. Cassian T. XI. f. 30[a,b] und f. 9[a,b].

Cerithium Albertii Wissmann.

v. Klipstein St. Cassian 181. T. XI. f. 31. [1]

[1] An Turbonilla ornata erinnert:
Turbonilla nodulifera Dunker.
Rissoa nodulifera v. Schauroth.

9. Chemnitzia d'Orbigny.

Chemnitzia Hehlii v. Ziethen sp.
Tab. VI. fig. 11.
Fusus Hehlii v. Ziethen.
Rostellaria Hehlii Goldf.

Paläontogr. I, 306. T. 35. f. 22.
Giebel Liesk. T. VII. f. 10.
v. Schauroth Krit. Verz. 68, T. III, f. 18.

Eilf Umgänge sind nicht durch tiefe Nähte getrennt, wie bei T. ornata.

In e. Oberschlesien.

Hierher rechnet v. Seebach (Weim. Tr. p. 645) Turbinites cerithius v. Schlotheim Petrefk. p. 167.

Turbonilla dubia Bronn.
Rissoa supplicata v. Schauroth.
Chemnitzia dubia d'Orbigny.
Bronn Leth. 2. III. T. XII¹. f. 10.
d'Orbigny Prodr. p. 172.
v. Schauroth Lettenkf. 142. T. VII. f. 8.

Mit 7 Umgängen, Höhe zum Querdurchmesser = 100 : 45. Jeder Umgang mit etwa 12 schief geschwungenen Rippen. Mündung rund, von der von Turb. obsoleta wesentlich verschieden.

In e. bei Waldshut, in f. bei Wiesloch.

Eine ähnliche, durch Falten ausgezeichnete Schnecke:

Rissoa oestifera v. Schauroth.
v. Schauroth Krit. Verz. 66, T. III, f. 16.
e. Recoaro.

Hiemit sind zu vergleichen von St. Cassian:

Turritella tennis Gr. v. Münster.
Gr. v. Münster St. Cassian T. XIII. f. 31.
Turritella hybrida Gr. v. Münster.
Gr. v. Münster St. Cassian T. XIIL f. 32.
Turbonilla Zekelii Giebel.
Giebel Liesk. T. VII. f. 8.

Rippen auf der Seitenmitte der Umgänge.
c. Lieskau.

Turbonilla terebra Giebel.
Giebel Liesk. T. VII. f. 7.

Rippen nur auf den frühern Umgängen, deren Seiten ganz flach.
e. Lieskau.

Loxonema Hehlii d'Orbigny.
Chemnitzia Hehlii Stoppani.
v. Ziethen T. 36. f. 2 u. ? f. 1ᵃˑᵇ
d'Orbigny Prodr. 172.

Mit 7—8 glatten, ziemlich flachen schneller an Grösse
als bei Turb. obsoleta zunehmenden Windungen. Mund-
öffnung lang gezogen, eiförmig, und in eine gerade schnabel-
förmige Rinne endend. In den Dolomiten der Lettenkohle,

Turbonilla Bolognae v. Schauroth sp.
Turritella Bolognae v. Schauroth.
Rissoa Bolognae v. Schauroth.
v. Schauroth Recoaro 521. T. II. f. 12.
v. Schauroth Krit. Verz. 67. T. III. f. 7.

Gehäuse thurmformig mit 7—8 wenig gewölbten Windungen, welche
mit zwei Reihen vertical über einander stehender und zu Rippen ver-
bundener Knoten versehen sind. Die Rippen stehen ziemlich gedrängt
und der der Mündung zugekehrte Knoten erscheint grösser, als die
andern. (v. Schauroth.)

f. Recoaro.

Turbonilla Theodorii Berger sp.
Turritella Theodorii Berger.
Rissoa Theodorii v. Schauroth.
Berger Coburg 413. T. 6. f. 7 und 8.
v. Schauroth Krit. Verz. T. III. f. 13.

Umgänge mit leistenartigen Kanten.

Aus den untern Keupermergeln Coburgs und im Agno-Thale in f.

Vergl. Turritella trochleata Gr. v. Münster.
Gr. v. Münster St. Cassian T. XIII. f. 12,

Rissoa turbinea v. Schauroth.
Krit. Verz. 64. T. III. f. 12.

unterscheidet sich von der vorhergehenden durch weniger Umgänge und
einen grössern Gehäusewinkel.

f. Recoaro.

Turbonilla acutata v. Schauroth sp.
Rissoa acutata v. Schauroth.
v. Schauroth Lettenkf. 141. T. VII. f 16.
v. Schauroth Krit. Verz. 64. T. III. f. 14.

Windungen scharfkantig, im Durchschnitt einen stumpfen Winkel
bildend, dessen der Mündung zu gelegener Schenkel flach gebogen ist.

f. Recoaro.

in denen sie am häufigsten vorkommt, wo die Schale des
Petrefacts fehlt, stehen die Windungen ziemlich weit von
einander ab, zum Beweise, dass die Schale sehr dick war.

Turritella extincta Goldfuss,

    v. Alb. Trias p. 92.

Rostellaria antiqua Goldfuss,

    v. Alb. Tr. p. 202.

Buccinum antiquum Goldfuss,
in de la Beche's Handbuch, übersetzt von v. Dechen, mit
etwas gerundeteren, gewölbten Windungen scheinen nicht
wesentlich davon verschieden zu sein.

Buccinum rude Goldfuss.

    v. Alberti Tr. p. 237.

Turbo giganteus Gr. v. Münster.

Gaillardot Ann. des sc. nat. T. 8. Tab. 34. f. 7 u. 8
scheinen Bruchstücke grosser, etwas zusammengedrückter
Exemplare der Chemnitzia Hehlii zu sein. v. Schauroth hält
letztere mit Turritella obsoleta für synonym, die Mund-
öffnung, der ganze Habitus sind jedoch wesentlich verschieden.

Sie erreicht eine Länge bis $0^m,2$ bei einem Durchmesser
der letzten Windung von $0^m,08$.

c Tullau, Crailsheim — 4, f Zimmern, Rottweil, Villingendorf — 13 Exempl.

Die Steinkerne von Turritella obsoleta sind die häufigsten, nach ihnen die der Chemnitzia Hehlii, die durch ihre
Grösse und Eigenthümlichkeit ausgezeichnet ist. Der Er-
haltungzustand ist bei den Turritellen, Turbonillen und
Chemnitzien so mangelhaft, dass nur Exemplare, wie sie
Giebel bei Lieskau fand, über das Geschlecht, zu dem sie
gehören, entscheiden können; Giebel konnte daher noch
aufstellen: ·

    Chemnitzia oblita Giebel.

    Rissoa Strombeckii, var. oblita v. Schaur.

    Giebel Liesk. 63. T. VII. f. 3.

    v. Schauroth Lettenkf. 139. T. VII. f. 13.

Schlank, thurmförmig, von 9 und mehr Umgängen bis
0^m,08 Länge. Die Chemnitzia Haneri Giebe',
Giehel Liesk. T. VII. f. 4,
ist in Steinkernen, wie auch Giebel bemerkt, nicht über-
zeugend unterscheidbar.

e Villingen, Stallberg — 3, f Zimmern — 4 Exempl.
Chemnitzia loxonematoides Giebel.
Giebel Liesk. 63. T. VII. f. 5.
Mit mehr abgerundeten Windungen und schlankerem
Bau - als Turritella obsoleta. Findet sich in e bei Rottweil,
Bühlingen n. a. O. — 4 Exempl.

10. Litorina Ferussac.

Giebel hat 4 Arten aufgestellt:
Litorina 'Liscaviensis Giebel.
Giebel Liesk. 68. T. V. f. 9.
Litorina alta Giebel.
Giehel Liesk. 68. T. V. f. 15,
welche sich in Steinkernen kaum von Turritella obsoleta
unterscheiden lassen, ferner:
Litorina Kneri Giebel.
Giebel Liesk. 67. T. 5. f. 7, 11 und
Litorina Schüttei Giebel.
Giebel Liesk. 68. T. 5. f. 12,
welche sich an Natica gregaria anschliessen.

In k bei Cannstatt finden sich noch eine Anzahl Bruch-
stücke, welche an
Melania Koninkana Gr. v. Münster.
Gr. v. Münster St. Cassian 95. T. IX. f. 25, an
Melania multitorquata Gr. v. Münster.
Gr. v. Münster St. Cassian 96. T. IX. f. 35, und an
Melania larva v. Klipstein.
v. Klipst. St. Cassian 188. T. XII. f. 17^{a—c}
erinnern. Ausserdem fanden sich daselbst noch 14 grössere
oder kleinere Bruchstücke von turbonillenartigen Schalthieren.

Cephalopoda.

1. Nautilus Aristot.

(Monilliferi Quenstedt.)

Nautilus bidorsatus v. Schlotheim.
Nautilus arietis Reinecke.
Knorr III. T. V[b].
Reinecke T. X. f. 70.
v. Schlotheim Nachtr. T. 31. f. 2.
v. Ziethen 23. T. 18. f. 1[a—c].
Bronn Leth. 3. III. 78. T. 11. f. 21[a, b].

Im Wellenkalk (den dolomitischen Mergeln) erscheint er mit glattem, ausgefurchten Rücken:

Nautilus bidorsalus dolomiticus v. Quenstedt.
Quenst. Cephalop. 54. T. 2. f. 13.

Breite zur Höhe = 10 : 6.

Eine andere Abänderung: Breite zur Höhe = 10 : 7 hat auf den Seiten runde, flache Knoten:

Nautilus bidorsalus nodosus v. Quenstedt.
Nautilus nodosus Münster.

Vorzüglich in e und f verbreitet.

Nautilus arietis Reinecke,
Reinecke T. 10. f. 70 und 71

hat flachen Rücken, kantige Umgänge. Breite zur Höhe = 5 : 6.

Den getheilten Rücken und den trapezoidalen Querschnitt haben die genannten 3 Varietäten gemein; sie wachsen bis zu einem Durchmesser von $0^m,3$.

e Horgen, Locherhöfe, Lackendorf, Neckarelz — 5, e Marbach b. V., Tullau, Jagstfeld, Schächte von Friedrichshall — 10, f Villingendorf, Zimmern o. R. — 9 — i[aa] Sulz 1 Exempl.

Häufig finden sich Bruchstücke des perlschnurartigen Sipho in e und f.

2. **Goniatites** de Haun.

Goniatites Buchii v. Alberti sp.
Ammonites Buchii v. Alberti.
Goniatites Buchii Wissmann.
Ceratites Wogmanns H. v. Meyer.
v. Alberti Trias p. 52.
Wissmann N. Jahrb. f. Min. 1840. 532.
v. Meyer N. Jahrb. f. Min. 1848. 465.
Quenstedt Cephalop. T. 3. f. 12.
Dunker Paläontogr. 1. 335. T. 42. f. 3—5.
Beyrich Ammoniten 515.
aff. Goniatites cultrijugatus Sandberger.
— Ludwig Wetterau p. 89. —

Stark comprimirt, in grössern Exemplaren mit scharfem
Rücken, sehr involut, Mündung flach, viermal höher als
breit, spitz, Kammerwände sehr zahlreich, kommt verkiest
bis zu $0^m,015$, verkalkt bis zu $0^m,07$ Durchmesser vor. Auch
an den grossen verkalkten Exemplaren fanden sich bis jetzt
keine gezackten Loben; dagegen will Berger eine Zähnelung an denselben gefunden haben, wesshalb ihn v. Seebach
-– Weim. Tr. 648. — zu den Ceratiten stellt. Broun –-
N. Jahrb. f. Min. 1840. 536 — bemerkt, dass seine Suturen
mit denen der Ceratiten an Zahl, Form und Proportion hauptsächlich hinsichtlich der gegen die Sättel sehr schmalen Lappen
Aehnlichkeit haben.

c Horgen, Niedereschach u. a. O. (verkiest) — 25, c Hagenbach Bruchstück eines grossen Kalkexempl. [1]

[1] Goniatites Ottonis v. Buch sp.
Ceratites Ottonis v. Buch.
Goniatites Ottonis Beyrich.
v. Buch Ceratit. 16. T. IV. f. 4, 5, 6.
Beyrich Ammon. 514.

Flach, scheibenförmig, mit gespaltenen Rippen auf der Mitte der
Seite von Knöpfen aus; auch an der Sutur erheben sich die Rippen zu
Knöpfen, am Rücken zu einer doppelten Reihe von Zähnen.

3. Ceratites de Haan.

Ceratites nodosus de Haan.
Ammonites nodosus Bosk.
Nautilus undatus Reinecke.
Ceratites Schimperi v. Buch.
Knorr T. 1ᵇ f. 4, 5.
Reinecke T. 8. f. 67.
Museum Tessin. Linn. T. 4. f. 1, 3, 6.
v. Schloth. Nachtr. T. 31. f. 1.
v. Ziethen T. 2. f. 1.
v. Buch Cerat. T. 1. f. 1 u. 2. T. 2. f. 1. und T. V.
f. 1—5.
Quenstedt Cephalop. T. 3. f. 14.
W. P. Schimper — Pal. alsat. 9. T. IV. f. A.
Quenstedt Petrefk. T. 27. f. 1—3.
Bronn Leth. 3. III. 82. T. XI. f. 20.
Vergl. die Lit. in Bronn's Leth. 3. III. p. 82.

Junge Exemplare haben 2 Knotenreihen, mit 24—30 Knoten — Ammonites subnodosus Münster — die innere verschwindet im Alter, und die äussern 12—15 Knoten werden markirter. Rücken flach, von ihm aus erheben sich in schiefer Richtung die Rippen. Querschnitt rectangulär.

c Dörzbach, Niedernhall — 2, e Villingen, Bühlingen, Marbach b. V., Deisslingen, Tullau, Schächte von Friedrichshall — 16, f Deisslingen 1 Exempl.

In c. bei Rüdersdorf, in e. bei Schedlitz und Grosshartmannsdorf in Schlesien.

Goniatites tenuis v. Seebach.
v. Seebach Zeitschr. d. deutsch. geol. Ges. IX. 1857. p. 24.
v. Seebach Weim. Tr. T. XV. f. 11ᵃ⁻ᵇ.

Scheibe flach, ungefähr vier Windungen, sehr Involut. Breite zur Höhe = 1 : 3. Rücken scharf, kielartig. Sutur flach, vier Hülfsloben, wovon zwei ventral; der dritte liegt gerade auf der untern Kante. Loben ungezähnt, kurz, halbrund, Sattel meist breiter, flacher. Unterscheidet sich von Goniat. Buchii durch flachere und einfachere Sutur.

Im Röth (b.) bei Rudolstadt.

Dem C. nodosus verwandt ist ein hochgerippter Ceratit mit völlig abgerundetem Rücken und beinahe kreisförmigem Querschnitt. Kommt von $0^m,12$ bis $0^m,21$ Durchmesser vor. In *e* bei Heinsheim.

Eine andere Abänderung wird sehr hochmundig, die Rippen verschwinden nach hinten, und sind gegen die Mündung sehr anfgeschwollen; der Rücken dabei nach hinten kantig, gegen die Mündung abgerundet.

In den obersten Schichten von *c* bei Jagstfeld. Durchmesser bis $0^m,23$.

Ceratites semipartitus v. Buch.

Ammonites mi-parti v. Montfort.

Ceratites bipartitus Gaillardot.

Ammonites Hedinströmi Gr. v.-Keyserling.

de Montfort Conchyol. syst. 1808. IV. 302. T. 50. f. 1.

v. Buch Ceratit. 9. T. 2. f. 2, 3 u. 5. T. 3. f. 1, 2

Gr. v. Keyserling Cerat. 166. T. 2. f. 5—7. T. 3. f. 1—6.

Quenstedt Petrefk. T. 27. f. 5.

Wird bis zu $0^m,3$ gross, nur wenig knotig, hochmundig, flach, Rücken zweikantig. Bei jungen Exemplaren am Rücken beide Seiten mit Knoten besetzt. Nicht selten ist der Rücken zusammengedrückt und dann scharfkantig — Ceratites cinctus de Haan.

e Tullau, Friedrichshall, Oedheim, Henchllingen, Bruchsal 7, *f* Zimmern 1 Exempl.

Ceratites enodis v. Quenstedt.

Quenstedt Cephal. T. 3. f. 15.

Quenstedt Petrefk. T. 27. f. 4.

Knotenlos, ungerippt und zwar schon in der Jugend; mit breitem Rücken. v. Strombeck rechnet ihn zu C. semipartitus.

e Villingen, Oedheim — 2, *f* Zimmern 1 Exempl.

Ceratites parcus v. Buch.

v. Buch Cerat. p. 13. T. 4. f. 1, 2, 3.

Dunker Paläontogr. I. 335. T. 42. f. 6.

Gerundete, fast gleich starke Windungen, Rücken gewölbt,

185

Mündung so hoch als breit. Das Exemplar meiner Sammlung hat nur 0ᵐ,006 Durchmesser.

e Oberiflingen, verkieselt. [1]

5. Rhyncholites Faure Biguet.

Es finden sich im deutschen Muschelkalke zwei sehr verschiedene Cephalopoden-Schnäbel:

Rhyncholites avirostris v. Schloth. sp.

Sepiae rostrum Blumenbach.

[1] **Ceratites antecedens** Beyrich.

Zeitschr. d. deutsch. geol. Ges. X. 1858. 211. T. IV. f. 4.

Scheint den jungen Exemplaren von Ceratites nodosus ähnlich zu sein. Hat einen Durchmesser von 55 Millimetern, wovon 32 auf den grossen, 23 auf den kleinen Radius kommen. Ueber der Naht steigt die Schale senkrecht mit einer kantig begrenzten Nahtfläche auf; die Seiten sind flach gewölbt. Die Zähne sind die aufgerichteten zugeschärften Enden von flachen gegen den Nabel hin undeutlich werdenden Falten, von denen sich in unregelmässigen Entfernungen je zwei in einem niedrigen, unterhalb der Mitte abstehenden Seitenhöcker verbinden. Der Dorsallobus hat die gleiche Gestalt wie bei C. nodosus, die Sattel sind aber nicht so breit und die Loben nach unten nicht erweitert. Er ist dem Ammonites binodosus von Dont ähnlich. Beyrich.

In c. In Thüringen.

Ceratites Cassianus v. Quenstedt.

Quenst. Cephalop. 231. T. 18. f. 11.

Dem Ceratites nodosus sehr ähnlich, aber weniger involut, ohne Hülfsloben, aber mit Zähnen zu beiden Seiten des Rückens.

c. St. Cassian.

Ceratites Strombeckii Griepenkerl.

Zeitschr. d. deutsch. geol. Ges. XII. 1860. 161 ff.

Stark involut, glatt, Rücken dreieckig, mit ächten Ceratitenlobeu. Aus e von Neuwallmoden in Braunschweig.

Ceratites Middendorfii Gr. v. Keyserling.

Keyserl. Cerat. 170. T. 1 u. 2. f. 1—4.

Die Mündungen zur Hälfte eingewickelt, 1 Hülfslobus — Sibirien.

Ceratites enomphalus Gr. v. Keyserling.

Gr. v. Keyserling Cerat. 171. T. 3. f. 7—10. u. 4.

Ein Hülfslobus; ein scharfer Kiel am Rücken. Mit dem Vorigen.

Lepadites avirostris v. Schloth.

Conchorhynchus ornatus de Blainville.

Rhyncholites Gaillardotii d'Orbigny.

Rhyncholites duplicatus Gr. v. Münster.

Rhyncholites avirostris Quenstedt.

Conchorhynchus Gaillardotii Plieninger.

Blumenbach arch. tell. 21. T. 2. f. 5ᵃ

v. Schlotheim Petrefk. I. 169. T. 29. f. 10.

Ceratites Begdoanus de Verneuil.

v. Buch Cerat. T. 2. f. 2.

Sehr flach, scheibenförmig, ohne Hülfslobus, mit höchst geringem Auwachsen und nur wenig entwickelt. Vom Bogdo-Berg zwischen Wolga und Ural.

d'Archiac — form. trias — p. 262. erwähnt noch den

Ceratites Predoi und

Ceratites Villanovas

von Mora in Spanien, ohne eine Beschreibung von ihnen zu geben.

4. Ammonites Breyn.

Ammonites dux Giebel.

Giebel Zeitschr. f. d. gesammt. Naturwissensch. V. 1853. 341. T. 9.

Beyrich — Zeitschr. d. deutsch. geol. Ges. VI. 1854. 513, abgebildet auf p. 514.

Beyrich ebend. X. 1858. 209. T. IV. f. 1, 2, 3.

Stark comprimirt, schmaler, gerundeter Rucken, sehr involut; schmale Lappen mit paariger Fingerbildung; mit breiten Sätteln und zierlich gerundeten obern Blattformen; mit einer ziemlich langen Reihe von Hülfslappen und Zacken. Gehört zur Familie der Heterophyllen. Wahrscheinlich identisch mit Amm. Dontianus von Hauer. Bis zur Grösse von 0ᵐ,3. Fand sich in c. bei Rüdersdorf, Kösen und Schraplen (Giebel).

Die Goniatiten sind in der untern Trias nur in b. und c.

Ceratites nodosus findet sich in c., e. und f.

Cerat. semipartitus in e. und f.

Cerat. enodis, C. parcus und C. Cassianus in e.

Bei C. antecedens ungewiss, ob in c. oder e.

Ueber das Vorkommen der übrigen Ceratiten nichts Sicheres bekannt.

Ammonites dux in c.

d'Orbigny Ann. des sc. nat. V. 1825. T. 22. f. 3—14.
de Blainville Belemn. 115. T. 4. f. 12.
v. Ziethen 49. T. 37. f. 2.
Gr. v. Münster Beitr. 1. 49. T. 5. f. 2—5.
Quenstedt Cephalop. 545. T. 2. f. 5.
Quenstedt Petrefk. T. 32. f. 11.
Bronn Leth. 3. III. T. 11. f. 16.

Der breite Schnabel mit schön verziertem Mittelfelde
erweitert sich zu elliptischen Flügeln von verschiedenen
Dimensionen, wovon sich in meiner Sammlung sehr schöne
Exemplare finden. Vergl.
v. Alberti Tr. T. 1. f. 6.
Quenstedt Cephal. 544. T. 34. f. 10 u. 11.

Diese Flügel fallen häufig ab und finden sich Apty-
chus ähnlich, mit schwarzem Ueberzuge, vereinzelt. Die
Kapuze ist selten erhalten. Die Kaufläche hat runzlige, unregelmässige Querstreifen.

e Böhlingen, Marbach b. V., Schacht 1 in Friedrichshall, Kienberg bei Solothurn, Rehainvillers — 11 Exempl.
und 15 Flügel, f Deisslingen -- 1, Flügel vom Schacht
am Stallberge — 2, h Balbronn im Elsass — 1 Exempl.

Rhyncholites hirundo Faure Biguet und de Blainville.
Sepiae rostrum Blumenbach.
Knorr Verst. II. 1. t. H. i. a. f. 9, 10.
Blumenbach arch. tel. T. II. f. 5.
L. Gmelin — Natursyst. 1825. III. T. 6. f. 79, 80.
de Blainville Belemn. 114. T. 4. f. 11.
Gaillardot Ann. des sc. nat. II. 485. T. 22. f. 15—26.
v. Ziethen T. 37. f. 3.
Gr. v. Münster Beitr. I. 49. T. 5. f. 6—10.
Quenstedt Cephal. 545. T. 2. f. 4. T. 34. f. 13—15.
Quenstedt Petrefk. T. 34. f. 9.
Bronn Leth. 3. III. 85. T. 11. f. 17.

Hinter der dreiseitigen Kapuze ist die Schale nach hinten scharf abgeschnitten, stets abgebrochen. Oberfläche der
Kapuze glatt, Kaufläche hat die Gestalt eines Kreuzes,

Rand derselben gestreift. Flügelartige Ansätze habe ich nicht finden können.

e Villingen, Marbach b. V., Rieden bei Hall, Tullau, Schacht 2 in Friedrichshall und Rehainvillers — 7 Exempl. [1]

Crustaceen.

I Ostracoda.

v. Seebach — Entomostr. 198 ff. — entdeckte unmittelbar unter der Lettenkohle mit Estheria minuta Jones und in den Mergelschichten zwischen Lettenkohlensandstein in der Gegend von Weimar die unten beschriebenen viererlei Ostracoden, welche er in 40facher Vergrösserung abbildet; zwei andere fand v. Schauroth in c bei Recoaro. In Schwaben sind sie noch nicht beobachtet worden. [2]

[1] Im Muschelkalke? von Digne in den Hochalpen:
Rhyncholites aontus de Blainville.
de Blainville Belemn. 136. T. 5. f. 22.
Quenstedt Cephalop. T. 34. f. 16—19.
v. Quenstedt Petref. T. 32. f. 12, 13.
Ist kleiner, vorn spitzer, als Rhyncholites hirundo.

[2]
1. Bairdia M. Coy.

Bairdia Pirus v. Seebach.
v. Seebach Entomostr. T. VIII. f. 1a—c.
Form etwas birnförmig, etwa doppelt so lang, als breit, grösste Breite in der vordern Hälfte. Ventralrand in der hintern Hälfte etwas eingebogen, vorderer, oberer und hinterer Rand nach aussen zugerundet. Höchste Wölbung der Schalen in der hintern Hälfte; Abfall gegen den Rand steil, Brustlamelle, sowie die innere rundliche Lamelle am vordern, untern und hintern Rand ziemlich deutlich. Schale glatt (v. Seebach).
Bairdia procera v. Seebach.
v. Seebach Entomostr. T. VIII. f. 2a b.
Form schmal, schlank, dreimal so lang als breit, hinten etwas schmaler als vorn. Oberer Rand ausgebogen; der untere fast gerade. Schale gleichmässig stark gewölbt, Abfall derselben nach oben und unten steil, vorn und hinten sehr allmählig, Schale glatt (v. Seebach).

II. Poecilopoda.

1. Halleyne H. v. Meyer.

Von Giebel — Paläont. Unters. p. 200 — zu deu Linui-
lidcn gerechnet.

Bairdia teres v. Seebach.
Entomostrac. T. VIII. f. 3ᵃˑᵇ·
Form kernförmig, rundlich, Ventralrand am wenigsten gebogen und
ohne jeden Sinus. Stärkste Wolbung in der Mitte der Schale. Abfall
nach allen Seiten allmählig. Schale glatt (v. Seebach).
Bairdia triasina v. Schauroth.
v. Schauroth Krit. Verz. 70. T. III. f. 19ᵃˑᵇ·
Umriss ziemlich elliptisch, oben zugerundet, unten etwas zugespitzt,
so dass die Ecke näher gegen den Ventralrand hin liegt. Dorsalrand
convex. Ventralrand ziemlich gerade, im obern Drittel etwas anwärts
gebogen. Schalen ziemlich gleichmässig aufgetrieben, ihre Oberfläche
höchst fein punktirt. Lang 0ᵐ,0009, breit 0ᵐ,0005. (v. Schauroth.)
c. Recoaro.
Bairdia calcarea v. Schauroth.
v. Schaur. Krit. Verz. 70. T. III. f. 20.
Umriss länglich elförmig, vorn etwas concav, hinten convex, unten
und oben so gewölbt, dass der Scheitel der Wölbung etwas mehr gegen
den Bauchrand liegt, und dass die untere Seite spitzer als die obere erscheint. Auftreibung allgemein; Grosse und Vorkommen wie bei voriger Art.

2. Cythere Müller.

Cythere dispar v. Seebach.
v. Seebach Entomostr. T. VIII. f. 4ᵃ⁻ᵈ·
Nach v. Seebach:
Form vierseitig, keilförmig, ungefähr dreimal so lang als breit;
grösste Breite im vordern Drittheile. Vorderer Rand etwas schief gerundet, hinterer abgestumpft. Der Dorsalrand der linken Klappe endet
mit einer kleinen scharfen Spitze, die jedoch in der rechten Klappe fehlt.
Am vordern und hintern Rand ein deprimirter Saum, vorderes und hinteres Schlossbrehen deutlich. Stärkste Wölbung der Schale am vordern
und hintern Schlossöhrchen; nach der Mitte senkt sie sich ein wenig,
und fällt alsdann nach allen Seiten ziemlich gleichmässig. Brustkamelle
deutlich, innere Leiste in der linken Klappe sehr entwickelt. Schale glatt.
In der Lettenkohlengruppe bei Weimar.

Halicyne agnota H. v. Meyer.

Olenus serotinus Goldf.

Limulus agnotus H. v. Meyer.

Paläontogr. I. 135. T. 19. f. 23, 24.

Bronn Leth. 3. III. 88. T. XII¹. f. 13 ª·ᵇ

Schild fast kreisrund mit einem etwas umgeschlagenen glatten Saume, der nach vorn in eine kleine Spitze endet. Der hintere Raum hat wahrscheinlich 5 Knötchen; an's mittlere schliessen sich nach vorn noch 3 als Mittelpartie an, welche auf einem spitzbogenförmigen Felde enden, von dem als Fortsetzung der Mittellinie sich eine dünne, wenig erhabene Leiste in Gestalt eines Schwänzchens zieht, welches in einer Vertiefung endet. Auf dem spitzbogenförmigen Felde sind 2 kleine symmetrische, ovale Punkte, welche Aehnlichkeit mit Augen haben. Von dem spitzbogenförmigen, etwas vertieften Felde, welches bis auf ⅔ der Länge des Schildes nach vorn geht, füllt die Schale, welche deutlich gekörnelt ist, besonders vornen rasch nach dem Saume ab. Der Durchmesser der Schale 0ᵐ,013. Höhe ⅓ des Durchmessers.

In ƒ — Rottenmünster — 1 Exempl.

Halicyne laxa H. v. Meyer.

Paläontogr. I. T. 19. f. 25, 26.

Etwas flacher und grösser (0ᵐ,021) als die vorige Art. Die Knötchen und das spitzbogenförmige Feld treten weniger hervor; es sind Spuren der äusserst dünnen Schale, welche glatt zu sein scheint, und der Deutlichkeit der Umrisse schadet, vorhanden. Der ganze Unterschied zwischen H. agnota und H. laxa kann im Alter, im Grade der Erhaltung liegen, so dass es in Frage steht, ob nicht beide zu Einer Art zu verbinden seien.

ƒ Zimmern — 3 Exempl.

Das flache Exemplar aus ƒ von Zimmern — Paläontogr. I. 137. T. 19. f. 27, 28. ist vielleicht ein zusammengedrückter Schild der obbesagten Halicyne. An diess erinnert die von v. Seebach

Entomostrac. 204. T. VIII. f. 6ᵃ⁻ᵈ·
uns dem Lettenkohlensandsteine Thüringens abgebildete
Halicyne plana. [1]

III. Phyllopoda.

1. Estheria Jones.

Rup. Jones — The quarterly geol. Journ. of London
1856. XII. 376. — fand durch mikroskopische Untersuchung,
dass die Posidonomya minuta Bronn's, welche Quenstedt —
Epochen der Natur 473. — geneigt ist, für Cyclas zu hal-
ten, eine Crustace — (Isaura Joly, neben Limnadia) — sei.
In den dunkelgrauen Schieferthonen der Lettenkohle von
Schwenningen fand auch ich Spuren von ziemlich langen
Füssen am Rande der Schale.

Estheria minuta Goldfuss spec.
  Posidonia minuta Goldf.
  Posidonia Keuperina Voltz.
  Posidonomya minuta Bronn.
  Goldfuss petr. germ. CXIII. f. 5ᵃ,ᵇ·

2. Limulus Latr.

Limulites Bronnii Schimper.
  Schimper Paläontol. alsatica T. III.
  Schild in zwei ungleiche Segmente getheilt, deren Aeusseres viel
breiter, einen halbmondförmigen Schild bildet, auf dessen Mitte der Cephalothorax durch eine Erhöhung angedeutet ist, oval dreiseitig, endet nach
unten in eine stumpfe Spitze, an der der Schwanz angedeutet ist. Die
ganze Länge dieses Limulus beträgt, ohne den Schwanzstachel zu rechnen, welcher vielleicht eben so lang war, — 0ᵐ,7. Er ist durch seine
Grösse, die nahe an 1½ Meter betrug, und seinen ganzen Habitus von
Halicyne verschieden. Aus den obern Schichten des bunten Sandsteins
von Wasselheim, 20 Kilom. von Strassburg.
  Limulus priscus Gr. v. Münster.
  Gr. v. Münster's Beitr. I. 1839. T. V. f. 1.
scheint von Halicyne nicht wesentlich verschieden zu sein.
  Aus f. in Franken.

v. Ziethen T. 54. f. 5.
Quenstedt Petrefk. T. 42. f. 13.
Bronn Leth. 3. III. 60. T. XI. f. 22.
Bornemann Lettenkgr. T. I. f. 9.

Findet sich in den Mergelschiefern, Schieferthonen und dolomitischen Mergeln der Lettenkohlengruppe, namentlich auch unmittelbar unter dem untern Keupergyps millionenweise verbreitet, seltener im bunten Sandsteine der Vogesen und von Dürrenberg. Sie ist sehr klein, lang $0^m,004$, hoch $0^m,003$. Die einzelnen Schalen schief oval, flach, mit 10 bis 15 concentrischen Runzeln, die sich im untern Drittel näher an einander drängen.

b Sulzbad, h Schwenningen, Schacht am Stallberge, Rottenmünster, Böttingen — 7 Platten, i^{na} Gölsdorf, i^{bb} Höhe gegen Neukirch — 6 Platten. [1]

Ist Posidonomya minuta eine Crustace, so ist es wahrscheinlich, dass Posidonia Albertii Voltz — Mém. de la soc. d'hist. nat. de Strasbourg 1837. II. 7. — syn. Posidonomya Germari Beyrich — Zeitschr. d. deutsch. geol. Ges. IX. 1857. 377. — gleichfalls hierher gehöre, weil sie mit Esth. minuta unter gleichen Umständen bei Sulzbad, zwischen Gross-Vahlberg und Remlingen, bei Dürrenberg u. a. O. im bunten Sandsteine vorkommt, und von dieser sich kaum unterscheidet. Sie ist eben so klein, nur der Rand, an dem die beiden Schalen zusammenstossen, ist etwas länger, wodurch die Schale mehr ausgestreckt erscheint, auch sind die concentrischen Streifen etwas weniger markirt. [2]

[1] Nach Berger — Keuper p. 414. — kommt sie auch in m bei Coburg, aber gewöhnlich etwas grösser, als in der Lettenkohlengruppe, vor.

[2] Zu den Crustaceen gehört wegen Gestalt und Vorkommen mit Estheria minuta vielleicht noch:

Posidonomya Wengensis Giebel

(nicht Posidonomya Wengensis Wissmann Gr. v. Münster 8t. Cass. 23. T. 16. f. 12, die viel grösser ist)

im bunten Sandsteine von Dürrenberg, die mit Estheria minuta Grösse, Form und concentrische Faltung gemein hat, und sich nur durch schwache radiale Linien auszeichnet, und

2. **Apudites** (Apus Scopuli).

Apudites antiquus W. P. Schimper.
N. Jahrb. f. Min. 1840. p. 338.
Schimper Paläontol. alsat. T. III.

Schale schildförmig, oval, an der Basis ausgeschnitten, glatt, mit Ausnahme einer Erhöhung, welche der Stellung der Augen bei Apus entspricht. Der aus dem Schilde tretende Abdominal-Theil zeigt 14—16 Ringe, wie bei dem noch lebenden Apus cancriformis; vom letzten derselben divergiren zwei ungleiche borstenartige Schwanzspitzen.
b Sulzbad 1 Exempl.

IV. Decapoda.

1. Pemphix H. v. Meyer.

Pemphix Sueuri Desmarest sp.
Tab. VII. fig. 5.
Palinurus Sueuri Desmarest.
Macrourites gibbosus Schübler.
Pemphix spinosa H. v. Meyer.
Pemphix Sueuri .H. v. Meyer.
Desmarest u. Alex. Brongniart — Hist. nat. des crustac. foss. Paris 1822. Tab. 10. f. 8 u. 9.
v. Alberti Geb. Württ. p. 290.
H. v. Meyer foss. Krebse T. I. II. IV.

Posidonomya radosocostata Giebel.
Giebel paläontol. Unters. T. II. f. 7, welche aus 192 Tiefe aus dem Bohrloche Nro. 3 bei Dürrenberg ausgelöffelt wurde. Sie ist länglich oval, 0",003 lang, 0",002 hoch, mässig gewölbt, vorn etwas niedriger als hinten, der Bauchrand flach convex, der Wirbel spitz und eingebogen, Von ihm strahlen 7 Rippen, 3 nach vornen, 3 auf der Schalenmitte und 1 nach hinten zum Rande aus. Etwa 16 regelmässige, scharfe, concentrische Rippen durchkreuzen die radialen und lösen dieselben in Reihen rundlicher Knötchen auf. Die concentr. Rippen brechen an den radialen und liegen geradlinig in deren Zwischenräumen.

Quenstedt's Petrefk. T. 20. f. 21 u. 22.
Bronn Leth. 3. III. T. XIII. f. 12.

Cephalothorax cylindrisch, durch Furchen in drei Haupt-
theile zerfallend, deren erster unregelmässig queroval, der
zweite dreieckig, der dritte gabelförmig ist. Eisterer entspricht der Magen-, der andere der Genital-, der dritte der
Herzgegend. Die Vorderseite scheint aus einem spitzen
Schnabel bestanden zu haben. Der Cephalothorax ist mit
Warzen geziert, deren grössere mit starken stachelförmigen
Spitzen versehen sind. Schwanz etwas länger als der Cephalothorax, mit 7 Gliederringen. Endflossen fünfblättrig. Aeussere Fühler so lang als der Körper, innere halb so lang.
Ueber Füsse und Scheeren H. v. Meyer — N. Jahrb. f. Min.
1842. 261 ff. T. VII. A. Dieser Krebs, welcher von sehr
verschiedener Grösse, ohne die Fühler bis zu 0ᵐ,15 Länge
vorkommt, findet sich in Schwaben meist in der untern, doch
auch in der obern Abtheilung von *e* und in der untern von *f*.

e Marbach b. V., Schacht am Stallberge, Crailsheim,
Jagstfeld — 15, *f* Bühlingen, Schacht am Stallberge, Börin-
gen — 11 Exempl.

Pemphix Albertii H. v. Meyer.
Tab. VII. fig. 6.

H. v. Meyer foss. Krebse T. IV. f. 37.
H. v. Meyer Paläontogr. IV. 53. T. X. f. 5.

Ist wesentlich von voriger Art verschieden. Statt der
querovalen Region des Cephalothoraxes der erstern bemerkt
man eine gabelförmige, die zweite Region ist verhältnissmässig grösser und aufgeblasener, die dritte, gabelförmige,
aber fehlt, und statt ihrer schliesst sich eine kleine erhabene,
bewarzte Stelle an. Die erhabenen Theile des Cephalothorax sind bewarzt, aber nicht stachelig. Der übrige, die
Kiemengegend bezeichnende Hintertheil desselben hat kleine,
in Grübchen übergehende Warzen. Schwanz, Antennen,
Füsse unbekannt.

Ein Cephalothorax aus *c* bei Horgen, ein zweiter aus
f im Schachte am Stallberge.

Pemphix Meyeri n. sp.

Tab. VII. fig. 7.

Es fehlt ihm, wie dem Pemphix Albertii, die starke
querovale Region des Pemphix Sueuri, die hintere Querfurche ist auch viel schwächer als bei letzterem. Die Sta-
chelwarzen sind nur auf die nierenförmige Region des mittlern Haupttheils beschränkt. Es fehlt ihm die starke Region,
welche fast den ganzen vordern Haupttheil hinten an der
Querfurche bei Pemphix Albertii begrenzt.

e Schacht 2 in Friedrichshall — 1 Cephalothorax und
das Bruchstück eines solchen.

2. Litogaster H. v. Meyer.

Litogaster obtusa H. v. Meyer.

H. v. Meyer Paläontogr. I. 137. T. 19. f. 20.

Bronn Leth. 2. III. 92. T. XII¹. f. 15.

Kaum so gross als das kleinste Exemplar des Pemphix Sueuri. Cephalothorax $0^m,0163$ Länge. Er weicht, mit Ausnahme
der Genitalgegend, völlig von Pemphix ab, ist viel weniger
aufgeblasen als dieser, und im Ganzen glatter. Hat einen
langen, oben zugespitzten Kopf, der an Aphthartus erinnert.

e Bühlingen 1 Exempl.

Litogaster venusta H. v. Meyer.

Paläontogr. I. 139. T. 19. f. 21.

Paläontogr. IV. 54. T. 10. f. 7.

Ist noch kleiner als die vorige Art, nimmt hinten an
Breite ab, während die vorige dort an Breite zunimmt. Die
Bildung des Kopfes und des glatten Cephalothorax unter-
scheiden auch ihn wesentlich von Pemphix.

e Bühlingen — 2 Exempl.

Bruchstücke des Schwanzes von Litogaster ebenfalls
von Bühlingen — 6 Stücke; es scheint sich dieser wesentlich von Pemphix zu unterscheiden.

Ob die langen, dünnen, von denen des P. Sueuri verschiedenen Antennen, die ich in e bei Wilhelmsglück fand,
hierher gehören, ist unbestimmt.

3. Lissocardia H. v. Meyer.

Lissocardia Silesiaca H. v. Meyer.
Palaeontogr. I. 254. T. 32. f. 38, 39 und 34, 35, 37.
In Schacht 1 in Friedrichshall fanden sich Abdominal-
segmente, welche der von H. v. Meyer gegebenen Abbildung T. 32. f. 39. entsprechen. [1]

Pisces.

I. Ichthyodorulithes.

1. Hybodus.

Hybodus major Agass.
Agass. poiss. foss. III. 1. T. 8h. f. 7his, 8, 9, 10, 11
und 12.
Flossenstachel gross, mit breiten Längsrippen auf den
Seiten und stumpfen Höckern am Hinterrande.
c Marbach b. V. 1 Exempl.

[1] In c. in Oberschlesien:
Lissocardia magna H. v. Meyer.
Palaeontogr. I. 257. T. 33. f. 38.

4. Myrtonius H. v. Meyer.

Myrtonius serratus H. v. Meyer.
Palaeontogr. I. 258. T. 32. f. 40.

5. Aphthartus H. v. Meyer.

Aphthartus ornatus H. v. Meyer.
Palaeontogr. I. 259. T. 32. f. 41.
Aus dem bunten Sandsteine von Sulzbad erwähnt H. v. Meyer:
? Gobis obscura — Palaeontogr. IV. 55. T. 10. f. 9.
? Galathea audax — Palaeontogr. IV. 55. T. 10. f. 8.
Insekten nach Héer aus dem Sandstein m, SO, ob Vaduz in Escher's
N. Vorarlberg:
Glaphyroptara Pterophylli Heer T. VII. f. 11.
Curculionites prodromus Heer T. VII. f. 13.

Hybodus dimidiatus Agass.

Agass. poiss. foss. III. 1. T. 8ʰ· f. 13. 14. .

Kleiner als der vorige; Flossenstachel hat nur vorn Langsrippen, ist auf den Seiten glatt; Hinterrand gezähnt, Zähne zusammengedrückt, gebogen, ausgezackt.

c Röthenberg — 2, iᵇᵇ Gölsdorf 1 Exempl.

Hybodus tenuis Agass.

Agass. poiss. foss. III. 1. T. 8ᵇ· f. 15ᵃ·

Noch schlankerer Stachel als der vorige; die Längsrippen erstrecken sich bis an den hintern Zahnrand. Die Zähne sind kleiner und abgerundeter.

λ Crailsheim — 1, iᵇᵇ Rottenmünster, Gölsdorf — 2 Exempl.

Hybodus cloacinus v. Quenstedt.

Plieninger Paläont. W. T: XII. f. 67, 68, 69.

Quenstedt Jura T. 2. f. 14.

Wurde von Agassiz zweifelhaft zu Hybodus curtus Agass. gestellt. Mit erhabenen Längsstreifen — p Täbingen — 4 Exempl. Die Zähne sind nach v. Quenstedt stark gestreift; Nebenspitzen jederseits 4 bis 6.

2. Leiacanthus.

Leiacanthus falcatus Agass.

Agass. poiss. foss. III. 1. T. 8ᵇ· f. 16.

Flossenstachel abgerundet, viel breiter an der Basis als an der Spitze, mehr gebogen als bei den übrigen Ichthyodorulithen. Die ganze äussere Oberfläche ist mit kleinen Längsrippen gleichförmig geschmückt, welche gegen die Spitze hin an Zahl abnehmen. Die Wurzel schief, kurz und weniger abgerundet als bei den meisten Ichthyodorulithen.

iᵇᵇ Gölsdorf — 3 Exempl. [1].

[1] In Oberschlesien in e. finden sich:

Leiacanthus Opatowitzanus H. v. Meyer.

Paläontogr. 1: 221. T. 30. f. 1.

Flossenstachel noch einmal so gross als bei L. falcatus und gerader.

II. Hybodontes.

Vou den naclstehenden Hybodonten sind nur die Zähne bekannt.

Hybodus cuspidatus Agass.

Agass. poiss. foss. III. T. 22⁺ f. 5, 6, 7.

Plieninger Paläont. W. T. 12. f. 61, 62.

Die Abbildungen in

Quenst. Petrefk. T. 13. f. 25.

Quenst. Jura 34. T. 2. f. 16.

geben abgeriebene, daher glatte Zähne.

Die sehr markirte Streifung nicht gerade und parallel, unregelmässig und unter sich auf verschiedene Weise verflochten. Der Zahn ungleichseitig, Hauptspitze stark hervorragend, schwach nach hinten geneigt, schief gegen die Basis. Nebenkegel unregelmässig der Form und Zahl nach; auf einer Seite bis zu 3 und mehr.

h Bibersfeld, Rieden — 6, p Tübingen 5 Exempl.

Eine Hauptform ist ferner

Hybodus plicatilis Agass.

Agass. poiss. foss. III. 189. T. 22. a. f. 1. T. 24. f. 10 und 13.

Plieninger Paläont. W. T. 12. f. 51, 70, 71.

H. v. Meyer Paläontogr. I. 224. T. 28. f. 35, 36.

Quenstedt Petrefk. T. 13. f. 27, 28.

Bronn Leth. 3. III. 98. T. XI. f. 18.

Gervais Zool. T. 71. f. 1—5.

Schmid Fischzähne von Jena 18. T. III. f. 9.

Schlank, Hauptkegel gerade und spitzig, regelmässig bis zur Spitze gestreift; auf jeder Seite einige kleine Nebenkegel. Das Schmelzende gerade, parallel mit der Basis der Wurzel, welch letztere sehr hoch und stets erhalten ist.

Leiacanthus Tarnowitzanus H. v. Meyer.

Paläontogr. I. 221. T. 30. f. 2.

Unbedeutend kleiner als bei Hybodus major, von dem er sich durch den Mangel an Warzen auf der Hinterseite auszeichnet.

c Horgen — 1, e Bühlingen, Marbach b. V. . — 4,
h Canal am Stallberge — 1, i^{bb} Rottenmünster, Gölsdorf
— 5 Exempl.

◦Hybodus Mougeotii Agass.

> Poiss. foss. III. T. 24. f. 7, 8, 11, 12, 14, 16.

Geinitz Beitr. T. III. f. 8.

Schmid Fischz. v. Jena T. III. f. 7 u. 8.

Grösserer Kegel, weniger scharfe Falten als die vorige
Art. Während die Basis des Zahns von H. plicatilis gerade
und horizontal, ist sie hier stark ausgeschweift. Basalkegel
zu beiden Seiten ungleich vertheilt bis zu $^4/_5$.

e Bühlingen. — 1, h Bibersfeld — 1, i^{bb} Rottenmünster, Gölsdorf — 6 Exempl.

An Hybodus plicatilis schliesst sich ferner an:

Hybodus obliquus Agass.

Agass. poiss, foss. III. T. 24. f. 1—6.

Schmid Fischz. v. Jena 19. T. III. f. 1—3.

Gleicht dem Hybod. Mougeotii, aber der Hauptkegel
ruht schief auf der unregelmässigen Basis.

p Tübingen — 1 Exempl.

Hybodus orthoconus Plieninger.

Plien. Paläontol. Württ. T. 12. f. 77, 85, 87, 89.

Ohne Nebenkegel, Hauptkegel vollkommen conisch, mit
sehr markirter Faltenstreifung. Zahnwurzel dünn, scheibenförmig.

p Tübingen 1 Exempl.

Hybodus longiconus Agass.

Agass. poiss. foss. III. T. 24. f. 19—23.

Plieninger Paläontol. Württ. T. 12. f. 53, 54, 56.

Quenstedt Petrefk. T. 13. f. 30, 31.

Schmid Fischz. v. Jena 19. T. III. f. 4—6.

Hauptkegel lang, am Ende abgestumpft, ohne Basalkegel, Zahnwurzel höher als bei allen andern Hybodus-
Arten. Zahn gestreift; die Streifen erreichen aber die Spitze
nicht.

c Bühlingen — 1 Exempl.

Hybodus minor Agass.

Agass. poiss. foss. III. T. 23. f. 21—24.
Plieninger Paläontol. W. T. 12. f. 28.
Quenstedt Petrefk. T. 13. f. 22—24.

Sehr klein, spitzig wie Hyb. plicatilis, aber weniger pyramidal; vorwärts gebogen; die ganze Oberfläche ist gestreift.

p Täbingen 1 Exempl.

Hybodus sublaevis Agass.

Agass. poiss. foss. III. T. 22ᵃ f. 2, 3, 4.
Plieninger Paläont. W. T. 12. f. 73, 74, 80.
Quenstedt Petrefk. T. 13. f. 21ᵃ·ᵇ·

In der Form dem Hybodus cuspidatus ähnlich, die Streifung jedoch ist äusserst fein.

p Täbingen, Nenfra, Kaltenthal — 7 Exempl.

Hybodus bimarginatus Plieninger.

Pliening. Paläont. Württ. 114. T. XII. f. 27.

Zeichnet sich vor H. sublaevis, dem er in der Form gleicht, durch deutliche Streifung und durch eine Kante aus, welche zu beiden Seiten bis zu den Nebenkegeln herunterzieht.

p Täbingen 1 Exempl. [1]

---

[1] Hybodus polycyphus Agass.

Agass. poiss. foss. III. T. 24. f. 17, 18.

Erinnert an die Hinterzähne von H. Mougeotii. Der Hauptkegel ist dick, breit, stumpf und wenig hoch, hat auf einer Seite 4, auf der andern 3, überdiess vor dem Hauptkegel noch einen überzähligen Basalkegel. Die Wurzel ist sehr dick, fast so hoch als der Hauptkegel.

e. Luneville.

Hybodus rugosus Plieninger.

Pliening. Paläont. Württ. 56. T. XII. f. 52.

aus h. bei Crailsheim scheint, obschon der überzählige Basalkegel nicht ausgedrückt ist, damit übereinzustimmen.

Damit ist auch Hybodus cloacinus

Quenst. Jura T. 2. f. 15. ans p,

ein grosser, stark gestreifter Zahn mit 4—6 Nebenspitzen verwandt, doch ist die Wurzel bedeutend dünner.

Hybodus angustus Agass.

Agass. poiss. foss. III. 24. f. 9 u. 15.

IV. Cestraciontes.

1. Strophodus.

Strophodus Agassizii n. sp.
Tab. VII. fig. 8.

Von Agassiz zweifelhaft zu Strophodus reticulatus des Jura, Agass. poiss. foss. T. III. 123. T. 17, gestellt. Zahn

Gervais Zool. T. 77. f. 6.
Schmid Fischz. v. Jena 19. T. III. f. 10—12.

Gestreift wie plicatilis, aber der Hauptkegel ist merklich nach hinten gekehrt, nicht in der Mitte und schir schmal. Die Nebenkegel, gewohnlich zwei auf einer Seite, sind klein. Die Basis ist fast gerade was ihn von Hybodus Mougeotii unterscheidet.

e. Luneville.

Hybodus adnxous Plieninger.
Plening. Palaont. Württ. T. 12. f. 26, 35, 80.

Spitzer als Hybodus obliquus, Hauptkegel, ungeachtet seiner gleichformigen Krümmung nach rückwärts, nicht schief auf der Basis.

In *p.*

Hybodus attenuatus Plieninger.
Paläont. Württ. T. 12. f. 33, 34.

Gestreift wie Hybodus plicatilis, Hauptkegel dünn, pfriemenförmig, Sförmig nach hinten gebogen, Neigung zu zweikantiger Bildung. Hauptkegel in der Mitte, Nebenkegel 1- oder 2paarig. Unmerklich concave, sehr dünne Zahnwurzel.

p. Degerloch.

Hybodus apicalis Agass.
Agass. poiss. foss. III. T. 23. f. 18—20.

Sehr klein; der Hauptkegel conisch, verhältnismässig viel grösser als bei einer andern Species, mit 1 oder 3 Basalkegeln auf jeder Seite, die sich ebenso durch ihre Breite auszeichnen. Alle Kegel sind deutlich gestreift, aber nicht bis zu ihrer Spitze.

h? Hildesheim.

Hybodus simplex H. v. Meyer.
H. v. Meyer Paläontogr. I 228. T. 28. f. 42.

Die nach einer Seite sich hinneigende Hauptspitze erhebt sich nicht als besonderer Kegel und ist stumpf. Von dieser Hauptspitze laufen erhabene Streifen herab Statt der Nebenspitzen eine Längsfalte nach vorn.

In *e.* Oberschlesien.

in unregelmässigem Umrisse, ziemlich flach, sich nach einer
Seite zuspitzend, gegen die Wurzel ziemlich steil abfallend.
Von grünlich gelbem Schmelze, während Strophodus reticulatus aus dem Thone von Sholover bei Oxford dunkel-
braun gefärbt erscheint. Mit schönem netzförmigen Gewebe
überzogen. Die Wurzel matt, aber ebenfalls von netzförmiger Struktur. $0^m,01$ breit, $0^m,014$ lang.

i^{bb} Rottenmünster 1 Exempl. [1]

III. Squalidae.

Doratodus Schmid.

Doratodus tricuspidatus Schmid.

Schmid Fischz. v. Jena 10, T. 1. f. 28—37.

Die Zähnchen bestehen aus einer bald mehr, bald weniger gekrümmten Krone von glanzendem, lichtbraunem Schmelz, an welcher eine kno-
chige Wurzel ansitzt. Die Krone endet in eine gekrümmte Spitze, an
deren convexer Seite sich ein Schmelzzipfel über die Wurzel herabzieht.
Der untere Rand ist wulstig eingebogen, aus welcher Umbiegung sich
zu beiden Seiten stumpfere Spitzen entwickeln. Die Wurzel breitet sich
nach der schmalen Seite der Krone aus.

Aus h. bei Jena.

[1] **Strophodus ovalis** Giebel.

Giebel Esperstedt — 156.

Ob dieser hierher oder zu den Rajiden gehöre, noch ungewiss. Mehr
als doppelt so gross als Palaeobates angustissimus. Gleichmässig ziemlich stark gewölbt, so jedoch, dass der höchste Punkt mehr seitlich als
in der Mitte liegt. Der Rand steht ringsum scharf hervor, und die ganze
Oberfläche ist glatt, erst unter der Lupe fein punktirt.

d. Esperstedt.

Schmid hat noch 5 Arten von Strophodus aufgestellt: längliche Zähne
mit stumpfendender, netzförmiger Oberfläche, mehr oder weniger der
Länge nach gedreht und sich hauptsächlich durch die Struktur des
Schmelzes unterscheidend.

Strophodus substriatus Schmid Fischz. 12. T. 11. f. 6 u. 7. aus e.
Strophodus pulvinatus Schmid 13. T. 11. f. 2 u. 3. aus e.
Strophodus acrodiformis Schmid 13. T. 11. f. 1. aus c.
Strophodus rugosus Schmid 14. T. 11. f. 4. aus e, und
Strophodus virgatus Schmid 14. T. 11. f. 5. aus h.

2. Acrodus.

Acrodus Gaillardotii Agass.

Agass. poiss. foss. III. T. 22. f. 16, 17, 18, 19. 20.
Paläontogr. I. T. 28. f. 3—8, 12—16.
Quenstedt Petrefk. T. 13. f. 30—38. ·
Bronn Leth. 3. III. 96. T. 13. f. 18.
Gervais Zool. T. 77. f. 14.
v. Schauroth Krit. Verz. 70. T. III. f. 21.
Schmid Fischz. v. Jena 16. T. II. f. 29—32.

Länge der Zähne bis $0^m,03$, Breite in der Mitte $0^m,01$,
meist aber viel kleiner, gleichförmig abgerundet, nach den
Enden mehr oder weniger an Breite abnehmend, Rücken-
linie theilt vom Scheitel aus, welcher im Mittel liegt, den
Zahn in 2 gleiche Theile. Mit zahlreichen verästelten, am
Schmelzsaume etwas wülstigen Querfalten.

e Schwenningen, Bühlingen, Rottweil, Marbach b. V.
— 4, Primthal b. Rottweil, Crailsheim, Biberafeld — 7,
i^{aa} Sulz 1 Exempl.

Acrodus lateralis Agass.

Agass. poiss. foss. III. 147. T. 22. f. 21, 22.
Quenstedt Petrefk. 178. T. 13. f. 43—46.
Schmid Fischz. v. Jena 15. T. II. f. 8—25. ·

Agassiz rechnet die Zähne hierher, bei denen eine
Längenseite stumpfer und angeschwollener als die andere,
und der Wirbel, von dem die Strahlen ausgehen, ausser dem
Mittel gelegen ist; v. Quenstedt dagegen rechnet alle die im
Muschelkalke und der Lettenkohlengruppe sich findenden kleinen, in der Form sehr varirenden Zähne mit stark convexer, in
der Mitte sogar kugelförmig aufgeschwollener Fläche hierher.

. e Bühlingen, Jagstfeld — 2, h Canal am Stallberge,
Biberafeld — 4, i^{bb} Gölsdorf, Rottenmünster — 10 Exempl.

Hybodus Thüringiae Chop.

Zeitschrift der gesammt. Naturw. von Giebel u. Heintz
1857. IX, 129. T. IV. f. 3.
scheint hierher zu gehören.

Acrodus minimus Agass.

Acrodus acutus Agass.

Agass. poiss. foss. III. 145. T. 22. f. 6—15.

Plieninger Paläont. W. T. X. f. 25, 26. Tab. XII.
f. 63 und 82.

Quenst. Petref. 179. T. 13. f. 47—50.

Schmid Fischz. v. Jena 17. Tab. II. f. 33—38.

Die beiden von Agassiz erwähnten sind nur darin verschieden, dass letzterer keine Höcker auf der Seite hat. Bei
Acrodus minimus erheben sich auf der Kante des Schmelzes
— 3 bis 5 kaum sichtbare Höcker, und der in der Mitte
schwillt kegelförmig an. Die verschiedenen Arten von

Thectodus Plieninger.

Plieninger Paläont. Württ. T. X. f. 20, 21, 22, 27.
T. XII. f. 29.

scheinen, wie v. Quenstedt wohl richtig bemerkt, dem Acrodus minimus (Acrodus acutus) anzugehören.

p Tübingen 8 Exempl. [1]

[1] Acrodus falsus Giebel.
Giebel Esperstedt 156.
Zähne von der Grösse des Acrodus Gaillardoti, aber mehr deprimirt,
und mit netzförmigen Erhabenheiten in der Mitte der Krone, wodurch
sie sich den Strophodonten nähern; nur an beiden verschmälerten Enden
verschwindet dieses Netz, und die scharfen Querfalten stossen in einer
wenig markirten Längsleiste zusammen.
d. Esperstedt.
Acrodus immarginatus H. v. Meyer.
H. v. Meyer Paläontogr. I. 232. T. 28. f. 11.
Bald nach der erhöhten Mitte verschmälern sich die Seitentheile,
von welchem der eine deutlich eingeschnürt erscheint. Die ganze Länge
der Krone wird von einer Schmelzkante durchzogen, von der aus die
Runzeln sich verzweigen. Das Netz von Runzeln erlischt schon in einiger
Entfernung vom Rande der Krone, wobei die Runzeln weit auseinander-
treten. Gegen die beiden Enden des Zahns ein paar Nebenhöcker angedeutet.
e. Lürishof in Oberschlesien.
Aus dem bunten Sandsteine von Zweibrucken wird noch erwähnt:
Acrodus Braunii Agass.
Agass. poiss. foss. III. 147. T. 22. f. 26.
Hat einen mehr geraden und winklichern Rand als die andern

4. Ceratodus

wurde von Agassiz zuerst zur Familie der Cestracionten, dann zu den Chimeriden gezählt; Beyrich, der dieser Gattung besondere Aufmerksamkeit geschenkt hat, ist geneigt, sie der erstern zuzurechnen.

    Ceratodus Kaupii Agass.

        Agass. poiss. foss. III. T. 18. f. 3 u. 4.

        syn. Ceratodus Guilielmi, C. concinnus, C. palmatus, C. Weissmanni Pliening.

        Plieninger Paläont. Württ. 85. T. 10. f. 7, 8, 9, 13.

        T. II. f. 9 u. 10.

        Quenstedt Petrefk. T. IV. f. 2.

        Beyrich Lettenk. Thür. 166. T. VI. f. 1, 2.

Spectes. Die Rückenlinie nimmt genau die Mitte des Zahnes ein, wie bei Acrod. Gaillardoti, aber der Schmelz fällt dachförmig nach beiden Seiten ab, die Querfalten anastomosiren nicht, wie bei den letztbenannten, sind entfernter von einander und bilden rechte Winkel mit der Mittellinie.

    Grosse Aehnlichkeit mit Acrodus hat
    Palaeobates acrodiformis Schmid.
        Schmid Fischr. v. Jena. 9. T. I. f. 25—27.

    Längs des grössten Durchmessers hebt sich eine stumpfe Mittelkante, neben der sich eine Reihe von Vertiefungen hinzieht, und von welchen sich oben solche Reihen nach den Seiten herabziehen. Seitenrand ohne Streifen.

    Aus dem Muschelkalke e von Jena.

3. Tholodus.

    Tholodus Schmidii H. v. Meyer.

        Palaeontogr. I. T. 31. f. 27 u. 28.

        Bronn Leth. 3. III. 97. T. XII. f. 20.

    Von H. v. Meyer in die Nähe von Acrodus gesetzt. Kuppelförmige, radial gestreifte Pflasterzähne — bis 0m,02 im Durchmesser.

    e. Jena.

    Tholodus minutus Schmid.

        Schmid Flachr. v. Jena p 28. T. IV. f. 14, 15.

    Gleicht sehr dem vorhergehenden und ist fast nur durch seine Kleinheit verschieden.

    e. Klein-Romstedt.

Unsymmetrisch fächerförmig, vier Hauptfalten, von denen die hintere gespalten ist. Zähne bis 0ᵐ,055 lang, 0ᵐ,036 breit.

e Whupfen 1 — *i*ᵃᵃ Hoheneck 4 Exempl.

Ceratodus heteromorphus Agass.

Agass. poiss. foss. III. T. 18. f. 33.

ist ein kleines, aber gut erhaltenes Exemplar des Ceratodus Kaupi.

h Rieden b. Hall.

Ceratodus serratus Agass.

Ceratodus runcinatus Plieninger.

Agass. poiss. foss. III. 135. T. 19. f. 18.

Plieninger Paläont. Württ. T. XI. f. 8.

Beyrich Lettenk. Thür. T. VI. f. 3, 4.

Bronn Leth. 3. III. 93. T. XII¹. f. 16ᵃˑ ᵇˑ

Starke Verlängerung nach der vordern Seite, 5 Falten durch tiefe Rinnen getrennt, deren Zahl durch Spaltung der vordersten zu 6 erwachsen kann. Lang 0ᵐ,065, breit 0ᵐ,043.

*i*ᵃᵃ Hoheneck 2 Exempl.

Ceratodus! heteromorphus Agass.

Agass. poiss. foss. III. 136. T. 18. f. 32.

Von unregelmässiger, winklicher und ausgeschnittener Form, die eine Art Kreuz bildet, dessen Arme abgerundet sind. Die Oberfläche ist gleichmässig und unregelmässig punktirt. Agassiz hat diesen früher zu Psammodus gerechnet und Psammodus heteromorphus genannt, glaubt jedoch, dass er später zu einem eigenen Geschlechte zu zählen sein werde.

e Rottweil 1 Exempl.

Ceratodus anglicus Beyrich.

Unter dieser Benennung begreift Beyrich — Lettenk. Thür. 159 f. — die 9 verschiedenen Arten, welche Agassiz von Aust-Cliff aufführt:

Ceratodus latissimus Agass.

         poiss. foss. III. T. 20. f. 8, 9.

    "   curvus Agass.

         poiss. foss. III. T. 20. f. 10.

Ceratodus planus Agass.
>poiss. foss. III. T. 20. f. 6 u. 7.
» parvulus Agass.
>poiss. foss. III. T. 20. f. 1.
» emarginatus Agass.
>poiss. foss. III. T. 20. f. 11—13.
» gibbus Agass.
>poiss. foss. III. T. 20. f. 14, 15.
» Daedaleus Agass.
>poiss. foss. III. T. 20. f. 18.
» altus Agass.
>poiss. foss. III. T. 20. f. 2—5.
» obtusus Agass.
>poiss. foss. III. T. 19. f. 20, 21.

Diese Zahnform hat nur 4 Falten. Vielleicht sind
Ceratodus Kurri Plieninger.
Palæont. Württ. T. 10. f. 10 u. 11. und
Ceratodus trapezoides Plieninger.
l. c. T. 12. f. 50.
Bruchstücke davon.
Syn.? Ceratodus cloacinus v. Quenstedt.
Quenstedt Jura T. 2. f. 28.
ρ Täbingen 1 Exempl. [1]

V. Rajiden.

Palaeobates H. v. Meyer.

Von Agassiz zu den Cestracionten, und zwar zu Psammodus und dann zu Strophodus gerechnet, und in 2 Arten:

[1] 5. Orodus Agass.

Orodus triadsus Schmid.
Schmid Fischz. v. Jena. 11. T. 1. f. 38—40.
Längliche Krone mit einem Längskiel, der sich in der Mitte zu einem
stumpfen Kegel erhebt und noch in mehrere niedrigere Nebenkegel ge-
theilt ist, von denen sich Querfurchen herabziehen.
Aus r. bei Jena.

Strophodus angustissimus und
Strophodus elytra
geschieden.

Palaeobates angustissimus H. v. Meyer.

Agass. poiss. foss. III. 128. T. 18. f. 28—30.
H. v. Meyer Paläontogr. I. 233. T. 28. f. 14 u. 15.
Geinitz Beitr. T. III. f. 6.
Quenstedt Petrefk. T. 18. f. 58.
Bronn Leth. 3. III. 95. T. XII. f. 18ª·d
Schmid Fischz. v. Jena 8. T. 1. f. 4—15.

Palaeobates elytra H. v. Meyer.

Agass. poiss. foss. III. 128ʰ T. 18. f. 31.

Der Unterschied zwischen den zwei Benannten besteht
darin, dass letzterer kürzer, mehr oval, breiter, der erstere
viel schmäler, länger — 4 bis 6mal so lang als breit ist;
der Schmelzüberzug ist jedoch bei beiden der gleiche.

Palaeobates angustissimus: s Rottweil, Bühlingen, Marbach b. V. — 9, h Biberafeld — 1, iᵃˢ Sulz — 1, iᵇᵇ Gölsdorf,
Bühlingen, Rottenmünster, Rottweil 8, p Stuttgart 1 Exempl.

Palaeobates elytra: iᵇᵇ Gölsdorf 2 Exempl. ¹

VI. Chimeriden.

Davon nur Flossstacheln bekannt.

Nemacanthus granulosus G. v. Münster.

Tab. VII. fig. 9. Sehr vergrössert.

a. Oberfläche,
b. Querschnitt.

Agass. poiss. foss. III. 177.

¹ Palaeobates angustus Schmid.
Schmid Fischz. v. Jena. 7. T. 1. f. 1—3,
in der Punktirung etwas verschieden, sonst dem Palaeobates angustis-
simus sehr ähnlich; in c.
Palaeobates ovalis Schmid.
Schmid Fischz. v. Jena. 9. T. 1. f. 16—21.
Zähne gleichen dem des P. angustissimus im Schmelze, sind da-
gegen oval. In c.

Kleine Flossstacheln, abgeplattet, Querschnitt keilförmig, an der Seite leicht gestreift, die Oberfläche mehr oder weniger regelmässig mit Körnchen besetzt.

ᵇ Rottenmünster, Gölsdorf — 4 Exempl. [1]

VII. Lepidoiden.

Von einzelnen Arten sind ziemlich erhaltene Exemplare oder grössere Bruchstücke, von andern nur die Zähne bekannt.

1. Amblypterus.

Amblypterus decipiens Giebel.
Gyrolepis tenuistriatus Agass.
Gyrolepis maximus Agass.
Agass. poiss. foss. II. II. 179. T. 19. f. 7—12.
Plieninger Paläont. W. T. X. f. 14, 17, 19, 20, 22, 25. T. XII. f. 41, 43, 44, 46, 47, 48.
Giebel N. Jahrb. f. Min. 1848. p. 154 f.
Quenstedt Petrefk. T. 17. f. 8—11 und 14.

Die nach der langen Diagonale fein gestreiften Schuppen (Gyr. tenuistriatus) gehören meist der hintern Körpergegend, die mit fingerförmigen Schmelzleisten bedeckten und grösseren (Gyr. maximus) der Gegend hinter dem Kopfe und über den Brustflossen an. Zähne schlank, kegelförmig, etwas

[1] Nemacanthus monilifer Agass.
Desmacanthus cloacinus Quenst.?
Agass. poiss. foss. III. 26. T. 7. f. 10—16.
Quenstedt Jura T. 2. f. 13 ᵃ ᵇ.
Von beträchtlicher Länge, deprimirt, von fast dreieckigem Querschnitt; flach gefurcht. Die Warzen vorzüglich auf dem hinteren Theile, der grösste Theil des Flossenstachels unbewartt.
p In Schwaben und Austcliff.
Agassiz erwähnt aus dem Muschelkalke von Laineck noch das
Nemacanthus senticosus Agass.
Agass. poiss. foss. III. 177,
ohne Abbildung oder nähere Beschreibung darüber zu geben.

nach vorn geneigt, mit kräftigen Kiefern. Kopfknochen
wellig gestreift, runzelig oder punktirt.

e Buhlingen, Villingendorf, Schächte von Friedrichshall
— 11, *h* Canal am Stallberge, Primthal bei Rottenmünster,
Gölsdorf — 11, *p* Täbingen 12 Exempl. [1]

2. Lepidotus.

Lepidotus Giebeli n. sp.
Zu Lepidotus gehören nach Giebel
Paläontol. 217,
die glatten, halbkugelförmigen oder deprimirten, als Sphae-
rodus beschriebenen kleinen Zähne. Hierher die vom
Sphaerodus minimus Agass.
Agass. poiss. foss. II. II. 216.
Plieninger Paläont. W. T. X. f. 23,
vielleicht auch
Gyrodus Picardi Chop.
Zeitschr. d. gesammt. Naturw. v. Giebel d. Heintz
1857. IX. 130. T. IV. f. 5.

e Buhlingen, Schacht 1 in Friedrichshall — 2, *h* Crailsheim, Primthal — 2, *i*[bb] Rottenmünster, Gölsdorf — 3,
p Täbingen, Neufra 15 Zähne. [2]

[1] Bei Esperstedt in Thüringen finden sich zu *d.*:
   Amblypterus ornatus Giebel.
      Giebel Esperst. 152. T. II. A. f. 7, 8, 9.
   Kopf klein, abgerundet, mit feineren Zähnen als die vorige Art;
diese leicht gekrümmt. Brustflossen gross, dünnstrahlig, Schuppen sehr
dick, rhomboidal, diagonal gestreift.
   Amblypterus latimanus Giebel.
      Giebel Esperst. p. 154.
   Hiervon nur ein Kopffragment bekannt. Die Strahlen der Brustflossen
sind länger als bei irgend einer andern Art.
   Amblypterus Agassizii Gr. v. Münster.
      Agass. poiss. foss. II. 105.
   Die Oberfläche der Schuppen den Rändern parallel gestreift.
[2] Lepidotus arenaceus Fraas.
      Fraas Seminot. u. Kanperconch. 97. T. I. f. 9—11.

VIII. Sauroides.

Saurichthys.

Hievon sind nur einzelne Schädel bekannt, die schmal und lang sind, mit schnabelartigem Kiefer und vielen kegelförmigen Zähnen.

Hievon nur Reste von Knochen, Schuppen und Zähne vorhanden In o bei Hütten im Bonebed des Kieselsandsteins.

3. Palaeoniscus.

Palaeoniscus superstes P. de M, Gray-Egerton.
  The quart. Journ. of the geol. soc. Lond. 1858. XIV. 164 ff.
    pl. 11.
  Zeichnet sich vor den übrigen Arten von Palaeoniscus durch die sehr weit hinten über der Afterflosse stehenden Rückenflosse aus.
  Im Keuper (?) von England.

4. Semionotus Agass.

Semionotus Bergeri Agass.
  Palaeoniscum arenaceum Berger.
  Semionotus Spixii Agass.
  Berger Coburg 18. T. 1. f. 1.
  Agass. poiss. foss. II. 224. T. 26. f. 2 u. 3.
  v. Schauroth — Zeitschr. der deutsch. geol. Ges. 1851. 405,
    T. XVII.
  Bornemann Zeitschr. der deutsch. geol. Ges. 1854. 612. T. XXV.
  Fraas Semionot. u. Kenperconch. 81. T. 1. f. 6.
  Nach v. Schauroth ist dieser Fisch länglich eiförmig, dem Schwanze zu etwas verlängert. Schwanz unsymmetrisch, zieht sich wie bei den Heterocerken nach oben. Rückenflosse 16strahlig, Schuppen hinter dem Kopfe bis zur Rückenflosse sägeähnlich, spitz, nach hinten gerichtet. Der erste Strahl ist mit Schindeln besetzt, was auch bei den übrigen Flossen der Fall ist. Bauchflosse in der Mitte des Korpers. Ueber 40 parallele Schuppenreihen ziehen sich in einem Winkel von 60° gegen die Längenachse des Fisches. Die Form der Schuppen vorn mehr quadratisch, nach hinten rhomboidisch; sie sind auf ihrer Oberfläche mit einer ihrem Umriss entsprechenden concentrischen, 5 bis 6mal sich wiederholenden Streifung versehen. Länge des Fisches $0^m,14$ bis $0^m,2$.

Saurichthys apicalis Agass.

Gr. v. Münster Beitr. I. 110. T. 14. f. 1 u. 2.

Agass. poiss. foss. II. II. 85. T. 55* f. 6—11.

Berger N. Jahrb. f. Min. 1843. p. 86 hat uns den bei Coburg auf-
gefundenen zahlreichen Exemplaren drei Species ausgeschieden:

Seminotus Bergeri Agass.

syn. Seminotus Spixii Agass.

Hohe Form mit entferntstehenden Flossenstrahlen.

Seminotus socialis Berger.

Gestreckte Form mit dichtstehendeu Strahlen, und

Seminotus esox Berger.

Gestreckte Form mit entferntstehenden Strahlen.

v. Schauroth, der diesen Fischen besondere Aufmerksamkeit schenkte,
meeht es wehrscheinlieh, dass die von Berger aufgestellten drei nur Einer
Species angehören.

Bornemann untersuchte einen Fisch von demselben Geschlechte von
Haubinda bei Römhild. Obschon die Rückenflosse weiter vom Kopf entfernt und näher nach dem Schwanze zu als bei den von Seminotus Bergeri abgebildeten Exemplaren ist, und die Schuppen glatt sind, so glaubt
er doch, dass diese Abweichungen nicht sowohl in einer Verschiedenheit
der Species als in der weniger vollkommenen Erhaltung und in der Zu-
sammenfaltung der Flossen liege.

Fraas führt uns in der oben erwähnten Schrift eine grosse Zahl von
Seminotus-Resten vor Augen, welche Kapf bei Stuttgart fand. Sie sind
meist kleiner, als die von Coburg und Haubinda, gleichen diesen jedoch
in der Form und im ganzen Habitus. Fraas hat in einem der Stuttgarter Exemplare einen unter der Krone geschnürten spitzen Griffelzahn
gefunden. Er trennt sie in

Seminotus Bergeri.

Fraas Seminot. n. Keuperconch. T. I. f. 6.

Seminotus elongatus Fraas.

Fraas Seminot. u. Keuperconch. T. I. f. 4, 5. und

Seminotus Kapfii Fraas.

Fraas Seminot. u. Keuperconch. T. I. f. 1, 2.

Das wesentliche Merkmal des S. elongatus ist eine länger gestreckte
Form, die Form des S. Kapfii ist oval bis zu 0", 1 lang, ½ so hoch als
lang, Kopf etwas spitz zulaufend.

Fraas hat die Schindeln, welche auf dem ersten Strahl der Flosse im
Coburg'schen sich finden, bei den Stuttgarter Exemplaren nicht wahr-
genommen; bei diesen sind überdiess die Schuppen rhomboidisch und glatt.

Vergleicht man alle die genannten Abbildungen und berücksichtigt

Paläontogr. I. 1851. T. 31. fig. 29—32.
Brunn Leth. 3. III. 99. T. XIII¹. f. 6ᵃˑʰ.
Schmid Fischz. v. Jena. 22. T. III. f. 13— 17.

Sehr lang gezogene Schnautze. Spitze, bis 0ᵐ,005 lange,
etwas zurück gebogene, unten gestreifte, mit einer kurzen,
glatten Schmelzkrone versehene grössere und kleinere Zähne.
e Bühlingen — 1, ʰ Rottenmünster, Bibersfeld, Rieden
— 5, ᶦᵏᵇ Gölsdorf, Bühlingen 8, p Täbingen 1 Exempl.
Saurichthys tenuirostris Gr. v. Münster.
Gr. v. Münster's Beitr. I. 118. T. 14. f. 3.
Schmid u. Schleiden T. III. f. 4, 5.
H. v. Meyer Paläontogr. I. T. 31. f. 29—32.

Kleiner Schädel mit sehr spitzig endendem glatten Kiefer.
Hierher gehören wohl die konischen Zähne, welche auf dem
Kieferraude so entfernt von einander stehen, dass noch ein

den Erhaltungszustand, die Gewalt, mit welcher die Thiere in die Sand-
steinschichten eingeschlossen worden, wie leicht dadurch viele Merkmale
verloren gehen konnten, so drängt sich immer wieder der Gedanke auf, dass
alle die erwähnten, zum Theil verzerrten Gestalten Einer Art angehören.
Alle diese Semionotus-Reste finden sich in der Schichtenreihe o.

Semionotus serratus Fraas.
Fraas Seminot. u. Keuperconch. T. I. f. 7 u. 7¹/ₓ.
Er hat die Dornschuppen des Rückens und die Form des Körpers
der andern Semionotus, aber die Schuppen sind dick und stark, hinter
der Scapula bedeutend höher als breit, und 3—4mal gezahnt.
o. Hütten im Mainhardter Walde.
Albert Reiniger fand in i°° bei Hoheneck ziemlich undeutliche Reste,
die Fraas Semionotus letticus nennt.
Fraas Seminot. u. Keuperconch. 97. T. I. f. 8.
Zu Semionotus zählt Fraas noch:
Dipteronotus cyphus Egerton.
The quart. Journ. of the geol. soc. of London 1854. 367. P. XI.
0ᵐ,075 lang, 0ᵐ,05 hoch. Er hat einen kameelartigen Doppelrücken
mit zwei Flossen, homocerke Schwanzflosse und Ganoid-Schuppen. Schup-
pengewand stark, fest geschlossen, Oberfläche der Schuppen rauh gelupft.
34 Schuppenreihen vom Nacken zum Schwanz, 14 vom Rücken zum Bauch.
Mit Semionotus hat er gemein die dornformig verlangerten Rückenschup-
pen, die schiefe Schwanzflosse, die Stellung der Bauchflosse.
Aus o? Bromsgrove in England.

Zahn dazwischen Raum hätte. Sie sind von ungefähr gleicher Grösse, schlank, glatt und nicht auffallend spitz. Die äusserste Spitze ist von durchscheinender Beschaffenheit und hiedurch vom übrigen Zahn scharf abgesetzt. Gegen das untere Ende verstärkt sich der Zahn auffallend und besitzt an der Innenseite eine in den sehr hohlen Zahn führende Gefässmündung. Vergl. H. v. Meyer N. Jahrb. f. Min. 1851. 679. f.

In *e* bei Bühlingen?

Saurichthys Mougeotii Agass.

Agass. poiss. foss. II. II. 85. T. 55ᵃ. f. 12—15.
H. v. Meyer Mus. Senkenb. I. 3. 292. T. 2. f. 4—6.
Plieninger Paläontol. Württ. T. 12. f. 31, 32.
Quenstedt Petrefk. T. 31. f. 56.
H. v. Meyer Paläontogr. I. 235. T. 28. f. 21—30.

Kopf viel kürzer als bei Saur. apicalis, die Zähne aber grösser — 0ᵐ,007, Basis breit, stark gestreift.

Zu dieser Art hat Agussiz auch
Saurichthys breviceps v. Quenstedt
Quenst. Petrefk. T. XIII. f. 57
gerechnet, der sich häufig findet und sich durch die kürzere glatte Schmelzkrone und grössere Schlankheit der Zähne bemerklich macht.

h Schacht am Stallberge, Rieden, Bibersfeld — 4, iᵗʰ Gölsdorf 5 Exempl.

Saurichthys acuminatus Agass.

Agass. poiss. foss. II. II. 86. T. 55ᵃ f. 1—5.
Plieninger Paläont. Württ. T. 12. f. 30.
Quenstedt Petrefk. T. 13. f. 55.
Schmid Fischz. v. Jena 21. T. III. f. 18—26.

Fuss des Zahnes kurz, Schmelzkrone durch eine eingeschnürte Naht getrennt. Krone zuweilen glatt, meist aber gestreift, doch erreichen die Streifen selten die Spitze. Nähert sich so dem Saur. Mougeotii, dass beide wohl nur Einer Art angehören werden. Hierher sind vielleicht auch -
Saurichthys breviconus Plieninger,
Paläontol. Württ. 119. T. 12. f. 83.

mit gedrougener kurzer Kegelform und aufgesetztem glatten
Schmelzkegel und

Saurichthys listraconus Plieninger,

Plienlag. Paläont. Württ. 120. T. 12. f. 81.

mit ebenfalls aufgesetztem Schmelzkegel, aber von mehr
schaufelförmiger Gestalt zu rechnen. Bei letztgenanntem
hat der Schmelzkegel fast die gleiche Breite wie seine Höhe
an der Basis

e Bühlingen, Villingen, Rottweil — 3, h Bibersfeld 1,
i[bb] Gölsdorf, Rottweil — 2, p Täbingen, Neufru — 32
Exempl.

Saurichthys semicostatus Gr. v. Münster.

Agass. poiss. foss. II. II. 87. T. 55ᵃ f. 16.

Ausgezeichnet durch breite Basis der Zähne; bis 0ᵐ,015
lang. Schmelzkrone sehr klein. Sehr schwache Streifung
nur an der gebogenen Seite; vorn glatt.

i[bh] Gölsdorf — 2 Exempl.

Saurichthys longidens Agass.

Agass. poiss. foss. II. II. 87. T. 55ᵃ f. 17, 18.

Sehr schlanke Form, bis 0ᵐ,014 lang. Schmelzkrone
kurz, glatt, Basis regelmässig gestreift.

h Sulz, Bibersfeld — 2, i[bh] Gölsdorf, Bühlingen, Sulz
— 5 Exempl.

Vielleicht synonym damit:

Thelodus inflexus Schmid.

Schmid Fischz. v. Jena 27. T. IV. fig. 17—19.

Saurichthys longiconus Plieninger.

Plienлng. Paläont. Württ. 119. T. 12. f. 91.

Schlank, spitzig, konisch, mit langem, glattem Schmelzkegel auf glatter, kurzer Basis; zeigt zweikantige Bildung
des Schmelzkegels.

p Täbingen — 3 Exempl. [1]

---

[1] Schmid — Fischzähne von Jena hat nach Kieferbruchstücken noch
zwei Arten aufgestellt:

Saurichthys procerus Schmid.

l. c. 23. T. III. f. 28. aus e, und

X. Pycnodonten.

1. Colobodus.

Colobodus varius Giebel.
Colobodus Hogardi Agass.
Gyrolepis Albertii Agass.
Asterodon Bronnii Gr. v. Münster.
Gyrolepis biplicatus Gr. v. Münster.
Colobodus scutatus Gervais.
Agassiz poiss. foss. II. II. 173. T. 19. f. 1—6.
Geinitz Beitr. T. 3. f. 3.
Gr. v. Münster St. Cassian. 140. T. 16. f. 14, 15.
Plieninger Paläont. W. T. XII. f. 40, 45, 49.
Giebel Eperstedt 150. T. II. A. f. 1—6.
Bronn Leth. 3. III. 101. T. 13. f. 8. T. 13¹. f. 7.
Quenstedt Petrefk. T. 17. f. 6 u. 7.
Gervais Zool. T. 47. f. 15, 16.

Zähne in unregelmässigen Reihen dicht gedrängt, keulenförmig, mit vertikalen Falten und kleiner Warze auf dem Gipfel. Schuppen gross, rhomboidal, mit anastomosirenden Falten.

e Bühlingen, Steige bei Thalhausen, Schacht am Stallberge, Schacht 1 in Friedrichshall — 14, h Dürrheim, Rottenmünster, Bibersfeld — 3, i^bb Göledorf, Rottenmünster, Zimmern o. R. — 17, p Tübingen — 15 Schuppen oder Zähne.

Nach Giebel — Zeitschr. für die ges. Naturw. in Halle 1853 p. 325 ff. — gehören hierher die Zähne ans Oberschlesien von

Saurichthys? gracilis Schmid.
l. c. 23. T. III. Y. 27. aus e,
welche jedoch so unvollständig sind, dass sich ihre Aufstellung als eigene Arten kaum rechtfertigen lässt.

IX. Coelacanthus.

Aus dem Muschelkalke von Luneville erwähnt Agassiz den
Coelacanthus minor Agass.
Agass. poiss. foss. II. II. 178,
ohne eine Abbildung von ihm zu geben.

Omphalodus Chorzowiensis H. v. Meyer.
Nephrotus Chorzowiensis II. v. Meyer.
Paläontogr. I. 242. T. 28. f. 20.
Bronn Leth. 3. III. 103. T. XIII'. f. 0ᵃˑʰ,
ferner das Gen. Conchrodus mit 2 Arten:
Conchrodus Ottoi H. v. Meyer,
Paläontogr. I. 244. T. 28. f. 16.
Conchrodus Goepperti H. v. Meyer,
Paläontogr. I. 244. T. 28. f. 18ᵃ⁻ᶜ,
Pycnodus triasicus H. v. Meyer,
Paläontogr. I. 237. T. 29. f. 39, 40, 42, 48.
Pycnodus splendens H. v. Meyer,
Paläontogr. I. T. 29. f. 41.
Sphaerodus compressus Schmid,
Schmid Fischz. v. Jena 31. T. IV. f. 1—5,
von c bei Jena ist identisch mit Pycnodus triasicus.
Aehnlich sind
Sphaerodus rotundatus Schmid,
Schmid Fischz. v. Jena 32. T. IV. f. 6—10.
Zähne gelbbraun, kleiner als bei voriger Art, niemals
radial gestreift, nie mit einem lichten Mittelfleck; aus c.
Sphaerodus globatus Schmid,
Schmid Fischz. v. Jena 32. T. IV. f. 11—13,
noch lichter braun, radiale Streifung nur an grössern Exem-
plaren sichtbar; aus c.
Die Schuppen, welche sich durch einen sägenförmigen
Hinterrand auszeichnen, nennt v. Quenstedt
Serrolepis.
Quenst. Petrefk. 207. T. 17. f. 12, 13.
und glaubt, dass sie einer eigenen Colobodus-Art angehören.
c Jagstfeld — 1, iᵇᵇ Rottweil 3 Exempl. '

2. Charitodon.

Charitodon Tschudii H. v. Meyer.
Geinitz Versteingsk. 100. T. 6. f. 8.
H. v. Meyer Paläontogr. I. 205. T. 31. f. 22, 23.
Bronn Leth. 3. III. 101. T. XIII'. f. 8ᵃ⁻ᶜ

Sphaerodus annularis Agass.
welchen Agassiz aus meiner Sammlung
poiss. foss. II. II. 211. T. 73. f. 95—100
abbildet, und irrigerweise den sandigen Ablagerungen des
Keupers zurechnet, stammt aus den Bohnerzen von Heudorf
bei Mösskirch, gehört also nicht hierher.

XI. Sparoiden.

Sargodon tomicus Plieninger.
Pycnodus priscus Agass.
Agass. poiss. foss. II. II. 199.
Plieninger Württ. naturw. Jahreshefte 1847. 165. T. I.
f. 5—10.
Hat die Schneidezähne von Sparus, die kleinen Menschenzähnen nicht unähnlich sind, die zu diesen gehörigen Pflasterzähne sind halbkugelförmig, oben abgeplattet, porös, von

Gestreckter Unterkiefer mit senkrecht stehenden, sich nicht berührenden Zahnen in einfacher Reihe. Wurzel cylindrisch, hohl, glatt, zu
¹/₃ bis ¹/₂ aus der Alveole vorstehend, darauf die mit dunklem Schmelz
bedeckte, netzförmig angeschwollene und oben spitze Krone mit flacher
Streifung.
In d. bei Querfurt, Esperstedt, Jena.
Sehr wenig von Ch. Tschudii unterscheiden sich:
Charitodon glabridens Schmid.
Schmid Fischz. v. Jena 30. T. 1. f. 41. aus e.
Charitodon granulosus Schmid.
Schmid Fischz. v. Jena 30. T. 1. f. 42; aus e.

3. Hemilopas.

Hemilopas Mentzelii H. v. Meyer.
Palaeontogr. I. 236. T. 28. f. 16.
Zähne dicht hinter einander, ohne sich zu berühren, Krone spitz
conisch, die Innenseite derselben schwach gekielt (halb zapfförmig),
deutlich gestreift, an der Basis deutlich eingezogen. Die Zähne stecken
nicht tief im Kieferknochen.
Aus e. bei Chorzow.

Plieninger in Paläont. Württ. T. 10. f. 24. als Psammodus
orbicularis aufgeführt.

p Tübingen, Neufra — 20 Zähne. [1]

Reptilia.

Die kurzen Bestimmungen der nachstehenden Reptilien
sind grossentheils den klassischen Arbeiten von H. v. Meyer
entlehnt.

XII. Fische unbekannter Stellung.

Schmid — Fischzähne von Jena — stellt ein neues Geschlecht

Thelodus

auf, bei dem sich der Schmelz auf der Spitze des Zahns zu einer lichten,
sitzenförmigen Kuppe häuft und sich von da aus mit glänzend brauner
Farbe über die gestreiften oder gefurchten Seiten herabzieht. Diese Zähne
erinnern z. Th. an Saurichthya, allein der Umstand, dass bei Saurichthya der Schmelz nur die Kuppe bedeckt, bei Thelodus den ganzen Zahn,
bedingt den Unterschied.

Thelodus inflexus Schmid.
Schmid Fischz. v. Jena. T. IV. f. 17—19.
erinnert an Saurichthya longidens, der jedoch grösser ist, und unterscheidet sich von diesem, dass der Schmelz den ganzen Zahn bedeckt.
Aus c. und h.

Thelodus rectus Schmid.
Schmid Fischz. v. Jena. 28. T. IV. f. 20—22.
Zähne ziemlich spitz, conisch, breit gestreift; die Leisten theilen sich
mitunter, die sitzenformige Kuppe verjüngt sich über dem Ende der
Streifung. In c. und h.
Während die Zähne der vorigen an Saurichthya erinnern, nähern
sich die folgenden dem Colobodus.

Thelodus inflatus Schmid.
Schmid Fischz. v. Jena. 28. T. IV. f. 23—26.
Sehr kleine, in der Mitte etwas aufgetriebene, schwach gekrümmte,
verhältnissmässig dicke Zähne. Der rothbraune Haupttheil ist sehr fein
gestreift, die glatte Kuppe zugespitzt. In c.

Thelodus laevis Schmid.
Schmid Fischz. v. Jena. 29. T. IV. f. 27—29.
Schlanker als die Zähne der vorigen Art, nicht gebogen, vollkom-
men glatt. In c.

A. Saurii.

a. Nexipodos H. v. Meyer.

I. Macrotrachelae.

1. Nothosaurus.

Nothosaurus mirabilis Gr. v. Münster.
Animal de Luneville de Cuvier.
Dracosaurus Bronnii Gr. v. Münster.
Plesiosaurus speciosus Gr. v. Münster.
Metriorhynchus priscus Gr. v. Münster.
Ichthyosaurus Lunevillensis v. Alb.
Chelonia Cuvieri Gray.
Chelonia Lunevillensis Keferstein.
Nothosaurus Cuvieri v. Quenstedt.
Cuvier oss. foss. VII. T. 22. f. 10.
Quenstedt Petrefk. T. 8. f. 16, 23, 26, 28.
H. v. Meyer Fauna T. I. f. 1—4. T. II. III. f. 1, 2.
Tab. IV. f. 1—4. T. V. u. VI. f. 1, 2, 3. T. VII.
f. 1—7. Tab. XII. f. 1—5. T. XVI. f. 2—6 u. 11.
Tab. XXVII. f. I—11.
Bronn Leth. 3. III. 106. T. XIII[1]. f. 10ª—c.
Gervais Zool. 268. T. 56. f. 8.

Schlanker Schädel, auffallend glatt; in der Hinterhaupt-
gegend am breitesten, gleich davor tritt eine Verschmälerung ein, die ziemlich gleichförmig bis an die Nasenhöhlen
anhält, von welchen an sich das vordere Viertel des Schädels
gleichförmig verschmälert darstellt. In der geschlossenen
Schädeldecke sind drei paar Löcher, das vordere Paar im
Anfang des ersten Viertels des Schädels stellt die regelmässig
oval geformten Nasenlöcher dar, das zweite Paar, die Augen-
löcher, folgt in geringem Abstande, die Löcher sind grösser,
weniger regelmässig. Das dritte Paar Löcher nur wenig
weiter von den Augenhöhlen entfernt als die Naslöcher, sind
die Schläfengruben. Totallänge des Schädels 0ᵐ,32.

Der Hals hat 20 Wirbel und die Schlangenform von
Plesiosaurus; circa 29 Rückenwirbel, 2 Beckenwirbel, 21
Schwanzwirbel.

Die Länge des Thiers betrug etwa 2^m,8.

Der Oberarm gleicht der Fibula einer Schildkröte, der
Oberschenkel dem des Plesiosaurus.

Die Zahl der Zähne im Unterkiefer beträgt circa 69,
im Oberkiefer circa 100; darunter oben 2 grosse Eckzähne,
4 kleinere davor und 5 Schneidezähne, alle gestreift. Der
Unterkiefer hat einfache Backenzahnreihe, vor welcher im
Vorderende 5 mächtige Schneidezähne jederseits stehen.

Die Zähne, welche im Oberkiefer vor den Eckzähnen
sitzen nnd auffallend klein sind, und die eigentlichen Backenzähne des Ober- und Unterkiefers, welche noch kleiner sind,
findet man fast nie einzeln, fast immer nur die Schneidezähne.

In meiner Sammlung sind eine Menge Nothosaurusreste
von denen es ungewiss ist, ob sie alle dem Noth. mirabilis
angehören, weil die Zähne der andern Arten wenig bekannt
sind, ebenso ist es bei vielen Knochen ungewiss, welcher
Species sie zuzurechnen sind.

Zähne von Nothosaurus in c bei Niedereschach, Augst
bei Basel — 5, in e Kopfstücke mit einzelnen Zähnen von
Nothosaurus mirabilis und viele Knochen von Bühlingen,
Marbach, Hall — 30, ƒ Knochenstücke von Villingen und
Schwenningen — 3, h Zähne und Knochen von Bibersfeld,
Rieden, Crailsheim, Sulz — 18, i^{aa} Sulz, Hoheneck — 2,
i^{hh} Rottenmünster, Gölsdorf — 26 Stücke.

Nothosaurus Andriani H. v. Meyer.

H. v. Meyer — Fauna T. 10. f. 8 u. 9. T. 12. f. 1,
2, 3. Tab. 15. f. 1.

Gervais Zool. 268. T. 55. f. 4.

Schädel grösser, kürzer als bei N. mirabilis, Zwischen-
kieferschnautze kürzer, nach vorn spitziger, die Schneidezähne folgen dichter auf einander, die obern Schneidezähne
sind kürzer und stärker gekrümmt, während sie bei Noth.
mirabilis länger, schmäler, überhaupt schlanker sind.

In e Eckzahn von Marbach b. V. — Vergl. H. v. Meyer
Fauna Tub. 15. f. 1. [1]

[1] **Nothosaurus Muensteri** H. v. Meyer.
 H. v. Meyer Fauna T. 9. f. 1—7. T. 19. f. 3.
Vorderes Stirnbein sehr spitz und nach vorn verlängert, was bei N.
mirabilis nicht der Fall ist. Die grösste Breite des Hinterhaupts verhält
sich zu N. mirabilis = 2 : 3 oder 2 : 1. Schädel $0^m,167$ bis 0^m189 lang.
 d. Raubthal, b. Jena, r. Crailsheim, Luneville, Petersdorf in Oberschlesien.

Nothosaurus giganteus Münster.
 H. v. Meyer Fauna — T. 11. f. 1, 23. Tab. 14. f. 1, 2, 3.
 T. 22. f. 2, 3, 4, 5.
Hauptstirnbein weniger lang, Augenhöhle und Nasloch kleiner als,
in den andern Species. Augenhöhlen runder geformt, hinteres Stirnbein
verhältnissmässig kürzer. Während die andern Species von Nothosaurus
zwei Eckzähne in jeder Oberkieferhälfte besessen haben, hat diese nur
einen in der ungefähren Mitte zwischen dem Nasloch und der Augenhöhle aufzuweisen. Schädel etwa noch einmal so gross als von N. mirabilis.
 r. Bayreuth.

Nothosaurus (Conchiosaurus) **clavatus** H. v. Meyer.
 H. v. Meyer: Mus. Senkenberg I. 14. T. 1. f. 3.
 H. v. Meyer Fauna T. 10. f. 2, 3, 4.
Länge des Schädels wie bei kleinen Exemplaren des Noth. mirabilis,
von dem er sich unterscheidet, dass er wie Noth. giganteus einen Eckzahn in jeder Oberkieferhälfte besitzt, dass die Zahnkrone an der Basis
deutlich eingezogen ist, dass die Backzähne kleiner und mehr kolben-
förmig gebildet sind, und dass der hintere Winkel der Schädelgruben
ein wenig weiter nach vorn liegt.
 d. Esperstedt, Jena, r. Lüneburg.

Nothosaurus adnucidens H. v. Meyer.
 H. v. Meyer Fauna T. 67. f. 1, 2, 3.
Von Noth. mirabilis und N. Andriani dadurch unterschieden, dass
am vordern Ende nicht ein einzelner Zahn, sondern in jeder der beiden
durch eine deutliche krause Naht getrennten Zwischenkieferhälften ein
Zahn auftritt, die obern Schneidezähne auffallend einwärts gekrümmt
und der Zwischenkiefer an seinem hintern Ende noch schmäler als in
Noth. Andriani ist. Schädellänge über $0^m,8$, und da die von Noth. giganteus $1^m,618$ beträgt, so lässt sich, nach der Länge des Kopfes, die Länge
des Noth. adnucidens auf $7^1/_2$ Meter schätzen.
 r. Crailsheim.

2. Placodus.

Von Owen — N. Jahrb. f. Min. 1859. p. 128. (aus Ann.
des sc. nat. 1858. II. 288) als Saurier aufgestellt, welcher

Nothosaurus angustifrons H. v. Meyer.
H. v. Meyer Paläont, Württ. p. 47. T. X. f. 2.
H. v. Meyer Fauna T. 8. f. 1, 2, 3.
Das Jochbein und hintere Stirnbeln sind, wo sie zusammenliegen,
anders begrenzt als sonst in Nothosaurus. Von den Schädeln des N.
mirabilis und N. Muensteri zeichnet er sich überdiess aus: durch verhältnissmässig grössere Hohe und Breite, wobei die geringere Breite des
Hauptstirnbeins nur um so mehr auffällt, durch kürzere Schneutze, durch
weniger regelmässig ovale Nasenlöcher, sowie dadurch, dass der Raum
zwischen Nasenloch und Augenhohle, der Nasenlochlänge gleich kommt,
ferner dadurch, dass der Trennungsraum zwischen den Augenhöhlen
verhältnismässig schmäler, und jener zwischen den Nasenlochern breiter
sich darstellt, während in den beiden andern Species die gegenseitige
Entfernung der Nasenlöcher gewöhnlich nur ¹/₂ so viel beträgt, als die
der Augenhöhlen.
Beim Noth. Andriani ist am viel grössern Schädel die Zwischenkie-
ferschnautze anders geformt, namentlich von den Nasenlöchern stärker
eingezogen und spitzt sich nach vorn mehr zu. Die Zähne fast von gleicher Grösse wie bei N. mirabilis.
e. Crailsheim.
Nothosaurus Schimperi H. v. Meyer.
H. v. Meyer: Mus. Senkend. I. 1834. T. 2, f. 7—18.
H. v. Meyer: Mém. de la soc. d'hist. nat. de Strasbourg II. 1837.
p. 7. T. 1. f. 2ᵃ·ᵇ.
H. v. Meyer — Fauna T. 10. f. 19, 20, T. 31. f. 1.
Gervais Zool. 268. T. 55. f. 5, 6.
Unterscheidet sich vom Schädel des N. mirabilis durch längere Symphyse, sowie dadurch, dass die Alveole des letzten grossen Zahns selbst
noch weiter zurückliegt als das hintere Ende der Symphyse, während
in dem gleich grossen N. mirabilis diese Alveole, wenigstens theilweise,
in die Gegend der Symphysis hineinragt. Auf jede Kieferhälfte kommen
fünf grosse Zähne.
d. Elsass.
Nothosaurus Bergeri H. v. Meyer.
H. v. Meyer Fauna T. 67. f. 4, 5.
Bei diesem ist die Symphysis fast noch einmal so lang als beim vorigen und die letzte grosse Alveole gehört dieser ganz an. N. mirabilis

dem australischen Cyclodus in Gestalt der Zähne ähnlich ist.
Für den Saurier sprechen:

ähnlich, die Länge aber beträgt auffallend mehr und die Alveolen für alle
Schneidezähne sind auffallend grösser.
   h. Molsdorf an der Gera, bei Neudietendorf in Thüringen.
   Nothosaurus Mougeotii H. v. Meyer.
      H. v. Meyer Fauna T. 15. f. 3.
   Die Symphyse verschmälert sich nach vorn stärker als in irgend
einer andern Species von Nothosaurus. Der Kiefer mass ungefähr $^1/_2$ von
dem des N. Andriani und die Hälfte von dem des N. mirabilis.
   e. Luneville.
   Von Nothosaurus Picardi Chop,
      Zeitschr. von Giebel u. Heintz IX. 1857. 127. T. 4. f. 1,
ein Zahn, der keinen deutlichen Aufschluss über das Geschlecht gibt.

3. Pistosaurus.

   Pistosaurus longaevus H. v. Meyer.
      H. v. Meyer Fauna T. 14. f. 6. T. 21. f. 1, 2, 3. T. 22. f. 1.
      Gervais Zool. 266. T. 55. f. 3.
   Von oben betrachtet, lässt sich die Form des Schädels mit einer
dünnhalsigen Weinflasche vergleichen. Die Schläfengruben gehören der
Oberseite des Schädels an, die Augenhöhlen der hintern Schädelhälfte
angehörig, nehmen eine solche Lage ein, dass sie zugleich nach oben,
nach aussen oder neben und nach vorn gerichtet sind; die Nasenlöcher
liegen nach aussen oder neben.
   Der Schädel ist weniger schlank als der von Nothosaurus; schnelle
Verschmälerung vor den Augenhöhlen. Eigentliche Schädelgegend wenig-
ger glatt als bei Nothosaurus. Mehr dem Plesiosaurus als dem Nothosaurus verwandt. Es ist auffallend ärmer an Zähnen als die beiden letztgenannten.
   Die Zähne, deren Kronen im Vergleich zu denen des Nothosaurus
glatt erscheinen, werden dem Pistosaurus angehören: bei diesen ist der
Querschnitt der schwach gekrümmten Krone mehr oval als rund.
   e. Bayreuth.

4. Simosaurus.

   Schädel kürzer und breiter als bei Nothosaurus, spitzt sich parabolisch zu. Die schmale und lange Zwischenkieferschnauze, welche Noth.
auszeichnet, existirt nicht. Das Hinterhaupt beschreibt mit dem stark
nach hinten und aussen verlängerten, vom Paukenbeine gebildeten Seitenflügel einen tief eingeschnittenen Bogen, dessen Breite von der mittlern

1) Deutliche äussere knöcherne Nasenlöcher, getheilt durch einen aufsteigenden Fortsatz des Praemaxillars und begrenzt durch diesen, die Maxillar und Nasenbeine;

Schädelbreite wenig abweicht, während in Nothosaurus die Seitenflügel kaum weiter zurückfuhren als der Hinterhauptfortsatz. In Simosaurus verhält sich die mittlere Breite des Schädels zur Länge etwa $= 1 : 2$, in Nothosaur. $= 1 : 4$. Diese beiden Genera haben die drei Paar Löcher in der obern Schädelhälfte gemein.

Die Zähne stecken mit langen, starken Wurzeln in getrennten Alveolen; sie führen zurück bis in die Gegend der hintern Schläfengruben, wo sie allmählig an Grösse und Stärke abnehmen. In jeder Kieferhälfte waren nicht viel mehr als 30 Alveolen, daher hatte er viel weniger Zähne als Nothosaurus. Auffallend lange und starke Eckzähne, sowie kleine, gleichförmige Backenzähne; Krone stärker, stumpfer als bei Nothosaur., dabei schwach von aussen nach innen gekrümmt, und an der Aussenseite mit einer stumpfen Kante versehen, welche die Krone mit einer Art von Höcker erscheinen lasst. Streifen führen bis zur Spilze, an der Innenseite dichter, an der Aussenseite sparsamer.

Simosaurus Guillelmi H. v. Meyer.

v. Meyer Fauna T. 18. f. 1. Tab. 20. f. 1.

Länge der Schläfengrube weniger als zwei Augenhöhlen, die Augenhöhlen liegen dabei mehr in der Mitte der Schädellänge, die Knochenbrücke zwischen Augenhöhle und Schlafengrube ist im Vergleich zur Brücke zwischen Augenhöhlen und Nasenloch geringer als bei der folgenden Art.

r. Luneville, i^{hh} Hoheneck bei Ludwigsburg.

Simosaurus Gaillardotii H. v. Meyer.

de Cuvier Oss. foss. V. 2. T. 22. f. 12.

*, Meyer Paläont. Würll. T. 11. f. 1.

v. Meyer Fauna T. 15. f. 7. T. 16. f. 1 T. 17. T. 19. f. 1, 4. T. 34. f. 6. u. 7. T. 65. f. 1, 2.

Gervais Zool. 268. T. 55. f. r.

Diese Art ist grösser, mit etwas stumpferer Schnautze, der Hinterrand der obern Schädelplatte ist weniger tief eingeschnitten, sie ist mit grösseren Schlafengruben versehen, deren Länge mehr als zwei Augenhöhlenlängen misst; die Augenhöhlen liegen dabei mehr in der vordern Hälfte der Schädellänge.

r. Luneville, h. Crailsheim.

5. Lamprosaurus.

Lamprosaurus Goeppertí H. v. Meyer.

H. v. Meyer N. Jahrb. f. Min. 1860. 560.

H. v. Meyer — Paläontogr. VII. 1860. 245. T. XXVII. f. 1.

2) Augenhöhlen unten begrenzt von dem obern Maxillar und dem Molarbeine;

3) Ansehnlich grosse und weite Schläfengruben;

4) Das Paukenbein gebildet aus einem Knochenstücke mit einer vertieften untern Gelenkfläche;

5) Die Zähne beschränkt auf die Maxillar, Praemaxillar-Gaumen und Pterygoidbeine im Oberkiefer mit erwiesener Abwesenheit einer mittleren Vomeralreihe derselben.

Die Zahnbildung ist wie bei Nothosaurus, Simosaurus,

Nasenloch lag dem Aussenrande nahe; die Augenhöhlen mussten eine von der bei Nothosaurus verschiedene Lage eingenommen haben. Die Naht zwischen Oberkiefer und Zwischenkiefer führt noch innen und hinten. Der auffallende Gegensatz zwischen Eck- und Backenzähne bei Nothosaurus ist hier nicht vorhanden. Die Streifung der Krone an den Zähnen auffallend schwächer und an Ichthyosauren, Labyrinthodonten und gewisse Fische erinnernd. Die Grösse etwa wie Nothos. mirabilis.

r. Krappitz in Oberschlesien.

6. Opeosaurus.

Opeosaurus Suevicus H. v. Meyer.

H. v. Meyer Fauna T. 14. f. 7, 8, 9.

In der hintern Hälfte erkennt man da, wo der Unterkiefer am höchsten wird, an der Aussenseite ein ovales Loch von 0^m,032 Länge und 0^m,01 Höhe. Am Kiefer des Nothosaurus ist kein solches Loch sichtbar, ein solches ist am Unterkiefer des Simosaurus aber weniger geräumig, hinterwärts spitz und etwas höher liegend als bei Opeosaurus.

Es scheint, die Kieferlänge habe wenigstens 0^m,649 ohne die Symphyse gemessen, und der Kopf noch einmal so gross als von Noth. mirabilis gewesen zu sein. Die Zahnreihe endete früher als in Nolhos. Die Alveolen, etwa 40 in einer Kieferhälfte, bilden eine einfache Reihe und folgen unmittelbar hinter einander. Die Zähne scheinen gegen das vordere Ende des Kiefers merklich kleiner zu werden. Die grössten Zähne besitzen 0^m,022 ganze Länge bei 0^m,005 Stärke; von der Länge kommt ungefähr die Hälfte auf die Krone, die eher stumpf als spitz conisch und dabei nach innen und ein wenig nach hinten gekrümmt sich darstellt. Die Kronen besitzen keine Kanten, sind mit einem sehr dünnen Schmelz bedeckt und durch erhabene Leistchen so schwach gestreift, dass sie glatt erscheinen.

r. Zuffenhausen, Ludwigsburg.

Pistosaurus n. a. in getrennten Alveolen, zum Ergreifen der Fischbeute eingerichtet; im Unterklefer ist nur eine Zahnreihe, gegenüberstehend der vertieften Grenzlinie zwischen der Doppelreihe des Oberkiefers, daher sich diess Gebiss vorzugsweise zum Zerquetschen von Molluskenschalen eignete.

Placodus Andriani G. v. Münster.

Agass. poiss. foss. II. II. 219. T. 70. f. 8—13.

H. v. Meyer Paläontogr. I. 198. T. 33. f. 10—12.

Placodus gigas Agass.

Agass. poiss. foss. II. II. T. 70. f. 14—21.

Gr. v. Münster: „über einige ausgezeichnete Fischzähne aus dem Muschelkalke von Bayreuth 1830."

Klöden Mark Brandenb. p. 97. T. 1. f. 1, 2.

H. v. Meyer Paläontogr. I. T. 197. T. 33. fig. 1, 5, 7, 8.

Quenstedt Petrefk. T. 13. f. 54.

Bronn Leth. 3. III. 100. T. 13. f. 13.

Nach C. F. Braun: über Placodus gigas Agass. und Plac. Andriani Münster — Bayreuth 1862 — ist Plac. gigas nur als ein des Vorkiefers entbehrender Plac. Andriani zu betrachten, so dass sie in Eine Art zusammenfallen.

Das Gebiss dieses langschädeligen Placodus besteht aus 30 Zähnen, von denen sich an der Spitze des Vorderkiefers 6 walzenförmige, im Oberkiefer längs des Dentaltheils auf jeder Seite 4 runde kuchenförmige Maxillarzähne, auf der Gaumenplatte 2 Reihen oder 3 Paar Gaumenzähne mit breiten trapezoidalen Kronen, im Unterkiefer am Vorderrand, an der Spitze, 4 cylindrische Vorderzähne und auf seinem seitlichen und obern Rande jederseits 3 breitkronige Maxillarzähne finden.

e Marbach b. V., Deisslingen 10, i^bb Gölsdorf 1 Exempl.

Mehrere Bruchstücke der Gaumenknochen zeigen im Profildurchschnitte die über einander sitzenden alten und neuen Gaumen- und Backenzähne. [1]

[1] Placodus impressus Agass.
Agass. poiss. foss. II. II. 219. T. 70. f. 1—7.
Quenstedt Petrefk. T. 13. f. 52.

7. Belodon.

Für diese Gattung ist die zweikantige Form der Zähne charakteristisch; sie ist dadurch von allen Sauriern unterschieden.

Belodon Plieningeri H. v. Meyer.

H. v. Meyer Paläont. Württ. T. 11. f. 12.
Plieninger Württ. naturw. Jahresh. 1846. II. 152. III.
f. 9—12. VIII. 1857. 389—524. T. VIII—XIII.
Quenstedt Petrefk. 109 u. 110. T. 7. f. 12. T. 8. f. 5.
H. v. Meyer Fauna T. 20. f. 2, 3, 4, 6, 7.
Bronn Leth. 3. III. 119. T. XIII. f. 17—d.
H. v. Meyer Paläontogr. VII. 1861. 5. u. 6. Lief. T.
XXVIII. XXIX. f. 1—5. 8—10. T. XXXVII. f. 27.

Kleine Zähne mit einem Eindruck auf der Krone. In b. bei Zwei-. brücken. Die Zähne, welche Agassiz von Tabingen als Placodus impressus citirt, gehören, wie v. Quenstedt richtig bemerkt, zu Sargodon.

Placodus Muensteri Agass.

Agass. poiss. foss. II, II. 220. T. 71. f. 1—5.
H. v. Meyer Paläontogr. I. 197. T. 33. f. 6.

Durch die Breite und Kürze des Schädels ausgezeichnet. Hinter 2 grössern vorn in 3 Reihen — 10 kleinere Pflasterzähne.

d. Esperstedt, e. Bamberg.

Placodus rostratus Munster.

Gr. v. Münster Beitr. zur Petrefk. I. T. XV. f. 6—12.
Agass. poiss. foss. II. II). 221. T. 71. f. 6—12.
Quenstedt Petrefk. T. 13. f. 51.

Kiefer länger als bei Pl. Muensteri. Hinten 2 grosse elliptisch abgerundete Zähne mit ringförmigen Eindrücken, dann in 2 Reihen 4 viel kleinere Zähne. An jeder Reihe der Schnautze sitzen noch 4 sehr kleine Backenzähne.

e. Rüdersdorf, e. Laineck.

Placodus latioeps Owen.

Diese Art weicht hauptsächlich durch die grosse Breite des Schädels und die Grösse der Gaumenzähne ab.

Owen stellt ausserdem nach der Beschaffenheit der Unterkinnladen noch auf:

Placodus pachygnathus, und
Placodus bathignathus;

die 3 letztern Arten aus e. bei Bayreuth.

Kriegsrath Kapf in Stuttgart hat aus dem Stubensandstein
o bei Stuttgart herrliche Reste, mehrere ganze Köpfe dieses
Thiers gefunden. Die ungemein lange Schnautze erinnert
an Gavial; die Nasenöffnung ist aber paarig zwischen den
Augen ausgebildet, während bei Gavial die Nasenöffnung
am Ende der Schnautze liegt. Die Schnautze ist vorn geschlossen und etwas abwärts gebogen. Auch die übrigen
Knochen dieses Thiers zeigen mitunter auffallende Abweichungen vom Krokodiltypus und die Hautknochendecke ist
fast noch stärker als am Krokodil.

Die Zähne stecken wie bei krokodilartigen Thieren in
Alveolen und ersetzen sich auch auf dieselbe Weise. Die
Mannigfaltigkeit derselben ist fast noch grösser als im Gavial
oder Krokodil. Die Zahl der Alveolen beträgt in der Unter-
kieferhälfte 49, im Oberkiefer — 39. Gerade Schneidezähne,
starke, gekrümmte Eck- oder Fangzähne und sichelförmige
Backenzähne. Die Zähne zweikantig, von beiden Flach-
seiten mehr oder weniger zusammengedrückt. Die Kanten
mehr oder weniger scharf oder schneidend, oft auch zugeschärft und feinzahnig gekerbt. Im Innern des Zahns eine
konische Markröhre.

Die Reste dieses Thiers erscheinen zuerst in der Lettenkohle bei Hoheneck. In meiner Sammlung befindet sich
eine Reihe von Resten aus o von Aixheim, Deisslingen,
Dürrheim und zwar viele Knochen, Hautschilder, Zähne etc.
Ein Zahn aus p bei Tübingen gleicht denen des Belodon. [1]

[1] Belodon Kapfii H. v. Meyer.
   Phytosaurus cylindricodon v. Jager.
   Phytosaurus cubicodon v. Jager.
   v. Jager foss. Rept. T. 6. f. 13—15. T. 6. f. 17—22.
   H. v. Meyer N. Jahrb. f. Min. 1860. p. 556.
   H. v. Meyer — Palaeontogr. VII, 5. u. 6. Liefg. T. XXX. T. XXXI.
      f. 6 u. 7. Tab. XXXIII. f. 2.
   Schnautze durch ihre Höhe von Belodon Plieningeri verschieden; sie ist
flach, statt platt, dabei auffallend stark, nicht länger, und auf die gegebene
Länge mit derselben Anzahl Alveolen versehen, welche geräumiger sind,
und daher einander näher zu liegen scheinen, als in den kleinern Schädeln.

II. **Brachytracholae** Meyer.

Ichtbyoeanrus Koen.

Ichthyosaurus atavus v. Quenstedt.

Quenst. Petrefk. 129. T. 6. f. 7—10.

Quenst. Epochen d. Natur, Abbildg. auf p. 481.

Aus o. bei Stuttgart und Lowenstein.

Einige der Nachfolgenden haben entweder in den Zähnen oder den
Knochen Aehnlichkeit mit Belodon:

Cladyodon Lloydi Owen.
Cladelodon Owen.
Kladeisterlodon Plieninger.
Smilodon Plieninger.
? Zanclodon Plieninger.
Owen Odontogr. T. 62. A. fig. 1
Murchison u. Strickland — Geol. transact. b. V. T. 28. f. 6.
Plieninger Württ. naturw. Jahreshefte II. 1846. 151 ff. T. III.
f. 3—12.
Quenstedt Petrefk. 109. T. 7. f. 12.

In h? bei Warwick fand sich mit Mastodonsaurus Resten ein Zahn, dem
des Megalosaurus ähnlich, eben so gekrümmt, nach hinten gebogen, nur
etwas stärker seitlich zusammengedrückt, beide Kanten sägenförmig gekerbt, aber nicht bis zur Wurzel. Länge 0^m,045, Breite 0^m,15, Dicke
0^m,006. In h bei Bibersfeld und in' i bei Hoheneck finden sich die glei-
eben Zahne bald grösser, bald kleiner. Die Kerben gehen auf der concaven Seite der Schneide nicht so tief herab, als auf der convexen.

Die Grösse der Zahne deutet nach v. Quenstedt auf Thiere bis zu
5$^1/_4$ Meter Länge.

Ein von Plieninger beschriebener Unterkiefer ist oben zugeschärft
und trägt auf dieser Kante die grossen, weit entfernt stehenden Zahne,
deren Basis mit einer 0^m,009 tiefen Einkellung in das Zahnbein anchy-
lotisch eingelassen ist. Plieninger hat die Art, bei der die Kante der
Zähne keine Spur von Kerbung zeigt.

Zanclodon laevis,
die, bei welchen beide sehr deutlich gekerbt sind,
Zanclodon crenatus genannt.

v. Quenstedt heisst den letztern
Cladelodon crenatus.

Thecodonsaurus antiquus Riley u. Stutchbury.
Geol. transact. 2 Ser. V. 349. T. 29. f. 1, 2.
Zähne stecken in getrennten Alveolen. Für jede Kieferhälfte werden

Nach v. Quenstedt gleichen die Wirbel Damenbrett-
steinen, doch verengen sie sich oben etwas stärker; die

21 Zähne angenommen, von flach coalscher, zugespitzter Form, deren
vordere und hintere Kante fein gezähnelt ist, und die Aussenseite convexer sich darstellt, als die Innenseite, auch ist der Zahn an der Basis
der Krone eingezogen. Die Zähne weichen durch ihre Kleinheit und
Form von denen des Belodon ab, die mit diesen Zähnen vorkommenden
Wirbel entsprechen dagegen sehr den Wirbeln des letztern.
  α. Redland bei Bristol.
    Palaeosaurus cylindricodon Ril. u. Stutchb.
      Geol. transact. 2 Ser. V. T. 29. f. 4.
    Flacher Zahn, eine Kante gezähnelt, die andere schneidend von
0ᵐ,012 Länge und 0ᵐ,005 Breite.
    Ebend.
    Dem
      Platoosaurus platyodon Ril. und Stutchb.
      Geol. transact. 2 Ser. V. T. 29. f. 5.
    wird ein ähnlicher Zahn von 0ᵐ,02 Länge und 0ᵐ,012 Breite beigelegt.
Im Vergleich ist die Breite grösser als bei Thecodosaurus.
  β. Redland.
    Bathygnathus borealis Leidy.
      Proced. Acad. nat. of Philad. 2 Ser. II. 327. T. 38.
    Zähne flach conisch und schwach rückwärts gekrümmt, dabei aussen
stärker gewölbt als innen, fein gezähnelt. Von New London an der
Südseite der Prinz-Edwards-Insel in Nordamerika; im New red Sandstone.
    Clepsyosaurus Pensylvanicus Isaac Lea.
      Journ. of the Acad. nat. sc. of Philad. 2 Ser. II. (1852.) T. 17,
18. 19.
    Die biconcaven Wirbel verschwachen sich nach der Mitte hin so
stark, dass sie einer Sanduhr ähnlich sehen. Die Zähne T. 19. f. 3.
sind kleiner, schlanker und noch weniger flach als in Bathygnathus, und
es ist an ihnen nur die hintere Kante gezähnelt. Gegen die Basis sind
sie an der einen Seite eben, an der andern mehr gewölbt. Gegen die
Spitze feine Streifung, sonst glatt — New red Sandst. von Pensylvanien.

b. Pachyopodes.

1. Teratosaurus H. v. Meyer.

Teratosaurus Suevicus H. v. Meyer.
  H. v. Meyer Paläontogr. VII. 5. Lief. 1861. p. 258—271. T. XLV.
f. 1, 2.

Bogentheile haben keine Querfortsatze. Der obere Gelenk
kopf des Oberarms ist dicker als beim Ichthyosaurus des

Der prächtige linke Oberkiefer, der Veranlassung zu obiger Bestimmung gab, ist von Kriegsrath Kapf in o. bei Stuttgart gefunden worden.

Auf die Kieferlänge von $0^m,238$ kommen 13 nur durch geringe Zwischenräume getrennte Alveolen mit längs ovaler Mündung. Die Alveolen
sind theils leer, theils treten bis zu $0^m,78$ lange Zähne, theils die äussersten
Spitzen von Zähnen heraus, die flach conisch, schwach gekrümmt, mit
scharfen, gezähnelten, diametralen Kanten erscheinen.

Der aufgefundene Oberkiefer unterscheidet sich von dem des Megalosaurus, dass der Innenrand des Kiefers huber als der Aussenrand, und
seine Zähne von besser umschriebenen Alveolen beherbergt werden; der
Kopf von Teratosaurus ist überdiess viel kürzer, doch nicht so kurz als
der des Bathygnathus, dessen Zähne gegen das hintere Ende der Reihe
weniger auffallend abnehmen.

Zu Teratosaurus werden die Skelette von Plieninger und Reininger
gehören, die Aehnlichkeit mit den entsprechenden Theilen von Megalosaurus Bucklandi besitzen. Das Reininger'sche hat über 60 Wirbel, die
eine Lauge von mehr als $4^1/_2$ Meter einnehmen. Die Extremitäten ver-
rathen einen Landsaurier mit Krallen von c. $0^m,1$ Lange, die Länge des
ganzen Thiers wird an etwa 9 Meter angenommen; durch Verwachsung
dreier Wirbel besteht ein wirkliches Kreuzbein.

Nicht uunahrscheinlich ist, dass hierher:
Gresslyosaurus ingens Rütimeyer.
Dinosaurus Gresslyi Rütimeyer.
Verhandl. der Schweiz. naturf. Ges. 1856. p. 62 ff.
Bibliotь. univers. de Genève, Archives Septbr. 1856. p. 53.
N. Jahrb. f. Min. 1857. p. 141.

von Liestal in den Schichten des obern Keupers, unter den Kössener
Schichten, gehöre.

2. Megalosaurus

Megalosaurus cloacinus v. Quenstedt.
Quenst. Jura I. 38. T. 2. f. 11.
Sichelformige Zähne, auf der concaven Seite schneidig und fein ge-
kerbt, anf der convexen dagegen unten rund und glatt.
In p. in Württemberg.

3. Plateosaurus

Plateosaurus Engelhardti H. v. Meyer.
H. v. Meyer Fauna T. 68 und 69.

Lias. Die Finne hat vielseitige Polygonalknoehen, sehr
ähnlich den Lias'schen Formen. Der Schnabel wird ebenfalls sehr lang und die Zähne stehen in tiefen Rinnen.
An der Kronenspitze waren sie fein gestreift. v. Quenstedt nennt das Individnum, dessen Wirbel $0^m,02$ Höhe
haben, was aaf ein Thier von $0^m,086$ Länge schliessen lässt
— Ichthyosaurus atavus. Ein anderer Wirbel von $0^m,06$
Höhe und $0^m,057$ Breite dürfte einem Thiere von $1^m,3$ Länge
angehören.

Von dem kleinern Thiere fanden sich Wirbel in c bei Horgen und Niedereschach von viel kleinern Thieren 2 Rückenwirbel, 1 Halswirbel, 2 Schwanzwirbel, welche H. v. Meyer
gleichfalls als Reste von Ichthyosaurus erklärt.

c. Saurier zweifelhafter oder unbekannter Stellung.

Termatosaurus Albertii Plieninger.

Plieninger Paläout. Württ. T. XII. f. 25, 37, 93, 94.
Quenstedt Peticfk. T. VIII. f. 14.
Quenstedt Jura T. 2. f. 4—10.

Es sind davon nur die Zähne bekaunt, diese sind ziemlich schlank, gegen die Kuppe in ziemlich gedrungener oder
ausgebauchter, in der übrigen Partie mehr cylindrischer
Kegelform; Pulpalloch kegelförmig. Der Schmelz hat keine
Streifen, sondern ziemlich regelmässige Risse. Schlankere
Formen haben Streifen wie Nothosaurus, was vielleicht in
der Erhaltung liegt.

v. Quensiedt — Jura p. 33 — glaubt, dass ein grosser

Aus den riesigen, an Landsaugthiere erinnerndeu Knochen dieses Sau-
riers ergibt sich, dass das Thier mit einem wirklichen Kreuz- und Heiligen-
bein versehen war, wodurch es den Pachyopoden angehört Dafür sprechen die Gliedmassenknochen wegen ihrer Schwere und Grosse und wegen
der geräumigen Markröhre im Innern. Es haben sich nur die Knochen
von diesem Thiere gefunden, welche aber von denen anderer Pachyo-
puden bestimmt abweichen.

o. Haroldsberg in der Gegend von Nürnberg.

Plesiosauruswirbel zu diesen Zähnen gehöre. p Tübingen — 6 Zähne.[1]

Bei Schwaderloch im Aargau finden sich in c längsgestreifte Knochen, welche nach einer Mittheilung von H. v. Meyer zunächst an Mittelfussknochen erinnern, jedoch von einer Beschaffenheit sind, welche die Saurierfamilien der Nexipoden und Macrotrachelen ausschliessen. Man könnte sie, sagt er, für Flugfinger eines Pterodactylus halten, doch dafür sind sie nicht hohl genug, und ihr Ende nicht geeignet beschaffen — 2 Exempl.[2]

[1] **Termatosaurus crocodilinus** v. Quenst.
Quenstedt Jura T. 2. f. 9 und 10.
Zähne angekaut, rissig, zu dem stumpfern Kegel kommt eine deutliche Zweikantigkeit. Pulpaloch unten breit und oben plötzlich sehr eng. p. Nürtingen.

[2] **Rhynchosaurus articeps** Owen.
Transact. of the Cambridge Phil. soc. VII. 355. T. V und VI.
Der Schädel bildet den Uebergang von den Lacerten zu den Schildkröten und Vögeln, er endigt mit einer submaien, abwärts gehenden Schnautze. Der Alveolarrand des Oberkiefers bildet einen nach aussen hervorstehenden, schwach gezähnelten Kamm, der den Unterkiefer zu überragen scheint. Der abwärts gekrümmte Zwischenkiefer trägt viel dazu bei, dass der Schädel dem eines Vogels ähnlich ist. Die Kiefer zeigen keine Zähnelung, so dass es scheint, dass die Kiefer wie bei den Vögeln und Schildkröten beschaffen waren.
Aus m? bei Shrewsbury.

Taulstrophens conspicuus H. v. Meyer.
Macrocelosaurus Gr. v. Münster.
H. v. Meyer Fauna T. 27. f. 19 und 20. T. 30. T. 46. f. 1—4.
Knochen schlank, flach, verstärken sich gegen beide Enden hin. Innen sind sie hohl, und aussen, ungeachtet der Furchen, mit denen sie versehen sind, auffallend glatt.
a. Bayreuth, Larisdorf bei Tarnowitz.

Menodon plicatus H. v. Meyer.
H. v. Meyer — Mém. de la soc. d'hist. nat. de Strasbourg II. 1837. 10. T. 1. f. 3.
H. v. Meyer Fauna T. 10. f. 17, 18.
Die Zahl der Zähne auf dem überlieferten Fragmente von 0=,045 Länge wird ungefähr 30 betragen, der Kiefer war aber sicherlich länger. Die Zähne stecken nicht sehr tief mit einfachen, hohlen Wurzeln in

B. Labyrinthodonten.

Eine besondere Familie der Amphibien aber keine Saurier sind die Labyrinthodonten. Sie zeichnen sich besonders durch die mäandrische in einandergeschlungene blätterige Substanz im Innern der Zähne aus. Die grossen conischen Zähne sind äusserlich gestreift und stecken in eigenen Alveolen. Der breite, platte, gefurchte Schädel hat zwei auf den seitlichen Hinterhauptknochen aufsitzenden Gelenkköpfe, verdeckte Schläfengruben. Die Oberfläche des Körpers ist mit kleinen Schuppen, die Kehle mit grossen Schildern bedeckt. Zähne in langer Reihe auf dem Pflugscharknochen aufsitzend.

Im südwestlichen Deutschland sind Mastodonsaurus, Trematosaurus, Capitosaurus und Metopias vertreten.

1. Mastodonsaurus.

Mastodonsaurus Jägeri v. Alberti sp.
Salamandroides giganteus v. Jäger.
Salamandroides Jägeri v. Alb. Tr. p. 120.
Mastodonsaurus Jägeri H. v. Meyer.

getrennten Alveolen; sie haben kaum 0^m,001 Durchmesser und stehen nicht über 0^m,003 über den Kiefer heraus; ihre Krone ist deutlich gestreift. Die Grösse der Zähne kommt ungefähr auf die des Conchiosaurus clavatus heraus.

b. Elsass.
Sphenosaurus Sternbergii H. v. Meyer.
H. v. Meyer Fauna T. 70.
Aus b? in Böhmen.
Sclerosaurus armatus H. v. Meyer.
Fischer N. Jahrb. f. Min. 1857. 136 ff. T. III.
H. v. Meyer Paläontogr. VII. 1. 35. T. VI. f. 1 und 2.
Mit einem Hautpanzer bedeckt. Kopf und Hals fehlen.
b. Warmbach b. Rheinfelden.
Aus den Grenzschichten von Aust Cliff werden noch Reste von Rysosteus Owen und Wirbel erwähnt, welche dem Plesiosaurus Hawkinsi Owen, dem Ples. rugosus Owen, dem ? Ples. trigonus Cuvier und Ples. costatus Owen zugeschrieben werden.

Mastodonsaurus salamandroides Plieninger.
Batrachosaurus Fitzinger.
Labyrinthodon salamandroides Owen.
Labyrinthodon Jägeri Owen.
Mastodonsaurus giganteus v. Queustedt.
v. Jäger foss. Rept. T. IV. f. 4—6. T. V.
H. v. Meyer in Paläont. Württ. T. 3. f. 1, 3. T. 4. f. 1—4, 6.
T. 5. f. 1—5. T. 6. f. 1, 2. T. 7. f. 1, 3, 4. T. 12. f. 14, 15.
Queustedt die Mastodonsaurier im grünen Keupersand-
steine Württemb. sind Batrachier 1850.
Queustedt Petrefk. T. 11. f. 3 und 4.
H. v. Meyer — Fauna T. 58. T. 61. f. 4—9. T. 64.
f. 1, 2, 12, 15.
Broun Leth. 3. III. 113. T. XIII. f. 16. T. XIII¹. f. 13ᵃ—ᶜ.

Schädel auffallend kurz, spitz, kegelförmig, Angenhöhlen
gross, nur wenig von einander entfernt, Angenhöhlenwinkel
spitzig zugehend, in der halben Länge des Schädels; Nasenlöcher am vordern Ende der Schnautze. Zeichnet sich noch
durch ein paar Löcher am vordern Ende der Schnautze aus,
welche grossen Zähnen des Unterkiefers den Durchgang
verstatten.

Die vollständige Länge des Schädels konnte nicht unter
1ᵐ,27 betragen.

Die grossen Fangzähne bis zu 0ᵐ,1 lang, die Wurzel
0ᵐ,04 dick — Fauna T. 64. f. 15, gehen spitzconisch zu, sind
schwach einwärts gekrümmt und habeu einen dem Kreise
nahe kommenden Querschnitt. Ungefähr das obere ⅕ ist
glatt und dabei ein- oder mehrmal schwach eingeschnürt,
die übrigen ⅘ besitzen die eigenthümliche Streifung wie
durch feine Eindracke veranlasst, die sich in dem untern
Drittel ungefähr verdoppelt oder noch zahlreicher wird.

Die Schneidezähne, welche den vordern Rand der Zwi-
schenkieferschnautze besetzt halten, erreichen die Hälfte der
Länge der Fangzähne nicht. Ihr Querschnitt ist unten mehr
flach und wird dem Kreise um so ähnlicher, je näher er an
der Spitze genommen wird.

Hievon weichen die eigentlichen Backenzähne und kleinern Gaumenzähne etwas ab. Die Streifung erstreckt sich
nur auf die untere Hälfte; die Spitze besitzt zwei scharfe
diametrale Kanten.

f Zähne von Schwenningen — 2, *h* Gaildorf: Zähne,
Knochen 30 St., *i*ᵇʰ Gölsdorf — 1?

Die Asterolepis-Schuppen, welche mit Schildern des
Mastodonsaurus in der Lettenkohlengruppe vorkommen, hält
v. Quenstedt für die einer eigenen Mastodonsaurusart.
Quenstedt Petrefk. p. 230. T. 11. f. 12.

h Bibersfeld — 3 Exempl. ¹

¹ Mastodonsaurus Vaslanensis H. v. Meyer.
H. v. Meyer Fauna T. 59. f. 6, 7, 8.
In Form, Grösse und Lage gleichen die Augenhöhlen denen des M.
Jaegeri; die gegenseitige Entfernung der Augenhöhlen beträgt 0ᵐ,058,
in Mastodons. Jaegeri weniger als diese. Schädel scheint etwas kürzer
und hinten im Vergleich zur Länge breiter gewesen zu sein als in M.
Jaegeri, der doppelt so gross ist.
b. Waslenheim.
Hierher gehört vielleicht die mittlere Kehlplatte — H. v. Meyer
Fauna T. 63. f. 12, aus b. von Sulzbad.

8. Trematosaurus.

Trematosaurus Braunii Burmeister.
Burmeister — die Labyrinthodonten aus dem bunten Sandstein
von Bernburg 1849.
Burmeister Gesch. der Schöpfung 1856. p. 427 ff.
H. v. Meyer Fauna T. 61. f. 11, 12.
Bronn Leth. 3. III. 112. T. XIII¹. f. 12**.
Länge des Schädels e. 0ᵐ,3. Form ähnlich der des Mast. Jaegeri,
in letzterem sind aber die Augenhöhlen auffallend grösser, vorn mit
einem spitzen Winkel versehen und liegen näher zusammen, während
sie in dem noch spitzer zulaufenden Trematosaurus eine schöne ovale
Form besitzen. Die Nasenlöcher liegen am vordern Ende weiter entfernt
als bei Mastodons. Jaegeri.
Der Fangzahn am vordern Ende jeder der beiden Unterkieferhälften
wird bei geschlossenem Maule von einer Grube im Zwischenkiefer aufgenommen; ist also nicht durchbohrt wie in Mastodonsaurus.
In der Brille oder der Rinne auf dem Gesichtstheil liegt Aehnlichkeit
mit Mastodonsaurus.

2. Capitosaurus.

Capitosaurus robustus H. v. Meyer.

Mastodonsaurus robustus v. Quenst.

H. v. Meyer Paläont. Württ. T. IX. f. 1, 2.

H. v. Meyer Fauna T. 59. f. 1. T. 61. f. 10. T. 64. f. 11.

Quenstedt Petrefk. T. II. f. 5—12.

Bronn Leth. 3. III. 115. T. XIII¹. f. 15.

Augenhöhlen fallen in die hintere Länge des Schädels und sind regelmässig oval. Nasenlöcher am vordern Ende der Schnautze und weit von einander entfernt, Hauptstirnbein schmäler als Scheitelbein, Kopf parabolisch. Backenzähne bedeutend grösser als von Mastodonsaurus Jägeri, die Backenzahnreihe führt nur bis etwas hinter den vordern Winkel der Augenhöhlen zurück. Mächtige Schuppen davon finden sich aus *m* bei Stuttgart — 5 Stücke. ¹

Die Zähne nehmen von hinten nach vorn an Grösse zu. Aeussere Zahnreihe oben hat etwa 60, innere etwa 30 Zähne.

In *b.* bei Bernburg.

Trematosaurus? (Labyrinthodon) **Fuerstenbergianus** H. v. Meyer.

H. v. Meyer Fauna T. 64. f. 16.

Schädellänge c. 0ᵐ,3, weniger spitz als Tremat. Braunii, und hat mehr die Form des 3 bis 4mal grössern Mast. Jaegeri. Gaumenlöcher geräumiger, am vordern Winkel stumpfer, und weniger vom vordern Schädelende entfernt als bei Trem. Braunii. Eine auffallende Verschiedenheit von Mastodonsaurus besteht in den Choannen; diese sind lang oval, länger und grösser als in Trematosaurus Braunii, wo sie klein und rund sind, und endigen vorn spitzer. Auch ist der Innenrand dieser Oeffnung nicht wie in letzterer Species mit 4, sondern mit einer weit grössern Anzahl kleiner Zähne umgeben.

a. Herzogenweiler.

Trematosaurus? (Labyrinthodon) **Ocella** H. v. Meyer.

H. v. Meyer Fauna T. 61. f. 1 und 2.

Schädel besitzt eine stumpfere Form als Tremat. Braunii und Tremat? Fuerstenbergianus. Die in Trematosaurus Braunii auf die Mitte kommenden Augenhöhlen liegen in der hintern Schädelhälfte.

b. Bernburg.

¹ **Capitosaurus arenaceus** Gr. v. Münster.

H. v. Meyer Fauna T. 59. f. 3, 4, 5.

Thierfährten.

Die Thierfährten im bunten Sandsteine und Keuper haben eine grosse Literatur hervorgerufen. Im bunten Sandsteine von Hessberg, im Lettenkohlensandstein und auch im

Die Abweichung von Capit. robustus besteht hauptsächlich darin, dass der Schädel sich auffallend stärker erhebt.

b. Bernborg, *m*? Benk in Franken.

Capitosaurus nasutus H. v. Meyer.

H. v. Meyer N. Jahrb. f. Min. 1858. 556.

Mit kurzer Schnautze, während die andern Species diese nicht haben und parabolisch sind. Hat ein einfaches Zwischenkieferloch wie Krokodil.

b. Bernborg.

Capitosaurus fronto H. v. Meyer.

H. v. Meyer N. Jahrb. f. Min. 1858. 556.

Eine kleinere Art mit höherer und breiterer Stirn. Ebendaher.

4. Metopias.

Metopias diagnosticus H. v. Meyer.

H. v. Meyer Paläont. Württ. T. 10. f. 1.

H. v. Meyer Fauna T. 60. T. 61. f. 9. T. 64. f. 10.

Bronn Leth. 3. III. 115. T. XIII¹. f. 14.

Schädel spitzt sich mehr zu als in Capitosaurus, aber viel weniger als in Mast. Jaegeri, auch ist sein Aussenrand merklich krümmer als in diesen. Die Augenhöhlen liegen viel weiter aus einander als in Mastodon, und sind viel kleiner, in die vordere Hälfte des Schädels fallend. Nasenlöcher am vordern Ende der Schnautze weit auseinander, Zähne unbekannt.

m. Stuttgart.

5. Odontosaurus.

Odontosaurus Voltzii H. v. Meyer.

H. v. Meyer — Mém. de la soc. d'hist. nat. de Strasbourg II. 3. 1837. T. 1. f. 1ᵃ⁻ᵈ.

H. v. Meyer Fauna T. 63. f. 10 und 11.

Durch die Form und Anzahl der Zähne von den andern Labyrinthodonten verschieden; die Backenzähne sind stärker gekrümmt und fast cylindrisch, indem sie sich nur am obern Ende gerundet zuspitzen. Dabei liegen die vertieften Striche weit aus einander, und führen fast bis

Stubensandsteine von Schwaben finden sich die Fährten, die
man dem Chirotherium, oder Chirosaurus Kaup, Palāopithe-
cus Voigt, Didelphys Wiegmann, zuschreibt. Man hat diese
als von Äffen, oder Didelphys oder Amphibien (Labyrinthodonten oder Salamandra) herrührend betrachtet.

Ausser diesen hat man Fusstritte anderer sehr verschiedener Thiere, im bunten Sandsteine von Jägerthal (Niederrhein) von einer Schildkröte — Chelonichnium Vogesiacum
W. P. Schimper — Palāontol. Alsatica 1853. Fasc. I. T. IV.
B. und im Sandsteine von Connecticut von Vögeln gefunden.
In dem „Catalogue of British fossils 2me Edition 1854"
von Morris sind noch Fusstritte aufgeführt von
    Actibatis triassae — Corncockle Muir.
    Batrichnis Lielli — Green Mill bei Dumfries.

zur Spitze, und gegen die Basis des Zahns hin tritt keine Vermehrung
der Streifen ein. Obschon ein Theil der Kinnlade fehlt, erkennt man
doch Reste von 50 Backenzahnen; die hintern sind etwas kleiner.
    b. Sulzbad.

              6. Xestorrhytias.

    Xestorrhytias Perrini H. v. Meyer.
      H. v. Meyer Fauna p. 78. T. 62. f. 5.
    Davon nur eine Knochenplatte bekannt. Das grossmaschige Netz-
werk hat ein abgeschliffeneres, ebeneres Ansehen als bei den andern
Labyrinthodonten. In den vertieften Stellen treten hie und da noch feine
vertiefte Punkte auf.
    c. Luneville.
    Owen beschreibt aus England:
      Geol. transact. VI. 2. Ser. 1841. p. 503 und 515.
noch folgende Labyrinthodonten und zwar aus Keupersandstein m?
    Labyrinthodon leptognathus Owen von Coton-end bei Warwick.
    Labyrinthodon pachygnathus Owen (Lab. Ianarius Owen) von
      Warwick.
    Labyrinthodon ventricosus Owen von Coton-end and Cubbington.
    Labyrinthodon aonions Owen von Warwick.
    Labyrinthodon scutalatus Owen von Leamington.
    Aus buntem Sandsteine b:
    Labyrinthodon Bucklandi Lloyd bei Kenilworth in Warwicksh.

Batrichnis Stricklandi — Hark bei Dumfries.
Chirotherium Hercules Egert. Tarporley, Chesh.
Chelaspodus Jardinii — Hark.
Chelichnus ambiguus Jard. Corncockle Muir.
      „   Dunkani Morr. ebend.
      „   gigas Jard. Hark.
      „   obliquus — Hark.
      „   plagiostopus Jard. Corncockle Muir.
      „   plancus — Hark.
      „   Titan Jard. Corncockle Muir.
Herpetichnus Bucklandi Jard. ebend.
Herpetichnus sauroptisius id. ib.
Saurichnis acutus Hark.

Eine schöne Zusammenstellung der bisherigen Forschungen, mit Ausnahme der von Morris angeführten Fusstritte, besitzen wir von H. Girard. N. Jahrb. f. Min. 1846. p. 1—22.

b Hessberg eine schöne Platte von **Chirotherium Barthii** Kaupp.[1]

Mammalia.

Th. Plieninger hat in den Grenzschichten p. die kleinen, nur etwa 0ᵐ,004 langen Backenzähne eines vielleicht Insekten fressenden Raubthiers gefunden, welches er **Microlestes antiquus** genannt hat
    Wurtt. naturw. Jahresh. 1847. p. 164. T. I. f. 3, 4.
    Vergl. Bronn Leth. 3. III. 122. T. XIII'. f. 16.

Drittes Kapitel

Verbreitung und Vertheilung der Versteinerungen in der Trias.

Die Verbreitung und Vertheilung der Versteinerungen in dieser Formation will ich

    A. im südwestlichen Deutschland,
    B. in den übrigen Erdtheilen ausser den Alpen, und
    C. in den Alpen
besonders entwickeln.

A. Verbreitung und Vertheilung im südwestlichen Deutschland.

Hier ist die grosse Masse des

Bunten Sandsteins (I)

fast ohne organische Reste.

Im Vogesensandstein (a)

wurde bis jetzt nur Trematosaurus? Fürstenbergianus bei Herzogenweiler am Schwarzwalde in kiesligem Sandsteine gefunden.

In der Schichtenreihe b

liegen die nur höchst selten bei Villingen und Grötzingen bei Durlach vorkommenden Anomopteris Mougeotii, Calamites arenaceus und Calamites Mougeotii in der mittleren Abtheilung des Sandsteins; Schalthiere haben sich noch nicht gefunden.

Im Muschelkalke (2)

zeigt sich schon regeres Leben.

Wellenkalk (c).

Die Kalkablagerungen mit ihren Wellenschlägen sind ziemlich arm an Versteinerungen, unter denen sich besonders Pecten Albertii mit den scharfen bis zum Wirbel reichenden Rippen und Natica gregaria finden.

Reicher sind die Wellenmergel. Zu unterst finden sich zuweilen Dentalium laeve in zahlreicher Familie mit Ostrea spondyloides, kleine Gliedstücke von Encrinus liliiformis. Mehr gegen die Mitte dominiren: Lima lineata, Gervillia socialis, G. costata, G. mytiloides, Myophoria vulgaris (var. simplex), M. cardissoides, Corbula gregaria, Myoconcha? elliptica, Anoplophora Fassaensis, Anoploph. impressa, Panopaea Albertii, Waldheimia vulgaris (Tab. VI. fig. 1. d.), Lingula tenuissima, Pleurotomaria Albertiana, Pl. extracta, Turritella obsoleta, Nautilus bidorsatus (dolomiticus), Goniatites Buchii, Ichthyosaurus atavus.

Zu oberst in den Wellenmergeln herrschen: Rhizocorallium Jenense, Myophoria orbicularis, Mytilus gibbus.

Dem Wellenkalke gehören im südwestlichen Deutschland ausschliesslich nur an:

Spirifer? hirsutus,

Ichthyosaurus atavus.

Leitmuscheln in dieser Abtheilung sind:

Lima lineata,
Gervillia mytiloides,
Modiola gibba,
Myoph. cardissoides,
Myoph. orbicularis,
Myoconcha? elliptica,
Anoplophora Fassaensis,
Panopaea Albertii.

In der Anhydritgruppe (d)

fand ich nur ein Gliedstück des Encrin. lilliformis in den obersten dolomitischen Mergeln. In den kiesligen Ausscheidungen der letztern zuweilen Foraminiferen.

Kalkstein von Friedrichshall (e).

Dieser ist am obern Neckar 30 Meter mächtig; die untern 4 Meter bestehen grösstentheils aus Resten des Encrin. lilliformis, darüber in $5^m,7$ nur Reste von Pemphix Sueuri, dann 2 Meter mächtig wieder Encrinitenschichten, welchen ein Rogenstein reich an Versteincrungen folgt, über dem in zahlloser Menge Pecten discites, Lima striata, Waldheimia u. a. im Verein mit Encriniteugliedern sich finden. Am untern Neckar, wo dieser Kalkstein die dreifache Mächtigkeit hat, zeigen sich wesentliche Verschiedenheiten; die Trennung in bestimmte Abtheilungen ist weniger sichtbar. In den untersten Schichten sind eine Menge Petrefakten zusammengedrängt. Hier finden sich Pecten Albertii, P. discites, P. laevigatus, Hinnites comtus, Lima striata, Gervillia socialis, G. costata, Mytilus eduliformis, Myophoria vulgaris, M. ovata, Corbula gregaria, Anoplophora musculoides, Waldheimia vulgaris (Tab. V. fig. 4. a. Tab. VI. a—f.), W. angusta, Spiriferina fragilis, Discina discoides, D. silesiaca, Lingula tenuissima, Natica gregaria, Turritella obsoleta u. a.

Hier ist der Hauptsitz des Encrinites liliiformis; über dem Kalkstein von Friedrichshall fand ich in Schwaben nie Gliedstöcke desselben.

Der erwähnte Rogenstein findet sich am untern Neckar nicht.

Etwas höher werden schwärzlich graue schiefrige Thone beinahe vorherrschend. In diesen finden sich häufig Pecten discites und Gervillia socialis mit zusammengedrückter natürlicher Schale.

In Mitte des 90ᵐ mächtigen Kalksteins bei 45ᵃ Tiefe ist in den Schächten von Friedrichshall das Hauptlager des Ceratites nodosus. Die gleiche Stellung hat er im Kocher- und Jagstthale. In den besagten Schächten zeigen sich abgeplattete Kugeln von festem, schwärzlich grauem Mergel, welche durch atmosphärische Einwirkung verwittern und den besagten Ceratiten blos legen. In seiner Begleitung nicht selten Nautilus bidorsatus (var. nodosus) und Rhyncholiten-Reste, im Uebrigen ist die mittlere Abtheilung sehr arm an Versteinerungen.

Gegen oben wird die Armuth noch auffallender, und erst in den obersten Schichten wird es etwas lebendiger. Hier treten viele Austern auf, namentlich die var. c der Ostrea spondyloides, mehrere Varietäten der Ostrea subanomia, ferner - Gervillia socialis, Waldheimia vulgaris uud besonders Ceratites semipartitus, der hier seinen Hauptsitz hat. Einzelne Lagen sind reich an Fischresten, worunter vorherrschend Amblypterus decipiens, Acrodus Gaillardoti, Colobodus varius, Palaeobates angustissimus; mit diesen nicht selten Reste von Nothosaurus.

In diesen obersten Lagen tritt zuweilen, wie auf der Hochebene gegen Oberndorf in den Umgebungen von Oberißingen u. a. O. Kieselerde in überwiegender Menge auf, so dass fast alle Schalthiere verkieselt sind. Hier finden sich prächtige Exemplare, zuweilen in Bruchstücken der Gebirgsart auf den Feldern zerstreut, sie weichen jedoch in der Grösse der Schalen nicht von den drunter oder drüber vorkommenden ab.

Dem Kalksteine von Friedrichshall im südwestlichen Deutschland gehören eigenthümlich an:

Pleuraster obtusa,
Perna vetusta,
Inoceramus priscus,
Avicula crispata,
Cardiola? dubia,
Myophoria cornuta,
Myophoria alata,
Pemphix Meyeri,
Litogaster obtusa,
Litogaster venusta,
Nothosaurus angustifrons,
Pistosaurus longaevus,
Opeosaurus suevicus,
Placodus laticeps,
Placodus pachygnathus,
Placodus bathygnathus.

Leitpetrefakten in dieser Abtheilung sind:

Pecten discites,
Pecten laevigatus,
Hinnites comtus,
Lima striata,
Lima costata,
Perna vetusta,
Mytilus eduliformis,
Anoplophora musculoides,
Waldheimia vulgaris,
Turritella obsoleta,
Ceratites nodosus,
Ceratites semipartitus,
Rhyncholites avirostris,
Rhyncholites hirundo,
Pemphix Sueuri.

Im Keuper (3)

und zwar

A. im untern oder der Lettenkohlengruppe

begegnet uns zuerst

Der dolomitische Kalk f.

In ihm sind die Schalthiere weniger an einzelne Schichten gebunden, vielmehr in grösseren und kleineren Schweifen durch die ganze Masse zertreut: Ostrea subanomia, Gervillia socialis, Gerv. subcostata, Mytilus eduliformis, Nucula Goldfussii, Myophoria vulgaris, M. Goldfussii, M. laevigata, M. rotunda, Corbula nuculiformis, Trigonodus Sandbergeri, Myoconcha gastrochaena, Anoplophora Münsteri, Lucina Schmidii, Panopaea agnota, Waldheimia vulgaris, Natica pulla, Chemnitzia Hehlii, Turbonilla ornata, nicht sehr selten Pemphix Sueuri.

Im Thale zwischen Leonberg und Schwieberdingen finden sich in diesem Dolomite schön verkieselt:.

Myophoria Goldfussii,
Myophoria laevigata, und
Myophoria vulgaris,
· Corbula gregaria,
Gervillia costata, und
Myoconcha gastrochaena.

Die Lettenkohle mit ihren Mergelschiefern und Sandsteinen h

bietet besonderes Interesse.

Zu unterst ein System von Mergeln, in dem sich nur hie und da Pflanzen und Thierreste finden. Es treten uns hier confervenartige Geflechte, nagelförmige Pflanzenabdrücke, vielleicht Blattscheiden von Cycadeen, Bruchstücke von Equiseten, sehr selten Schalthiere: Pecten laevigatus, Gervillia subcostata und häufig Lingula Zenkeri entgegen.

Unter der Hauptmasse des Sandsteins, der diesen Mergeln folgt, findet sich bei Bibersfeld, bei Crailsheim, bei Sulz u. a. O. eine Cloake von Fisch- und Reptilresten. Von Fischen besonders Hybodus cuspidatus, Acrodus Gaillardoti, A: lateralis, Amblypterus decipiens, Saurichthys apicalis, S. Mongeotii, S. acuminatus, S. semicostatus; von Reptilien: Nothosaurus, Asterolepis.

Im Sandsteine finden sich Pflanzenabdrücke in Masse, worunter Crepidopteris Schönleinii, Peropteris quercifolia, Equisetites columnaris, E. Bronnii, E. cuspidatus, Pterophyllum Münsteri, Strangerites marantaceus u. a.

Ueber oder mit diesen Sandsteinen bricht die Lettenkohle mit grauen und schwarzen Schiefern. Diese Schiefer und die Lettenkohle enthalten viele Pflanzenreste, namentlich Equiseten und Strangeriten, in grosser Menge Anoplophora lettica und Lucina Romani, die stets aufgeklappt mit beiden Schalen sich vorfinden. In diesen Schichten ist der Hauptfundort des Mastodonsaurus Jügeri, welcher zuerst in der Schichtenreihe *f* auftritt. Hier findet sich auch, wiewohl sehr selten, Myophoria transversa, Trigonodus Hornschuhi, Saurichthys semicostatus, in grosser Zusammenhäufung Estheria minuta, und Brut von Lingula.

Das Aufgeklapptsein der Schalen von Anoplophora und Lucina deutet auf ruhiges Gewässer, Schlammbänke in der Nähe einer flachen Küste hin, wo die Schalen nach dem Absterben der Thiere alsbald und ohne Gewalt eingeschlossen wurden. Auch das Vorkommen der Brut von Lingula deutet auf eine flache Küste hin, da die jetzt noch existirenden Arten dieses Brachiopoden im Niveau der Ebbe leben und zur Hälfte in den Sand eingegraben sind. Für das Dasein von Lachen und Sümpfen neben den sich vorfindenden Pflanzen spricht das Vorkommen von Estheria, deren Repräsentanten in der Jetztwelt ebenfalls in Lachen leben. Das Vorkommen von Meeresthieren erklärt sich aus der Nähe des Meeres oder dem Dasein von Brackwassern.

Ueber der Lettenkohle und ihren Sandsteinen liegt der

Kalkstein mit Anthraconit i^{aa},

der ausserordentlich hart, reich an schön erhaltenen Schalthieren ist, die den Muschelkalk e in Erinnerung bringen. Er enthält Gervillia socialis in sehr grossen Exemplaren, Gervillia obliqua, G. substriata, G. subcostata, G. lineata, Myophoria vulgaris, M. Goldfussii, Anoplophora musculoides, Thracia mactroides, Lucina Schmidii, Nautilus bidorsatus, Acrodus Gaillardoti, Palaeobates angustissimus, Ceratodus Kaupii, C. serratus, Nothosaurus clavatus, Simosaurus Guillelmi.

Diesem folgt der

obere dolomitische Kalk i^{bb}

der Lettenkohle, der lebhaft an den dolomitischen Kalk f erinnert.

Er ist stellenweise erfüllt von Lima striata, Gervillia socialis, G. subcostata, Myophoria vulgaris, M. elegans, M. Goldfussii, Lucina Schmidii, Mytilus eduliformis, Lingula Zenkeri, Natica pulla u. a.

Zu oberst in dieser Reihe bei Gölsdorf, Untertürkheim, am Asperge u. a. O. da, wo der Keupergyps aufgelagert ist, häufen sich die organischen Reste am meisten, und die Schalthiere, Fisch- und Reptilreste setzen bis $0^m,2$ in den Gyps hinein, von dessen Masse sie durchdrungen und die Schalen in Gyps verwandelt sind. Ich halte dies nur für eine Contactserscheinung, die eine gewaltsame Zerstörung der in der Nähe befindlichen Thiere veranlasste, so dass ich die Gypsversteinerungen noch der Reihe i^{bb} zuzurechnen mich veranlasst finde. Hier ist die zweite Hauptcloake in der Trias, die Grenze zwischen i^{bb} und k oder l einnehmend.

Es finden sich aufgehäuft Reste von Hybodus plicatilis, H. Mougeotii, Acrodus lateralis, Palaeobates angustissimus, P. elytra, Nemacanthus granulosus, Amblypterus decipiens, Lepidotus Giebeli, Saurichthys apicalis, S. Mougeotii, S. semicostatus, Colobodus varius, Nothosaurus mirabilis, Placodus Andriani, Mastodonsaurus u. a.

Zuweilen sind die dolomitischen Kalke ganz versteinerungsleer, es stellen sich Zellenkalke ein, welche einen ganz fremdartigen Charakter annehmen. Zwischen dem Bahnhofe und dem Orte Nordheim bei Heilbronn, rechts von der Strasse, erhebt sich ein Durchschnitt der Lettenkohlengruppe. Zu oberst fällt ein sich nach allen Seiten auskeilender Schweif von löcherigem Kalksteine von braungelber Farbe auf, in dem sich einzelne graue, feste, an Muschelkalk erinnernde Partien ausscheiden. Die Löcher des Gesteins sind bald erfüllt, bald ausgekleidet mit Eisenhydrat. Da am Heuchelberge der Horizont Beaumont's i^{bb} zu fehlen scheint, fällt diess Gestein besonders auf. Der verstorbene Dr. Roman in Heilbronn besass ein grösseres Stück davon, in dem sich eine der Myophoria Goldfussii ähnliche Muschel ausscheidet.

In der Gegend von Rottweil treten auf der Höhe gegen Neukirch von einigen grauen Gypslagen unterteuft, bei Hausen und am untern Bohrhause an der Prim nummittelbar unter Kenpergyps, gelbe Mergel auf, welche nur eine Mächtigkeit von 6—8 Centimeter erreichen; sie sind erfüllt von grössern oder kleinern Exemplaren der Lucina Romani. Zu der Brut dieses Schalthiers gesellt sich: Gervillia subcostata, eine Myophoria, die an M. transversa erinnert, und eine Gervillia (?) mit Spuren radialer Streifung. Alle die zahlreichen Schalthiere sind mehr oder weniger zerdrückt und dadurch verunstaltet. Damit Serrolepis und zahlreiche Brut von Estheria minuta.

Auch zwischen Kochendorf und Neckarsulm finden sich in einzelnen Blöcken Massen von Lucinen; anstehend habe ich diess Gestein hier jedoch nicht gefunden.

Diese Schichten gehören offenbar noch zur Lettenkohle.

Für die Lettenkohle sind im südwestlichen Deutschland
eigenthümlich:

Crepidopteris Schönleinii,
Neuropteris remota,
Pecopteris semicordata,
Equisetites cuspidatus,
    „   elongatus,
    „   acutus,
    „   Sinsheimicus.
    „   areolatus,
Pterophyllum Münsteri,
Araucarites Keuperianus,
Gervillia obliqua,
Trigonodus Sandbergeri,
Myoconcha Thielaui,
Anoplophora Münsteri,
Lingula Zenkeri,
Natica neritaeformis,
Halicyne agnota,
Halicyne laxa,
Strophodus Agassizii.

Unter den Versteinerungen der Lettenkohlengruppe sind
vorherrschend: Equisetites columnaris (Calamites arenaceus),
Gervillia subcostata, Trigonodus Sandbergeri, Anoplophora
lettica, Myophoria Goldfussii, Lucina Romani, Panopaea
gracilis, Estheria minuta.

B. Mittlerer Keuper.

Gruppe k.

Ihre Stellung ist, wie S. 20 erwähnt wird, unbestimmt.
Mir scheint, sie sei zwischen dem oberen Dolomit i und der
untern Abtheilung des Keupergypses l zu suchen. Dieser
Zwischenraum steht weder bei Heilbronn noch bei Cannstatt
zu Tage; es muss daher vorläufig bei dem verbleiben, was
oben von ihr gesagt ist.

Für diese Gruppe sind ausser den Schalthieren, welche sie mit St. Cassian gemein hat, von denen weiter unten die Rede sein wird, eigenthümlich:

Myoconcha Cannstattiensis,
Pleurotomaria sulcata.

Gruppe 1.

In der untern Abtheilung des Keupergypses tritt in gräulich und röthlich gelben Mergeln am Stallberge bei Rottweil die Corbula Keuperina in zahlloser Menge, zum Theil in wohlerhaltenen Exemplaren auf. Mit ihr finden sich eine Gervillia?, ein Anoplophora ähnliches Schalthier und Fischreste, von denen in der untern Trias verschieden.

In der Gegend von Heilbronn: am Stiftsberge, am Trappensee, im Tunnel gegen Weinsberg hin u. a. O. besteht ebenfalls in der untern Abtheilung der bunten Mergel ein $0^m,27$ bis $0^m,14$ mächtiger, lichtgrauer Kalkmergel in Kalksteln oder Gyps übergehend, geschichtet und mit Gyps verbunden, grossentheils aus Schalthieren, die im Mergel wie im Gyps enthalten, doch fast alle verdrückt sind, so dass sich nur einzelne bestimmen lassen. Zuweilen wird diess Gestein porös und löcherig, wodurch die Undeutlichkeit der Schalthiere vermehrt wird, und die Corbula Keuperina, die in einzelnen Schweifen das ganze Gestein erfüllt, ist in seltenen Exemplaren so gut erhalten, dass sie sich mit der am Stallberge identisch erweist. Auch eine Myophoria tritt auf, die an M. Raibliana, und grössere Muscheln, welche an Myoconcha und Pachycardia erinnern, ebenso kleinore, die der Nucula sulcellata ähnlich sind; doch ist der Zustand aller so, dass sich nichts mit Bestimmtheit behaupten lässt.

A. E. Bruckmann: die neuesten artesischen Brunnen in der G. Schäuffelen'schen Fabrik zu Heilbronn. 1861. p. 71 hat die erwähnte Corbula — Cyclas socialis benannt, und ist der Ansicht, dass die Schichte, in der sie vorkommt, den Schluss der Lettenkohle bilde, um so mehr, da Dr. Roman

Myophoria Goldfussii nnd Myacites elongatus darin gefunden
habe, welche für die Lettenkohle besonders charakteristisch
seien, und die Cyclas socialis mit der Bivalve aus dem gelblich grauen Dolomite der Unterregion der Lettenkohle am
Fusse des Rothenberges bei Untertürkheim identisch zu sein
scheine. Zu der Oberregion der Lettenkohle rechnet er ferner
die Gypse des Aspergs bei Ludwigsburg u. a. O., welche
ausser Myophoria Goldfussii noch andere Conchylien führen,
und von einigen dünnen Cyclasschichten durchsetzt sein sollen.

Dass ich die Versteinerungen führenden Gypse des Aspergs
für eine Contacterscheinnng halte, ist oben gesagt, sie bilden
stellenweise die Grenze zwischen der Lettenkohlengruppe
und dem Keupergypse mit seinen bunten Mergeln, womit
keineswegs gesagt ist, dass der Kenpergyps noch zur Lettenkohle gehöre. Anders verhält es sich mit der Corbulaschicht,
die in der untern Abtheilung des Gypses eingeschlossen ist,
mit ihr finden sich Versteinernngen, welche in der Lettenkohle keine Repräsentanten haben, und eine neue Schöpfung
ankünden. Die Myophoria Goldfussii, deren Bruckmann erwähnt, ist nicht aus der Corbulaschicht, wahrscheinlich vom
Contact des Gypses mit der Schichtenreihe *i*^{bb}, der Myacites
elongatus, der sich in der Corbulaschicht bei Heilbronn finden
soll, ist kein Myacit, am nächsten Myoconcha verwandt. Die
Brut kleiner Schalthiere in tiefern Lagen der Lettenkohlengruppe, deren Bruckmann vom Fusse des Rothenbergs erwähnt, werden zu der Brut von Lucina Romani gehören,
die in *i*^{bb} in zahlloser Menge auftritt.

Wird berücksichtigt, dass die Lettenkohlengruppe mit
dem Horizonte Beaumonts, wozu die Schalthiere im Contact
mit Gyps gehören, einen geregelten Abschluss findet, und
damit der Charakter der Fauna des Muschelkalks abgeschlossen ist, in der Corbulaschicht dagegen eine ganz verschiedene
Fauna anftritt, so muss diese Schichte einer andern Gruppe
angehören.

Sobald sich die bunten Mergel und der Gyps vorherrschend entwickeln, ist meist alles Organische verschwunden,

doch zeigen sich auch im ausgebildeten Gypse höherer Schichten zuweilen deutliche Umrisse eingeschlossener Schalthiere. In seiner untern Abtheilung finden sich bei Ingersheim Reste von Voltzienartigen Pflanzen in der Masse des Gypses.

Bunte Mergel mit feinkörnigem Sandsteine m.

Diese haben ähnliche Schichtungsverhältnisse wie *l*.

In den Steinmergeln unter dem Sandsteine bei Gschwend, Unterroth, Stuttgart unbestimmbare Bivalven und einschalige Thiere, welch' letztere Ziethen — T. XXXVI. fig. 8 und 9 gut abgebildet hat. Fig. 9 sieht einer Scalaria nicht unähnlich.

In den Sandsteinen sehr schöne Pflanzenabdrücke vereinzelt oder iu grösserer Zusammenhäufung, besonders Filicites Stuttgartiensis, Equisetites columnaris, Pterozamites Jägeri, Pt. longifolius.

Ausschliesslich gehören diesem Sandsteine im südwestlichen Deutschland:

Sphenopteris Schönleiniana,
Karstenia Cottai,
Capitosaurus robustus,
Metopias diagnosticus.

In Schwaben folgt über dem feinkörnigen Sandsteine, wie schon im ersten Capitel gesagt,

die Schichtenreihe o,

während im Aargau die dolomitischen Mergel von Gansingen — *n* dazwischen liegen.

Die Reihe *ó* besteht unten aus kiesligen und thonigen Gesteinen, inmitten aus grobkörnigen Sandsteinen, nach oben aus Conglomeraten und Massen bunter Mergel.

In dem untern Theile über dem kiesligen Sandsteine, unter und im Stubensandsteine ist die Hauptlagerstätte des Seminotus, des Belodon und Teratosaurus.

Unter dem kiesligen Sandsteine bei Ochsenbach eine kaum 1 Decim. hohe Bank, erfüllt von Schalthieren: Avicula Gansingensis, einer Crassatella?, Corbula? elongata, Myophoria? Ewaldi, Natica alpina? u. a.

Bei Löwenstein in der untern Abtheilung eine Cloake mit Resten von Seminotus und Lepidotus.

Den Schluss der Trias an vielen Orten im südwestlichen Deutschland bilden

C. der obere Keuper,

die Kössener Schichten p.

mit vielem Fleisse von Deffner, Fraas, Oppel und Süss, Plieninger und v. Quenstedt bearbeitet. Die darin enthaltenen Thierreste häufen sich am meisten an der Grenze gegen den Lias.

Von Schalthieren finden sich diesem Gebilde in Süddeutschland ausschliesslich angehörend:

> Mytilus minutus,
> Cardium cloacinum,
> Anatina praecursor,
> Anatina Süssii,

von Fischen:

> Hybodus cloacinus,
> „ orthoconus,
> „ minor,
> „ aduncus,
> „ attenuatus,
> „ sublaevis,
> „ bimarginatus,

von Reptilien:

> Megalosaurus cloacinus,
> Termatosaurus Albertii.

Die Fische und Reptilien bilden eine weit verbreitete Cloake.

Nach Obbesagtem finden sich, ausser einigen unbeden-
tenden, 4 Hauptcloake in der Trias:

1) unter dem Lettenkohlensandstein,

2) zwischen dem Horizonte Beaumont's und dem Keupergypse,

3) im Keupersandsteine *o* und

4) in den Kössener Schichten unmittelbar unter dem Lias.

Diese Cloake haben alle den gleichen Charakter, sie
bilden grosse Schweife in den Schichten, in welchen sie sich
finden. Schuppen, Zähne, Knochen der verschiedensten Fische
und Reptilien finden sich bunt durch einander und mit Koth
vermengt.

B. Die Trias ausser dem südwestlichen Deutschland und ausser den Alpen.

Von dem im ersten Kapitel bezeichneten Bassin der
Trias verbreitet sich diese im N. des Mains, O. des Spessarts und Vogelsgebirgs, und W. des fränkischen Jura's,
umgibt den Thüringer Wald, erfüllt das Bassin zwischen
diesem und dem Harz und verbreitet sich westlich in
einem schmalen Zuge bis Ibbenbühren und O. in abgeris-
senen Partien bis ins Geschiebsland der norddeutschen
Ebene.

Nördlich des Harzes findet sich die Trias nur in ab-
gerissenen Partien von Ermsleben über Ballenstedt bis
Thale. Eine andere Partie verbreitet sich von Sandersleben
gegen N. bis Gröningen, Wanzleben und Schönebeck bei
Magdeburg. Weiter gegen N. bildet sie nur einzelne ab-
gerissene Höhenzüge bei Alvensleben, am Huy, an der Asse,
am Elm, am Dorn etc.

Isolirt erscheint sie in der norddeutschen Ebene bei
Rüdersdorf unweit Berlin und bei Lüneburg.

In Niederschlesien ist sie westlich und östlich von Bunz-
lau und zieht sich von Krappiz an der Oder nach Polen

bis Olkucz bei Krakau. Auch der Nord- und Südrand des Sandomirer-Gebirgs ist von Trias umgeben.

In Ungarn findet sie sich am Plattensee, bei Turczke und Herrengrund bei Neusohl.

In der nördlichen Schweiz tritt sie aus den Erhebungen des Jura in den Kantonen Basel, Aargau und Solothurn hervor. Von der Verbreitung in den Alpen wird weiter unten die Rede sein. Am linken Rheinufer überlagert sie im Saarbrück'schen den südlichen Abhang des Steinkohlengebirgs und den südlichen Fuss der Ardennen, zieht sich von da durch einen grossen Theil von Lothringen und des Elsasses bis in die Gegend von Vesoul, das Grundgebirge der Vogesen umlagernd. In der Franche-Comté nimmt sie längs des Jura, S. von Besançon bis Lons le Saunier, ein schmales Band ein, findet sich am Centralplateau von Frankreich nach d'Archiac — Format. triasique — in den Dép. Côte d'or, Saône et Loire, Rhone, Nièvre, Allier, Cher, Indre, Vendée, Dordogne, Correze, Lot, Tarn et Garonne, Aveyron, Herault, Gard, Ardeche, In Südfrankreich im Dép. Isère. Auch zwischen Toulon und Nizza (Var) ist sie entwickelt.

In Spanien, namentlich in Valencia, Asturien, Mancha, Murcia, Sevilla, Andalusien, Malaga, ist sie ebenfalls verbreitet.

In England erstreckt sie sich vom Nordgestade des Tees in Durham bis zur südlichen Küste von Devonshire, einen Theil der Grafschaften Northumberland, Durham, York und Derby einnehmend.

In Russland scheint der bunte Sandstein über dem permischen Systeme im Orenburgischen verbreitet zu sein.

Da sich Ceratiten in Sibirien und am Bogdo zwischen Wolga und Ural finden, so ist es nicht unwahrscheinlich, dass die Trias auch dort anstehe.

Sie verbreitet sich ferner am Ost- und West-Fusse des Alleghani-Gebirgs, in Virginien und Carolina, im Distrikt Cuttak in Ostindien, in dem Rajhoti-Passe von Indien nach

Thibet, wo sich, nach E. Süss — Jahrb. der K. K. geol. Reichsanstalt XII, p. 258, in schwarzem thonigen Kalksteine ausgezeichnete St. Cassianer Versteinerungen finden.

1. Der bunte Sandstein,

in Norddeutschland viel verbreitet, findet sich in ganz ähnlicher Beschaffenheit wie im südwestlichen Deutschland, er besteht wie dort aus Sandsteinen und Conglomeraten. [1]

Er zeichnet sich in Norddeutschland durch die Gypsformation aus, die ihn bedeckt und auch in der untern Abtheilung vorkommt und durch die Rogensteine und Hornkalke in der letztern. [2]

Er führt in seinen mittleren Schichten sehr selten Versteinerungen. Einzelner wird erwähnt aus der Gegend von Bernburg und Sandersleben, von Camsdorf, von Jena, von Dürrenberg, vom Horstberge bei Wernigerode.

Der obersten Abtheilung gehört der sogenannte Rhizocorallium-Dolomit und eine Muschelbreccie in Thüringen an.

Durch das Vorkommen von Tremetosaurus Braunii, Tr. Ocella, Capitosaurus nasutus, C. arenaceus, C. fronto ist besonders der bunte Sandstein von Bernburg berühmt.

---

[1] G. Württemberger — N. Jahrb. f. Min. 1859. 153 ff. erwähnt Dolomitgerölle aus unterem bunten Sandsteine zu Frankenberg in Kurhessen mit Eindrücken. De Verneuil und Ed. Colomb — Coup d'oeil de quelques provinces de l'Espagne — Bullet. de la soc. géol. de Fr. X. 116. — fanden ein grobkörniges Conglomerat in der untern Abtheilung der Formation bei Cheka in Valencia, dessen Gerölle fast durchgängig Eindrücke eines vom andern haben.

Vor diesen haben schon Daubrée, Schulz und Paillette — Bullet. de la soc. géol. de Fr. VII, p. 89 in andern Lokalitäten auf dieses Phänomen aufmerksam gemacht.

[2] Die französischen Geognosten rechnen den grösstentheils lose ocker- oder grünlich gelben, seltener rothen Sand und Mergel, welcher das Bassin zwischen Saarbrücken, Stierling, Forbach u. s. w. erfüllt, zum Vogesensandstein; ich bezweifle diess aber, da ich aus den festeren sandigen Lagen und Knauern desselben im Bohrschachte von Forbach ausgezeichnete Schalen von Orthis besitze, welche der untern Trias gänzlich fremd sind.

Im Herzogthum Coburg findet sich nur Myophoria Goldfussii (var. fallax) in ihm.

Calamiten und Fischreste bei Rheinfelden im Aargau.

Reicher an Petrefakten ist der bunte Sandstein mit
seinen Schieferletten im Elsass, in Zweibrücken, Saarbrücken,
Forbach. In seiner mittleren Abtheilung sind Pflanzen, in der
oberen Schalthiere vorherrschend. Von Pflanzen enthält er,
ausser denen im südwestlichen Deutschland, ausschliesslich:

Sphenopteris myriophyllum,

Cottaia Mongeotii,

Neuropteris Voltzii,

„   elegans,

„   grandifolia,

„   imbricata,

Pecopteris Sulziana,

Caulopteris tesselata,

„   Voltzii,

„   micropeltis,

„   Lesangeana,

Equisetum Brongniarti,

Dioonites Vogesiacus,

Nilssonia Hogardi,

Voltzia acutifolia,

Das gen. Albertia,

Fuechselia Schimperi,

Strobilites laricoides,

Aethophyllum stipulare,

Echinostachys cylindriaca,

Palaeoxyris regularis,

Schizoneura paradoxa.

Von Schalthieren finden sich die meisten im Wellenkalke Süddeutschlands vorkommenden. Ausschliesslich in
besagtem bunten Sandsteine Frankreichs sind nur nachfolgende Krebse und Reptilien:

Apudites antiquus,

Limulites Bronnii.

Gebia? obscura,
Galathea? audax,
Nothosaurus Schimperi,
Menodon plicatus,
Mastodonsaurus Vaslenensis,
Odontosaurus Voltzii.

In England Pflanzenreste im bunten Sandstein in Shropsh. bei Hawkstone und Grinshill.

Unter dem bunten Sandsteine sind die Steinsalzlager zu Artern und Stassfurt, über welchen sich im Anhydrit über dem Salze Boracit (Stassfurtit), im Abraumsalze Martinsit, Carnallit, Kieserit, Hoevelit finden. Ueber dem bunten Sandsteine und unter dem Wellenkalke die Gypse am Ohmgebirge zwischen Hainrode und Haarburg S. des Harzes, die Steinsalzlager N. des Harzes und das bei Elmen unweit Schönebeck.

2. Der Muschelkalk.

Der Wellenkalk e

ist in Mitteldeutschland, in der Gegend von Cassel, Querfurt, Gotha, Arnstadt u. a. G. verbreitet. Zur untern Abtheilung gehören die Coelestinschichten des Saalthales, in welchen sich bei Wogan eine Kohlenbildung findet, aus der Schleiden interessante Pflanzen bestimmt hat. Für sie ist Ammonites Buchii nud Pecten discites (P. tenuistriatus) charakteristisch. Hierher gehören auch der Trigonienkalk Credners mit Myophoria vulgaris, M. cardissoides u. a., der Terebratelkalk mit Lima striata, Gervillia socialis, Encr. liliiformis. In der obern Abtheilung bricht der Schaumkalk (Mehlbazen) in Norddeutschland mit Myophoria laevigata, M. elegans, Turbonilla scalata, Encrinus liliiformis, Dentalium u. a.

Zum Wellenkalk gehört das durch Giebel berühmt gewordene kreidenartige Gestein von Lieskau.

Der Schaumkalk ist besonders bei Rüdersdorf sehr entwickelt und reich an Versteinerungen.

Im Allgemeinen gleicht der Wellenkalk des nördlichen Deutschlands sehr dem schwäbischen, auch die Vertheilung der Versteinerungen ist nicht wesentlich verschieden: hier wie dort herrscht zuoberst Myophoria orbicularis.

Für den Wellenkalk ausser dem südlichen Deutschland sind eigenthümlich:

Chaetites triasinus,
Encrinus Carnallii,
Encrinus Brahlii,
Pecten Schröteri,
Turbonilla Zeckelii,
Turbonilla terebra,
Ceratites Strombeckii,
?Cerat. antecedens,
Bairdia triasina,
Bairdia calcarea,
Nothosaurus giganteus.

Der Wellenkalk erreicht nach Credner am Thüringer Walde eine Mächtigkeit von 115—140^m, während der Kalkstein von Friedrichshall dort nur 100 Meter mächtig ist, überhaupt ist der Wellenkalk in Norddeutschland der Hauptmuschelkalk. Am Ohmgebirge, S. des Harzes, wird er nach Bornemann 200 Meter mächtig.

In Oberchlesien fand ich ihn bei Tost.

Im östlichen Frankreich ist er bei Forbach, in der nördlichen Schweiz bei Ezgen, bei Schwaderloch am Rhein, bei Rheinsulz, Eiken n. a. O. im Aargau.

Im Vicentinischen bei Recoaro u. a. O.

Anhydritgruppe d.

In Thüringen wie in Schwaben zu unterst Anhydrit vorherrschend, nach oben dolomitischer Kalk, in welchem bei Jena Endolepis elegans, bei Wogau Endolepis communis,

im Rauhthale bei Jena und bei Esperstedt Reste von Sauriern in grosser Menge und von Amblypterus ornatus und
A. latimanus vorkommen.

Im Gypse des Steigerwaldes hat Gr. v. Münster Voltzien gefunden, welche von Voltzia brevifolia kaum zu unterscheiden sind. N. Jahrb. f. Min. 1834. 540.

Hierher gehören die Steinsalzlager von Buffleben, Stotternheim, Erfurt, Saaralb, von Schweizerhall, Rheinfelden und Rhyburg.

Kalkstein von Friedrichshall s.

In Thüringen und an manchen Orten im Norden des Harzes ist er verbreitet und 'enthält fast die gleichen Versteinerungen wie im südwestlichen Deutschland. Ueberall zeichnet er sich zu unterst durch den grossen Reichthum an Encriniten aus. Auch hier treten Lima striata, Myophoria vulgaris in grosser Menge auf. Der obern Abtheilung gehören die obere Terebratelschlcht, ein glauconitischer Kalk, der besonders reich an Fisch- und Saurier-Resten ist, und endlich ein thoniger Kalk mit schicfrigen Thonen (Glasplatten) reich an Ceratites nodosus und Nautilus bidorsatus.·

Hierher und zwar zu der untern Abtheilung gehört der Kalkstein von Krappiz an der Oder, das Sohlgestein der oberschlesischen und südpolnischen Gallmey-Ablagerungen sammt dem Opatowitzer Kalksteine.

Am Plattensee in Ungarn enthält er Spiriferina Mentzelii, Spiriferina fragilis, Retzia trigonella u. a.

Es ist diess der rauchgraue Kalkstein P. Merians der nördlichen Schweiz zwischen Gibenach und der Aar, der vom Frickthale, von Kienberg im Kanton Solothurn u. a. O. Im östlichen Frankreich ist er weit verbreitet und sein Vorkommen besonders bei Luneville erforscht. Die von Terquem im Muschelkalk des Moseldepartements aufgeführten Versteinerungen scheinen hierher zu gehören.

Im Vicentinischen bei Recoaro u. a. O. finden sich in

ihm kieslige Gesteine, welche viele der schönst erhaltenen Petrefakten einschliessen.

In England fehlt der Muschelkalk.

Für die Gruppe *e* ausser dem südwestlichen Deutschland und ausser den Alpen sind eigen:

Spongia triasica,
Scyphia Kaninensis,
Montlivaltia triasina,
Thamnastra Silesiaca,
„ Bolognae,
„ Maraschinii,
Stylina Archiaci,
Cidaris lanceolata,
Encrinus Schlotheimii,
„ aculeatus,
„ radiatus,
Entrochus Silesiacus,
Serpula colubrina,
Turbonilla Bolognae,
Turbonilla acutata,
Goniatites Ottonis,
Lissocardia magna,
Myrtonius serratus,
Aphthartus ornatus,
Leiacanthus Opatowitzanus,
Leiacanthus Tarnowitzanus,
Hybodus angustus,
Hybodus simplex,
Strophodus ovalis,
Acrodus falsus,
Acrodus immarginatus,
Nemacanthus senticosus?
Amblypterus Agassizii,
Coelacanthus minor,
Charitodon Tschudii,
Hemilopas Mentzelii,

Nothosaurus Mougeotii,
Lamprosaurus Göpperti,
Xestorrhytias Perrini.

3. Der Keuper.

A. Der untere.

Der untere Dolomit f

findet sich bei Meltingen und Zullwyl am Jura.

Die Gyps- und Steinsalzformation g.

Diese, mit bunten Mergeln vergesellschaftet, wächst in Lothringen und der Franche-Comté, wo an mehreren Orten Steinsalz gewonnen wird, bis zu 150 und mehr Meter an, und ist an manchen Orten — Vgl. Alberti, 'halurg. Geol. I, 424. — unmittelbar von der Lettenkohle bedeckt. Der untere Dolomit f ist in den verschiedenen auf Steinsalz getriebenen Bauen nirgends ersunken worden; dagegen unterteuft er die Salzformation im Hauensteiner Tunnel. Vielleicht gehört das bei Grona unweit Göttingen bei 448 Meter erbohrte Salz dieser Gruppe an, da der Muschelkalk dort noch nicht erbohrt sein soll.
Im Gypse von Luneville Boracit.

Die Lettenkohle mit ihren Sandsteinen und Mergeln h

lässt sich fast ununterbrochen von Schwaben durch Franken und Thüringen bis an den Harz verfolgen. Die Reihenfolge bleibt fast dieselbe, nur die Mächtigkeit ist Veränderungen unterworfen. An vielen Orten finden sich in Beziehung auf organische Reste ganz ähnliche Verhältnisse wie in Schwaben, wie namentlich die vortrefflichen Beobachtungen Bornemanns in Thüringen darthun.
Der Sandstein ist am Schlösserberge bei Jena, bei Gotha,

Holzhausen, Mühlhausen bei Appolda, Kirchheim unweit Arnstadt, bei Vieselbach unweit Erfurt u. a. O. In den Mergeln Brut von Schalthieren zwischen Angersbach und Landenhausen in Oberhessen, deren Habitus am meisten für Lucina spricht. Hierher gehören vielleicht auch die Mergel bei Schöningen und Räbke mit Cyclas (corbula) Keuperina? — v. Strombeck Zeitschr. d. deutsch. geol. Gesellsch. X. 1858. 85.

Besonders entwickelt sind die Mergel in der Neuen Welt bei Basel.

Im östlichen Frankreich ist diese Gruppe sehr verbreitet. Der Sandstein liegt bestimmt über der Salzformation und ist bedeckt vom Horizont Beaumont's.

Bei Balbronn im Elsass findet sich in den grauen Schiefern der Lettenkohle Anoplophora lettica.

Das Profil beim Dorfe Pendock im südlichen Theile der Malverns in Worcestershire, wo Estheria minuta und Calamites arenaceus in wechseluden Schichten von Mergeln und Sandstein vorkommen und sich eine Art Bonebed findet, scheint hierher zu gehören, obschon P. B. Brodie — Geol. Journ. XI. 450 — diese Schichten wie die in Warwicksh. und Gloucestersh., und J. Plant — Geol. quart. Journ. 1856. XII. 369 ff. — die in Leicester zum obern Keuper rechnen, da in Deutschland sich die Estheria minuta nur in dieser Reihe findet, und noch näher darzuthun sein wird, ob die von Berger — Keuper 414 — in *m* beobachtete mit etwas grösseren Schalen hierher gehöre.

Zweifelhaft ist es, ob hierher die Gruppe in Nordcarolina und Virginien — Emmons Geological report of the midland counties of Nordcarolina 1856 — einzureihen sei. Hier finden sich zu oberst:

1) rothe Mergel von Anson und Orange, darunter:

2) schwarze schiefrige Mergel, vorzüglich bei Gowrie-Pit in der Grafschaft Chesterfield in Virginien, unter welchen 15 Meter mächtige Kohlenschichten gelagert sind, mit

Equisetum columnare,

Calamites arenaceus,

Filicites Stuttgartiensis,
Pterozamites longifolius,
Acrostichites oblongus,
Strangerites magnifolia,
Sphenoglossum quadrifolium,
Albertia latifolia,
Voltzia,
Posidonomya triangularis.
3) Grauer Sandsstein und Conglomerat vom Deep-river.
Dieser Gruppe sind ausser Süddeutschland eigenthümlich:
Pecopteris Meriani,
Pterozamites Meriani,
Pterozamites spatiosus,
Zamites angustiformis,
    „   dichotomus,
    „   tenuiformis,
    „   dilatatus,
Cycadites pectinatus,
Nilssonia Bergeri,
Cycadophyllum elegans,
Scyathophyllum Bergeri,
Scyathophyllum dentatum,
Araucarites Thüringicus,
Araucarites Keuperianus,
Palmacites Keupereus,
Bairdia pirus,
    „   procera,
    „   teres,
Cythere dispar,
Nothosaurus Bergeri. [1]

---

[1] Borsemann — Poggendorfs Ann. 1853. I, 145 ff. erwähnt des ge-
diegenen Eisens aus der Lettenkohle bei Mühlhausen in Thüringen.
   Am Meissner in Hessen fand ich Nagelkalk in den Mergeln derselben.
   Erdiger Brauneisenstein darin bei Velving unweit Boulay im Mosel-
departement.

. Der obere dolomitische Kalk i

ist dem untern *f* sehr ähnlich und besonders in Thüringen sehr verbreitet. Er findet sich am Schlösserberge bei Jena mit Myophoria Goldfussii u. a., im Ilmthale bei Weimar, bei Langensalza, Arnstadt, Gotha u. a. O. Es ist diess die Schichtenreihe, aus welcher uns v. Schauroth eine Menge Versteinerungen vorführt. Hierher gehört wohl auch das Kalkgestein auf der Schafwaide bei Lüneburg, in dem v. Strombeck unter andern Myophoria pes anseris gefunden hat.

B. Mittlerer Keuper.

Gruppe k

scheint zu fehlen.

Die bunten Mergel mit Gyps l

sind im mittleren und nördlichen Deutschland, im Jura der Schweiz, im östlichen Frankreich sehr verbreitet, auch kommen nach Fr. Römer — Zeitschr. der deutsch. geol. Ges. XIV. p. 638 ff. — in Oberschlesien und Polen bunte Mergel mit Kalksteinbänken vor, welche Fisch- und Saurierreste des Keupers enthalten.

An der Bodenmühle bei Bayreuth fand Gümbel — Jahrb. der geol. Reichsanst. 1859. Nro. 1. 23 f. über der Lettenkohle und unter dem Keupergypse schmutzig gelben dolomitischen Mergel in kalkig mergeliges gräuliches Gestein übergehend, durch meist schlecht erhaltene Versteinerungen ausgezeichnet, die an die Corbula-Schichten in Schwaben, nicht aber an die in den Kreidemergeln von Cannstatt erinnern; es wird weiter unten die Rede davon sein.

Die bunten Mergel mit feinkörnigem und grobkörnigem Sandsteine m und o.

Zu der oberen Abtheilung gehören in Franken wie in Schwaben die Schichten mit Seminotus. In England gehören hierher die Lagen von Bromsgrove mit Dipteronotus cyphus (?).

Der dolomitische Kalkmergel von Gansingen n,

dessen Stellung schon im ersten Kapitel näher besprochen wurde, ist sehr reich an Schalthieren, welche weiter unten besprochen werden sollen.

C. Der obere Keuper.

Gruppe p.

Der oberste Keupersandstein Bornemann's, oberer Keupersandstein v. Strombeck's, Sandstein der Theta, unterster Liassandstein Berger's, tritt an vielen Orten Norddeutschlands, z. B. bei Coburg, am Seeberge bei Gotha, Eisenach, bei Hannover, Göttingen, auf. Am Seeberge bei Gotha finden sich über den bunten Mergeln des Keupers weisse bis lichtgelbe feinkörnige Sandsteine, in welchen sich im Braunschweigischen, in Franken und Schwaben die sogenannte Gurkenkernschicht (mit Anodonta postera von Deffner und Fraas) findet.

Darüber folgen sandige Schichten, dann ein gelblichweisser Sandstein, sehr arm an Versteinerungen, nur hie und da Cardium cloacinum und Myophoria? Ewaldi enthaltend. Grauer Thon, gelblich- und grünlich graue Sandsteine und Sandsteinschiefer, dann Mergelschiefer wechselnd mit dünnen Sandschieferschichten mit Modiola minuta, Cardium Rhaeticum, Cardium Philippianum, Myophoria? Ewaldi. Den Beschluss der Gruppe macht ein Thonmergel, der von einem Quarzsandstein mit Lias-Petrefakten bedeckt ist. Die Mächtigkeit dieser Gruppe beträgt hier 35—40^m.

Bei Eisenach sind über den bunten Mergeln des Keupers:

1) gelblichweisser Sandstein 6—8^m mächtig,

2) schwarzer, dünnblättriger Mergelschiefer mit Zwischenlagen von Mergelsandstein, Quarzmergel und Mergelkalk. In

den untersten Mergelschieferlagern Avicula contorta, Cardium Rhaeticum, Myophoria? Ewaldi. Weiter oben im Mergelschiefer grauer Quarzmergel und mergelreicher Sandstein mit Myophoria? Ewaldi, Cardium Philippianum, Avicula contorta.

Bei Göttingen über dem Keupermergel:
1) gelblichweisser kiesliger Sandstein,
2) dunkelaschgrauer Thon mit schwachen Schichten feinkörnigen Sandsteina. Einzelne Lagen reich an Myophoria? Ewaldi, Cardium Philippianum n. a.

Im Hannöver'schen über dem Keupermergel:
1) unterer Bonebed-Sandstein,
2) dunkle, verschieden gefärbte Thonmergel oder untere Bonebed-Thone mit der Zahnbreccie,
3) oberer Bonebed-Sandstein mit Calamites arenaceus,
4) graue und braunrothe reine Töpferthone oder obere Bonebed-Thone.

Mächtigkeit der ganzen Gruppe 50 Meter.

Hierher gehören die schönen Pflanzenversteinerungen in Oberfranken: in der Gegend von Bamberg und Bayreuth, die bei Strullendorf, an der Theta u. a. O., welche in einem wenig mächtigen Schieferthonlager in weisslichem und gelblichem Sandsteine, bedeckt von Bonebed unter dem Lias der dortigen Gegenden sich finden.

Es herrschen hier Cycadeenreste wie in der Lettenkohle von Thüringen vor, es sind aber verschiedene Arten. Fast $\frac{1}{2}$ aller aus der Trias untersuchten Pflanzen gehört hierher.

Diese obersten Keuperbildungen haben sich ebenso im Luxemburgischen, zu Valognes in der Normandie, bei Lyon etc. gefunden. In England ist das Bonebed längst bekannt, in Irland findet es sich ebenfalls, wahrscheinlich auch auf Helgoland.

Die oberste Keuperbildung wird bei Veitlahn unweit Culmbach von einem zweiten Pflanzenlager bedeckt, welches dem Lias angehört.

C. Die Trias in den Alpen.

Sie findet sich im Vorarlberg bei Vaduz, Triesen, Bludenz, im Walserthale, an vielen Orten im Lechthale, in den bayerischen Alpen am Fusse des Wendelsteins und Wettersteins, in den österreichischen Alpen bei Hörstein, südwestlich von Wien, bei St. Veit, südwestlich von Baden, im Salzkammergut und in Kärnthen.

In Tyrol von Kufstein bis Innsbruck und Inzingen aufwärts, N. vom Innfluss bei Hall, im N. und S. des Drau- flusses, namentlich bei Linz, am Ovirberge bei Klagenfurt, bei Bleiberg, Raibl, Wochein und im Oberengadin. In Süd- tyrol bei St. Cassian, an der Seisser Alp, in den südlichen Alpen an den Ufern der Drance, in der Nähe des Comer- und Lugano-See's, im Scalve-, Trompia-, Soriana- und Gorno- Thale, in den Bergamaskischen Alpen, in der Carnia und im Comelico des venetianischen Gebiets.

Es liegt in der Natur der Alpen: in ihrer mächtigen Aufthürmung, ihrer Schichtenstörung und theilweisen Unzugänglichkeit, dass die Erforschung der Trias in ihnen eine äusserst schwere Aufgabe ist. Eine grosse Zahl der tüch- tigsten Naturforscher haben sich diese zur Lebensaufgabe gemacht, und ihr Bemühen ist von bedeutendem Erfolge gewesen; noch fehlt aber viel zu der Schärfe, mit der die Trias in Deutschland abgegrenzt ist; erst wenn eine Paral- lelisirung der Gruppen in und ausser den Alpen angebahnt ist, wird es gelingen, ihre Marken im Allgemeinen fest- zustellen.

1. Rother Sandstein

bildet auch hier das unterste Glied der Trias. So bei Werfen am Inn, von Kufstein bis Innsbruck und Inzingen, im öst- lichen und südwestlichen Kärnthen, in Tyrol, der Lombardei und im Venetianischen. Er besteht theilweise aus grobem

Conglomerate, wie in den Nordostalpen Tyrols, und ist vorherrschend braunroth. Gegen oben wird er meist feinkörniger, geht im Fassathale, am Schlern u. a. O. in kalkige
sehr glimmerreiche, Versteinerungen führende Schichten über,
oder wechselt er nach oben mit einzelnen Kalkplatten, oder
er vergesellschaftet sich inniger mit Muschelkalk (in Südtyrol
bei Predazzo, St. Cassian, Seisser Alp), so dass sich von
unten nach oben finden:

1) versteinerungsleerer rother Sandstein — Grödner
Sandstein,

2) mergelige Kalke und sandige Mergel mit Posidonomya
Clarai, Myophoria laevigata u. a. — Schichten von Seiss,

3) mergeliger rother Sandstein und dünnblätteriger Kalk
mit Ceratites Cassianus, Naticella costata, Turbo recte costatus, Posidonomya aurita —, Anoplophora Fassaensis, Pecten
discites, Lima striata, Hinnites Schlotheimii, Myophoria u. a.
— Cassiler Schichten. —

In den obersten Lagen des Sandsteins gegen das Val
Sassina am Luganosee —: Voltzia heterophylla und Aethophyllum speciosum.

In den kalkigen, glimmerreichen Schichten im Fassa-
thale u. a. O. finden sich:

Rhizocoryne, Anoplophora Fassaensis, Posidonomya Clarai; auch werden Ammonites Studeri Hauer und Ammonites
sphaerophyllus Hauer genannt, welche jedoch den über-
lagernden Schichten von Wengen mit Halobia Lommeli angehören werden.

Im östlichen Kärnthen:

Ceratites Cassianus,
Anoplophora Fassaensis,
Gervillia mytiloides,
Pecten Fuchsii Hauer,
Avicula Venetiana Hauer.

In der Carnia:

Anoplophora Fassaensis,
Naticella costata.

Auf der Grenze gegen Muschelkalk, oder im bunten
Sandsteine selbst in Tyrol, im Salzkammergut, im Venetianischen u. a. O. mächtige Gyps- und Steinsalzlager.

In N. Tyrol ist der bunte Sandstein von den darauf
folgenden Kalken scharf getrennt. Im Salzburgischen und
weiter östlich und südlich findet an der Grenze ein mehr
oder weniger häufiger Wechsel von Sandstein und Kalkstein statt.

2. Dem Muschelkalk

und zwar:

Dem Wellenkalke c

gehören wohl die oben erwähnten Campiler Schichten in
Südtyrol, welche noch mit buntem Sandstein wechseln, ebenso die schiefrigen Kalksteine und Schaumkalke über dem
Sandsteine in der Lombardei, die reich an Versteinerungen
der untern Trias sind.

Zur Anhydritgruppe d

gehören die gypsführenden Thone bei Recoaro, Schio u. a.

Dem Kalksteine von Friedrichshall e

entsprechen die über d liegenden Kalksteine von Recoaro
und Schio, im Becken der Trenta, im Val Lugano, bei Rovegliana, in den Thälern der Trompia, Seriana, Gorno bei
Bergamo u. a.

Zweifelhafter ob hierher gehörig ist der Guttensteiner
Kalkstein, ein Complex schwarzer, zum Theil bituminöser,
dünngeschichteter Kalke und Dolomite, welche an dunklem
Feuersteine sehr reich sind.

Er durchzieht einen grossen Theil von Kärnthen und
Tyrol und erreicht im Carniathale, wo er gegen oben in

einen grauen und weissen Kalkstein übergeht, eine Mächtigkeit von fast 1000 Meter. Er ist sehr arm an Versteinerungen und diese sind sehr undeutlich. Aus ihm werden angeführt: Waldheimia vulgaris, Encrinites liliiformis, Naticella costata, Posidonomya Clarai, Ostrea montis caprilis u. a.

Es wird auch der Halobia Lommeli daraus erwähnt, welche jedoch höheren Schichten angehören dürfte, um so mehr, da er in Südtyrol unmittelbar von den Halobienschichten oder den Schichten von Wengen bedeckt wird.

In Südtyrol und im Venetianischen und längs dem Nordrande der Alpen vom Rheinthal bis zum Wiener Becken wird der Guttensteiner Kalk von einem meist etwas kiesligen, dünngeschichteten schwarzen Kalk, besonders reich an Brachiopoden — dem Virgloriakalk von v. Richthofen — bedeckt, den dieser zur oberen Trias rechnet, oder es ist dieser allein vorhanden und lagert über einem sehr mächtigen mit Sandsteinen wechselnden Complex meist dolomitischer und bituminöser Kalke.

Es tritt nun ein System von mächtigen Massen auf, welche eine gegen die Lettenkohlengruppe wesentlich verschiedene Fauna haben, so dass sie eine neue Epoche begründen. In den Umgebungen von Predazzo, St. Cassian und an der Seisser Alp in Südtyrol geht der Virgloriakalk nach oben in weissen Kalkstein und in porösen Dolomit über, welcher Halobia Lommeli, globose Ammoniten u. u. enthält — Mendola-Dolomit.

Im Vorarlberg über dem Virgloriakalk

die Partnachschichten

(von Partnach-Klam bei Partenkirchen),

ein 100 bis 125ᵐ mächtiges System von mergeligen Schichten. In dem ganzen westlich von Imst gelegenen Gebiet, wo über den Partnachschichten keine Schichten vom petrographischen Charakter der Hallstädter Kalke folgen, sind die sogenannten Arlbergkalke mit diesen durch Wechsellagerung

verbunden. Es sind mächtige Massen von Rauchwacke und
schwarzen porösen Kalken — 150—200ᵐ mächtig, deren paläontologischer Charakter noch nicht festgestellt ist.

An der Scisser Alp, ebenso im Norden des Drauflusses
über den Kalken, welche wahrscheinlich dem Muschelkalke
angehören — Halobienschichten — Schichten von Wengen, dunkle Kalksteine, Dolomite und Mergelschiefer oder
grauwackenähnliche Sandsteine, welche — ausser besagter
Halobia — Ammonites Joannis Austriae u. a. enthalten.

In die Schichten von Wengen übergehend bräunliche,
dünn geschichtete Mergel mit den Versteinerungen von St.
Cassian, welche von schwarzem bröcklichem Sandsteine
oder Melaphyrtuff voll Nucula mit riesengrossen Neriten,
mit Ammoniten etc. bedeckt sind.

Im östlichen Kärnthen über dem Guttensteiner Kalk
die Hallstädter Kalkschichten, welche von den obersten
Bleiberger Schichten bedeckt sind.

In den südlichen Alpen, namentlich am Comer- und
Luganosee, liegen über den St. Cassianschichten helle Dolomite und Kalksteine in ungeheurer Mächtigkeit — die Esinoschichten, — welche von den Raibler Schichten bedeckt
sind. O. von Sonthofen und Imst mächtige Kalke, welche
vielleicht auch zu den Esinoschichten gehören.

Im S. des Drauflusses über dem Hallstädter Kalk die
Schichten von Raibl. In den Nordalpen Tyrols über
dem Guttensteiner Kalke: Dolomit, oft von Gyps begleitet.
Diesen folgen in unsicherer Ordnung Dolomite, Sandsteine
und wahre Muschelbreccien; die wenigen Versteinerungen
sprechen für Raibler Schichten. Sie sind bedeckt von Dach-
kalk.

Die bituminösen Schiefer von Raibl bilden die untersten
Lagen der Raibler Schichten, ruhen auf Esinokalk, und
werden von den Gesteinen bedeckt, welche Myoph. Raibliana,
Corbula Rosthorni u. a. enthalten.

Wird die Lagerung ins Auge gefasst, so lassen sich die
alpinischen Massen, welchen Halobia Lommeli Wissmann

gemeinschaftlich ist, in etwa 6 Abtheilungen bringen und
zwar von unten nach oben:

    Mendola-Dolomit
    die Schichten von Wengen,
    „   „   „ Partnach,
    „   „   „ St. Cassian,
    „   „   „ Esino und
    „   „   „ Raibl.

Der Mendola-Dolomit

in weissen Kalkstein übergehend, auf schwarzem Virgloriakalk ruhend, enthält globose Ammoniten u. a.

Die Schichten von Wengen

sind dunkle Kalksteine, nach oben wechselnd mit grauwacken-
ähnlichen schwarzen Sandsteinen, dann letztere herrschend
mit eingelagertem lichtem und dunklem Mergel und Mergelkalk. Charakteristisch für diese Posidonomya Wengensis
Wissmann, Avicula globulus Wissmann.

Die Partnachschichten

sind schwärzliche sehr weiche, etwas kalkige, zuweilen glimmerreiche Mergelschiefer, welche mit dünnen Schichten eines
festen mergeligen Kalksteines wechseln. Ihre Mächtigkeit
beträgt am Virgloriapass 100—135^m. Charakteristisch für
diese: Bactryllium Schmidii Heer.

Die St. Cassianschichten

liegen auf den Schichten von Wengen oder auf den Partnachschichten oder auf dem Mendola-Dolomit. Sie erscheinen als
einzelne schwärzliche oder grauliche Kalklagen und braune
Mergel, aus denen sich eine Menge Schalthiere- kalkiger
Natur loslösen. Unter diesen sind einzelne synonym mit

denen aus dem Muschelkalk ausser den Alpen, die meisten
aber gehören einer ganz fremden Fauna an. Es begegnen
uns eine Menge Korallen, Radiarien, Brachiopoden, Conchiferen in fremdartigen Gestalten. Die einschaligen Thiere
in der Trias ausser den Alpen verhältnissmässig so wenig
vertreten, werden hier vorherrschend, viele erinnern an tertiäre Bildungen; Orthoceren, Goniatiten an paläozoische,
Ammoniten an jurassische Arten.

Der Reichthum an Petrefakten übertrifft den der andern
Gruppen der Trias bei weitem; man zählt gegen 800 Arten
und immer finden sich noch neue. Zu den häufigst vorkommenden gehören Cardita crenata, Avicula grypheata,
Ammonites Aon, globose Ammoniten.

Den Schichten von St. Cassian sind in paläontologischer
Beziehung parallel zu stellen: die Kalksteine von Hallstadt,
Aussee, die opalisirenden Muschelmarmore, die zusammen
bis zu 1000 Meter Mächtigkeit ansteigen; sie sind häufig
dolomitisch bald weisslich gelb, bald röthlich oder roth, bald
crystallinisch und dann meist weiss. Sie sind ausgezeichnet
durch das zahlreiche Auftreten der Globosen, durch wenig
involute mehrblättrige und durch einblättrige Heterophyllen,
durch den Ammonites Aon, viele Orthoceren, Monotis sali-
naria u. a. Häufig sind sie über den Partnachschichten
gelagert.

Die Esinoschichten.

Diese bestehen zu oberst aus hellen Dolomiten und Kalksteinen, zu unterst aus dunkeln Kalksteinen und Schiefern,
welche in einzelnen Gegenden in ausserordentlich mächtigen
Massen auftreten. Charakteristische Versteinerungen dieser
Schichten sind: Chemnitzien, globose Ammoniten, Natica
Meriani Hörnes u. a. Die Versteinerungen dieser Gruppe
zeichnen sich durch die Grösse ihrer Arten vor der Fauna
von St. Cassian aus, die meist kleine und sehr kleine Individuen zählt.

Die Raibler Schichten.

Diese bestehen in den lombardischen Alpen theils aus sandigen, theils aus kalkigen Gesteinen. Die Sandsteine sind meist lebhaft roth und grün gefärbt, die Schiefer meist grau, Kalksteine ebenfalls meist dunkel und sind oft sehr mächtig zwischen zwei Sandsteinmassen entwickelt.

Im Val Serina buntgefärbte Sandsteine, die mit petrefaktenreichen Kalkbänken wechsellagern.

Im Val di Scalve bei Spigolo walten die dunkeln Kalksteine vor, untergeordnet sind rothe und grüne Mergel.

Im östlichen Kärnthen liegen über den Hallstadter Kalken die Bleiberger schwarzen Schieferthone und Thonmergel, graue und bräunliche doleritähnliche Sandsteine.

Im S. des Draußlusses bei Raibl über dem Hallstadter Kalke:

1) bituminöser dünn geschichteter Kalkschiefer voll Fisch- und Pflanzenreste mit Crustern, Gasteropoden und Ammoniten;

2) Mergelschiefer reich an Myophoria Raibliana;

3) Mergelschiefer, sandige und mergelige Kalksteine voll Versteinerungen.

Auf der Rauchwacke, welche das Haselgebirge bedeckt, ruht bei Hall in Tyrol und dessen Umgebung ein Sandstein bald dicht und sehr fest, bald schiefrig, meist von grünlich grauer Farbe, zuweilen mit Kalkbänken wechselnd, erfüllt von Pflanzenresten.

Im östlichen Theile der Kalkalpen von Vorarlberg und Nordtyrol herrschen gelbbraune verwitternde weiche Mergelkalke, die selten in reinen Kalk und Mergel übergehen, damit häufig dunkelbraune grobe Sandsteine. Sehr charakteristisch ist die oolitische Struktur der Mergelkalke. In der Gegend von Schwaz beginnt gelbe Rauchwacke darin aufzutreten, W. von Imst bilden Rauchwacke und Gyps einen integrirenden Theil der Raibler Schichten.

Die Mächtigkeit der letztern wechselt dort ungemein;

wo sie mit Rauchwacke nud Gyps verbnnden sind, steigt
sie bis zn mchr als 100^m, im mittleren Theil des Gebietes
erreicht sie in wenigen Füllen — 30 Meter, und im östlichen
Tyrol ist sie meist so unbedeutend, dass man nur mit der
äussersten Mühe die Existenz des Schichtengebilds nachweisen kann.

Nach den vortrefflichen Untersuchungen v. Hauer's zeichnen sich die Raibler Schichten dadurch ans, dass in ihnen
Cephalopoden, Gasteropoden und Brachiopoden zu den grössten Seltenheiten gehören.

Charakteristisch sind für sie:

> Solen caudatus v. Hauer,
> Corbula Rosthorni Boué,
> Megalodon Carinthiacnm Boué,
> Corbis Melingi v. Hauer,
> Myoconcha Lombardica v. Ihner,
> Myoconcha Curionii v. Hauer,
> Gervillia bipartita Merian.

Gemeinschaftlich mit St. Cassian haben sie:

> Cardinia problematica v. Klipst.
> Pachycardia rugosa v. Hauer,
> Myophoria Raibliana, Boué und Deshayes spec.,
> Myophoria Whateleyae v. Buch,
> Nucula sulcellata Wissmann,
> Cidaris dorsata Bronu,

mit dem Muschelkalke:

> Myophoria elongata Wissmann.

Die Kössener Schichten und der Dachstein.

Ueber sehr mächtigen Dolomiten, welebo Megalodon
triqueter Wulfen enthalten, und einen grossen Theil der Vor-
arlberger, Nordtyroler und lombardischen Alpen zusammen-
setzen, unmittelbar unf Hallstädter Kalk oder Raibler Schichten, folgt der Dachsteinkalk mit den Kössener Schichten,
stets von jnrassischen Bildungen bedeckt.

v. Richthofen — Kalkalpen 104 ff. — trennt diese Gruppe in drei Glieder:

den untern Dachstein,
die Kössener Schichten,
den obern Dachstein.

Nach ihm gehören zum

untern Dachsteine

in Vorarlberg und Nordtyrol die überaus mächtigen, dunkeln, zuckerförmigen, dünn geschichteten Dolomite, den Guttensteiner Schichten ähnlich. Im O. gehen sie allmählig zum Theil in reinere Kalke über, die aber in Tyrol niemals den Typus der charakteristischen Dachsteine des Salzkammergutes annehmen, welche meist schwarz und in Verbindung mit schiefrigen Kalken sind. In Vorarlberg finden sich keine Petrefakten darin, in Nordtyrol erscheint darin Megalodon triqueter.

In den Bergketten, welche das Lechthal vom Innthale scheiden, gehen die Dolomite stellenweise in vollkommen plattige Kalksteine über, welche reich an Asphalt sind und bei Seefeld Fischabdrücke enthalten.

Der untere Dachstein geht in seiner Stellung über den Raibler, resp. Hallstadter und unter den Kössener Schichten allmählig in diese Gesteine über.

Die Kössener Schichten.

(Kössen NO. von Kufstein.)

Gervillien-Schichten Emmrich.
Oberes St. Cassian von Escher und Merian.

Sie bilden lange und schmale Züge wie die Raibler Schichten. In Vorarlberg bestehen sie vorherrschend aus schwärzlichen, mergeligen Schiefern und dunkelgrauen bis schwarzen knolligen Kalksteinen in sehr dünnen Schichten. Die Mächtigkeit übersteigt selten 15 Meter, erreicht aber

auch 30ᵐ. Von Petrefakten sind besonders für sie charakte
ristisch: Megalodon triqueter, Gervillia inflata, Modiola Schuf-
häntlii, Avicula contorta, Cardium Austriacum.

Oberer Dachsteinkalk.

Im Gebiete der Saale in den Salzburger Alpen ein 200ᵐ
mächtiges System von Kalkstein über den Kössener Schichten,
welche sich durch ihren Reichthum an Megalodon triqueter
auszeichnen.

Weniger mächtig ist er in Vorarlberg und führt dort
nur lithodendronartig verzweigte Korallenstöcke und sehr
selten eine Bivalve.

Parallelisirung der Trias ausser den Alpen mit der in diesen.

Das Vorkommen der Trias ausser den Alpen in ihrer
ganzen Verbreitung lässt keinen Zweifel in mineralogischer
und paläontologischer Beziehung über die Identität der Formation, ja der einzelnen Gruppen. Ganz anders ist es in
den Alpen; hier begegnen uns ganze Gebirgsmassen, die
wir noch nicht zu deuten vermögen.

Um Vergleichungen anstellen zu können, ist vor Allem
ein Blick auf den Complex der Trias in und ausser den
Alpen zu werfen.

In den letzteren wächst die Mächtigkeit derselben an
manchen Orten ohne den bunten Sandstein auf 2000 Meter
an, während sie ausser den Alpen ohne diesen kaum 600
Meter erreicht, und sich nach dem Ausgehenden ganz aus-
keilt; die Trias in den Alpen ist daher in einem mehr als
dreimal so tiefen Meere abgesetzt als die in Deutschland
oder im östlichen Frankreich, und mehrere Gruppen der
letzteren sind wahre Litoralbildungen. Die Tiefe des Trias-
meeres hatte ohne Zweifel einen grossen Einfluss auf das
Dasein mancher Geschlechter und Arten der Thierwelt.

Das Meer, in dem sich der Muschelkalk niederschlug, war nicht sehr bevölkert, sowohl in als ausser den Alpen, und es fanden wenig Katastrophen statt, wodurch die Thiere getödtet und in Menge in die Schichten eingeschlossen wurden. Auch scheint das Wasser nur für das Leben einzelner Cephalopoden und Brachiopoden günstig gewesen zu sein. Ganz anders erscheint die St. Cassiangruppe. Hier treten die Cephalopoden und Gasteropoden vorherrschend hervor, begleitet von unzähligen Conchiferen, Korallen, Brachiopoden etc., und bleiben grösstentheils auf die Masse der Alpen beschränkt. Sobald die Meerestiefe dort abnahm, verschwinden die Cephalopoden, Gasteropoden und Brachiopoden wieder, und in den Raibler Schichten ist die Fauna fast ganz auf Conchiferen beschränkt.

Ungeachtet der ungleichen Erscheinungen in und ausser den Alpen ist es uns doch vergönnt, Analogien aufzufinden, welche eine Parallelisirung anzubahnen geeignet sind. Diese treffen wir vorzugsweise in der untern Trias und zwar zuerst im

Bunten Sandstein (a, b).

Die Hebung des bunten Sandsteins während seiner Bildung am Schwarzwalde und den Vogesen ist in den Alpen nicht wahrzunehmen, die Trennung in zwei Gruppen ist daher dort nicht anwendbar, wie sie es auch in Norddeutschland nicht ist. Diese Trennung, welche eine nur lokale Ursache hat, wird ferner nicht fest zu halten sein; ich habe sie in vorliegender Schrift bestehen lassen, weil man am Schwarzwalde und den Vogesen daran gewöhnt ist.

In den Alpen wie ausser denselben ist der bunte Sandstein unten mehr grobkörnig, nimmt nach oben ein feineres Korn an, und geht mehr oder weniger in Schieferletten über.

Die Gyps- und Steinsalzlager in und unmittelbar über dem bunten Sandsteine in den Alpen scheinen mit denen von Elmen bei Schönbeck, vielleicht mit denen bei Artern und Stassfurth gleichen Alters zu sein.

Seltener ist der darüber gelagerte Muschelkalk scharf vom Sandsteine getrennt, meist wechselt er mehr oder weniger mit seinen obern Lagen. Während dieser Wechsel im südwestlichen Deutschland selten über 10 Meter beträgt, wächst er in den Alpen zu weit beträchtlicherer Höhe. Es sind diess die Seisser und Campiler Schichten, welche sich, neben vielen charakteristischen Versteinerungen des Muschelkalks, vorzüglich durch Posidonomya Clarai auszeichnen, welches Schalthier bis jetzt weder im bunten Sandsteine noch im Muschelkalke Deutschlands gefunden wurde.

Diese Schichten vertreten wie die schiefrigen Kalksteine und Schaumkalke der Lombardei

den Wellenkalk c.

In Schwaben sind die Versteinerungen im Wellenkalke ziemlich gleich vertheilt, doch in verschiedenen Etagen besonders charakteristische; ob diess auch in den Alpen der Fall, ist noch nachzuweisen. In den letzteren finden sich mehrere Petrefakten, die ausser ihnen fehlen oder auch nur in höheren Schichten vorkommen wie Natioella costata.

Zur Anhydritgruppe d

werden die gypsführenden Thone im Muschelkalke der Lombardei zu rechnen sein.

Kalkstein von Friedrichshall e.

In Schwaben und auch im nördlichen Deutschland ist der Kalkstein unmittelbar über der Anhydritgruppe am reichsten an Versteinerungen. Ganze Schichten sind erfüllt von Eucriniten, Pecten, Lima, Waldheimia u. a., während dieser Kalkstein im bei weitem grössten Theil seiner Mächtigkeit fast ganz ohne Versteinerungen ist. Diess scheint auch in den Alpen der Fall zu sein. Der Muschelkalk c von Recoaro u. a. O. in den südlichen Alpen hat ganz den Charakter dieser Gruppe in Deutschland und beinahe alle Versteinerungen mit ihm gemein.

Zu dem oberen Kalke, arm an Versteinerungen, scheint der Guttensteiner Kalk zu gehören; während jedoch der obere Muschelkalk in Schwaben 85^m, ist der Guttensteiner Kalk an 1000^m, mächtig, oder etwa zwölfmal mächtiger.

Nach v. Richthofen wird der Guttensteiner Kalk in grosser Ausdehnung vom Virgloriakalk bedeckt, der sich hauptsächlich durch das Vorkommen zahlreicher Brachiopoden kenntlich macht, durch

Waldheimia vulgaris,
Waldheimia angusta,
Rhynchonella decurtata,
Spiriferina Mentzelii,
Spiriferina fragilis,
Retzia trigonella, ferner durch
Encrinus liliiformis,
Encrinus gracilis, und
Ammonites dux.

Es werden aus ihm auch globose Ammoniten erwähnt, welche jedoch wahrscheinlich höheren Schichten angehören.

v. Richthofen — Kalkalpen 82 — zählt den Virgloriakalk zum Keuper und trennt ihn von dem Muschelkalke, weil

1) zwischen den Campiler Schichten und dem Virgloriakalk eine überaus scharfe Scheide sei, während in den Mendola-Dolomit ein allmähliger Uebergang stattfinde, weil

2) der Opatowitzer Kalk in Oberschlesien, welcher die Fauna des Virgloriakalkes führt, zugleich die durch ihre eigenthümliche bilaterale Ausbildung charakterisirten Cidaritenstacheln von C. Cassian führe,

3) an mehreren Handstücken des Tretto Keuperpflanzen neben den genannten Brachiopoden seien,

4) an der Martinswand in den schwarzen glimmerreichen Mergeln undeutliche Spuren von Halobia Lommeli sich finden,

5) die Mergel zwischen der Schichtenfolge nach oben zunehmen und sich aus ihnen die Partnachmergel mit Halobia Lommeli entwickeln,

6) in den höchsten Schichten der Partnachmergel am Ausgange des Mulbna-Thals sich Reste von Retzia trigonella fanden, und

7) Encrinus gracilis aus dem Virgloriakalk entschieden der oberen Trias angehöre, da er sich selbst im Hallstadter Kalk finde.

Es sei mir erlaubt, darauf die Gründe zu entwickeln, welche dafür sprechen, dass der Virgloriakalk dem sichten Muschelkalk angehöre.

ad 1) Die scharfe Scheide über den Campiler Schichten erklärt sich dadurch, dass die Anhydritgruppe, vielleicht auch der untere Theil des Kalksteins von Friedrichshall, hier fehlen; der allmählige Uebergang in den Mendola-Dolomit beweist aber wenig, da ähnliche Gesteinsschichten keine Formationsgleichheit bedingen.

ad 2) Ebensowenig ist damit bewiesen, dass der Opatowitzer Kalk in Oberschlesien, der dem Virgloriakalk entspricht, desshalb zur obern Trias gehören müsse, weil er Formen von Cidaris-Stacheln enthält, welche denen der St. Cassian-Gruppe gleichen, da, wie wir weiter unten sehen werden, die untere Trias viele Petrefakten mit St. Cassian gemein hat.

ad 3) Das Dasein von Pflanzen neben den Versteinerungen des Muschelkalkes ist nichts sehr Seltenes. Besonders sind es Voltzien, Sphärococciten und Calamiten, die sich im Muschelkalk wie im Kemper finden; es ist daher nichts Auffallendes, wenn sie uns im Tretto begegnen.

ad 4) Die Spuren von Halobia Lommeli in schwarzen, glimmerigen Mergeln, und

ad 5) die Halobia Lommeli am Uebergang zu den Partnachmergeln werden dartun, dass diese Schichten zu den letztern und nicht zum Virgloriakalk gehören.

ad 6) Dass in den höchsten Schichten der Partnachmergel

sich Reste von Retzia trigonella fanden, ist ebenso wenig für die Formationsverhältnisse entscheidend, als wenn man den Virgloriakalk desshalb für Wellenkalk halten wollte, weil die besagte Retzia sich auch in diesem findet.

ad 7) Encrinus gracilis erscheint im Kalksteine von Friedrichshall im Norden von Deutschland, bei Recoaro u. a. O., er findet sich aber auch in dem Hallstädter Kalke; da er daher nicht ausschliesslich einer Reihe angehört, so beweist er nichts für's relative Alter.

Wer den Opatowitzer Kalkstein gesehen hat, kann ihn für nichts anderes als Kalkstein von Friedrichshall halten; ja, es ist noch zweifelhaft, ob er nicht der unteren Abtheilung desselben zugehöre.

Rhynchonella decurtata findet sich im Muschelkalk von Mikulschütz in Oberschlesien und von Recoaro, ebenso Spiriferina Mentzelii; Waldheimia vulgaris und Spiriferina fragilis sind im ganzen Muschelkalk verbreitet, Waldheimia angusta ist nicht selten mit W. vulgaris in der untern Abtheilung des Kalksteins von Friedrichshall in Württemberg, im Wellenkalk von Recoaro. Encrinus gracilis findet sich vorzugsweise im Muschelkalke, Ammonites dux im Wellenkalke Norddeutschlands. Da nun das Gestein wie Muschelkalk aussieht, dasselbe vorherrschend Muschelkalkversteinerungen führt und seine Lagerung nicht dagegen spricht, so werden wir den Virgloriakalk für ächten Muschelkalk halten müssen.

Damit ergibt sich eine sichere Parallelisirung des bunten Sandsteins und Muschelkalks in und ausser den Alpen; es kann bis hierher nicht wohl ein Zweifel entstehen. Von jetzt an wird die Aufgabe viel schwieriger.

Der Keuper.

Die Glieder der Lettenkohlengruppe *f, g, h, i* sind in den Alpen noch nicht nachgewiesen, vielleicht gehört der Dolomit im Fassathale bei Vigo zu *f*.

v. Hauer — Juhrbuch der K. geol. Reichsanstalt IX. 1858. Verhandl. 160. — ist der Ansicht, dass die Lettenkohlengruppe in den Alpen durch die Wettersteinkalke repräsentirt werde; da die letztern jedoch über den Mergeln von St. Cassian gelagert sind, so ist diese Annahme nicht wahrscheinlich.

Ausser den Alpen begegnen uns vom bunten Sandstein bis *i*, selbst im Contact mit Keupergyps, die gleichen Bekannten, und namentlich in *i* finden sich fast nur Schalthiere, die ihre Repräsentanten im Muschelkalke haben. Mit dem Keupergypse tritt ausser den Alpen eine wesentlich verschiedene Fauna auf.

Bei der auffallenden Gleichförmigkeit der Versteinerungen von *b* bis *i*[bb] ist es nicht denkbar, dass die Schichten mit Halobia Lommeli in der Lettenkohle; viel wahrscheinlicher ist es, dass sie da zu suchen seien, wo in Deutschland eine fremdartige Fauna auftritt. Das Beginnen dieser Erscheinung fällt, so viel sich jetzt ermitteln lässt, zwischen Lettenkohlengruppe und die untere Abtheilung des Keupergypses, und scheint durch das weisse, kreidenartige Gestein im Bohrloch Nro. 4 in Cannstatt angedeutet zu sein.

Dieses hat mit St. Cassian gemeinschaftlich:

Serpula pygmaea,
Pecten discites,
Gervillia socialis,
Arca formosissima,
Arca impressa,
Nucula sulcellata,
Modiola similis,
Modiola dimidiata,
Myophoria Whateleyae,
Myophoria laevigata,
Anoplophora musculoides?
Natica pulla (Althausii v. Klipst.),
Natica gregaria,
Natica Cassianu.

Ausserdem fanden sich in dem besagten Bohrloche kleine

Schwamme, die an Achilleum polymorphum v. Klipst. und
Achill. poraceum v. Klipst., Schalen, die an Cassianella
tenuistria Gr. v. Münster sp., Isocardien, die an Is. minuta
v. Klipst., Is. rostrata Gr. v. Münster, Pleurotomaria, die an
Pl. Beaumontii v. Klipst., andere, die an Melania Koninkana Gr. v. Münster, Mel. larva v. Klipst., und somit an
achte St. Cassian-Arten erinnern.

Für Cannstatt sind, wie schon oben angegeben:

> Myoconcha Canstattiensis,
> Pleurotomaria sulcata,

eigenthümlich.

Weiter finden sich in den Mergeln von Cannstatt Versteinerungen, die nicht aus St. Cassian bekannt sind:

> Ostrea subanomia,
> Pecten Albertii,
> Myophoria vulgaris,
> Myoconcha gastrochaena.

Daraus ergibt sich, dass die Mergel von Cannstatt mit
St. Cassian gemein haben:

bestimmt . . . . 14 Arten,
wahrscheinlich . . . . 8 „
ihnen eigenthümlich sind . . . . 2 „
Noch nicht in St. Cassian wurden gefunden 4 „

Um den Reichthum des Cannstatter Mergels an Thieren
zu ermessen, mag dienen, dass in dem $0^m,343$ weiten Bohrloche bei 2—3 Meter Mächtigkeit, worunter wahrscheinlich
an Versteinerungen leere Zwischenschichten sind, aber auch
der Nachfall in Betracht gezogen werden muss,

> 2 Corallen,
> 1 Annulate,
> 1 Cidariswarze? .
> 54 Conchiferen,
> 74 Gasteropoden,

worunter sehr viele in Bruchstücken gefunden wurden. Wie
viele mögen durch den schweren Bohrer zermalmt worden
sein!?

Niemand wird es einfallen, daran zu denken, dass die
mit Versteinerungen erfüllten Schichten im Bohrloche von
Cannstatt nur dort zu finden seien; wie lässt sich aber er-
klären, dass sie, ausser besagter Stelle, noch nirgends ausser
den Alpen gefunden wurden? Es scheint diess in dem Umstande zu liegen, dass die Schichtenreihe zwischen dem
oberen Dolomit i und den Corbulaschichten, wie ich glaube,
nirgends aufgeschlossen ist, dass sie nur in einzelnen Schweifen vertheilt sein wird, und wo diess der Fall ist, die Abhänge mit Erde bedeckt sind. Dass sie sich nicht am Tage
finden, mag auch in der abgerundeten Form der Keuper-
berge, welche wenigstens im südwestlichen Deutschland
selten schroffe Abhänge bilden, die zu Nachstürzen Veranlassung geben könnten, und in der Verwitterbarkeit der
Versteinerungen liegen. Wie schnell diese vorschreitet, habe
ich besonders auf den Halden der Schächte von Friedrichshall zu beobachten Gelegenheit gehabt. Die Versteinerungen
auf dem festesten Muschelkalk verwittern in 2—3 Jahren
bis zur Unkenntlichkeit; die schiefrigen Gebilde enthalten
zuweilen frisch gebrochen zahlreiche Versteinerungen, diese
Schiefer zerfallen bald und die Petrefakten werden blos gelegt, doch auch diese, nur einige Zeit der Atmosphäre ausge-
gesetzt, zerfallen zu Erde. [1]

Erst in der unteren Abtheilung des Gypses oder unmittelbar unter diesem begegnen uns wieder Schalthiere von einem
gegen die Muschelkalkfauna verschiedenen Charakter.

Gümbel fand hier bei Bayreuth leider in sehr unvoll-
ständigen Exemplaren:

Cardita crenata,

---

[1] J. J. John glaubt die Ursache der leichten Zerstörbarkeit und Auf-
lösbarkeit gewisser Molluskenschalen der Art der Vertheilung der mem-
branös mucosen Substanz und deren Schichtenverhältnisse zuschreiben
zu müssen. N. Jahrb. f. Min. 1845, 443. Bei den verkieselten Versteinerungen ist wahrscheinlich die Kieselsäure hydratisch, welche durch
Einwirkung der Atmosphäre das Wasser verliert, wodurch die Schalen
allmählig an Volumen abnehmen und unkenntlich werden.

Myophoria Raibliana,
  „ lineata,
  „ elegans,
  „ Whateleyne.
Gervillia socialis,
Gervillia costata,
Area impressa,
Nuculla sulcellata,
Lingula tenuissima,
Discina discoides.

Diese Schalthiere stimmen mit denen von St. Cassian, theilweise auch mit denen von Raibl, doch mehr mit den letztern, da sich keine Gasteropoden darunter finden.

Der Lage und der Erhaltung der Versteinerungen nach, sowie nach dem ganzen Habitus des Gesteins, scheinen die Corbula-Schichten in Schwaben mit ihrer fremdartigen Fauna mit den Schichten von Bayreuth den gleichen Horizont einzunehmen.

Ueber dem feinkörnigen Sandstein *m* begegnen uns bei Gansingen im Aargau wieder Anhäufungen von Schalthieren, die mit keiner Art der untern Trias übereinstimmen. Zu den häufigst vorkommenden gehört:

Avicula Gansingensis — Tab. I. f. 8.
Myophoria vestita — Tab. II. f. 6.
Corbula? elongata — Tab. II. f. 9.

Seltener sind:
eine Ostrea — Tab. I. f. 1.
Anoplophora? dubia — Tab. III. f. 11.
Natica — Tab. VI. f. 8.
Turbonilla — Tab. VII. f. 3.

Ueber dem kiesligen Sandsteine von *o* treten bei Ochsenbach am Stromberge in einer dünnen Schichte wieder Schalthiere in Masse auf:

Avicula Gansingensis,
Corbula? elongata,
Crassatella? Tab. II. f. 11,

Myophoria? Ewaldi,
Anoplophora? dubia,
und eine Natica, welche für Brut von Natica Alpina gehalten werden könnte. Vergl. Fraas, württ. Jahresh. 1861.
81—101. Tab. I.

Nach dem Gesagten ist es nicht unwahrscheinlich, dass
in den Gebilden von Cannstatt, Bayreuth, Rottweil, Heilbronn, Gansingen und Ochsenbach die zu suchen seien,
welche oben unter

Mendola - Dolomit,
den Schichten von Wengen,
„   „   „ Partnach,
.   .   „ St. Cassian,
-      „   „ Esino,
„   „ Raibl

aufgestellt wurden; mit den jetzigen Hülfsmitteln können
jedoch nur Andeutungen versucht werden, welcher dieser
Gruppen, die übrigens noch keineswegs festgestellt und abgeschlossen sind, sie zugehören:

Der Mergel von Cannstatt hat, wie oben gesagt, viele
Schalthiere mit den Mergeln von St. Cassian gemein, ein
grosser Theil dieser Versteinerungen findet sich jedoch auch
in den andern benannten Abtheilungen der Alpen, wie sich
namentlich aus der Zusammenstellung des J. Stabile über
die Schichten von Esino am Luganosee ergibt.

Die Schichten von Esino zeichnen sich durch die Grösse,
die von St. Cassian durch die Kleinheit der eingeschlossenen
Versteinerungen aus; zu den Esino-Schichten sind daher die
durchschnittlich kleinen, zierlichen von Cannstatt nicht zu
rechnen. [1]

Oryktognostisch sind die Schichten von Cannstatt wenig

[1] Die Kleinheit der Petrefakten und ihre Fremdartigkeit schliessen,
auch abgesehen von der Schichtenfolge, die Ansicht aus, als ob sie den
oberen Schichten des Muschelkalks angehören. Ich habe diese vielfach untersucht, aber nur solche gefunden, welche die gewöhnliche Grösse haben, darunter nicht Eine Versteinerung, wie sie St. Cassian zu Tausenden liefert.

mit denen von St. Cassian übereinstimmend; die letzteren
bestehen aus schwärzlichem oder gräulichem Kalk oder brau-
nem Mergel, aus denen die Schalthiere, welche kalkiger
Natur sind, sich loslösen, oder statt ihrer erscheinen bei
Hallstadt, Aussee u. a. O. mächtige Kalkmassen und opali-
sirende Muschelmarmore. Dass die Schalthiere von Cannstatt
verkieselt sind und einem mergeligen Gesteine angehören,
kann lokal sein; die erstern sprechen um so mehr für St.
Cassian, weil die Gasteropoden vorherrschen. Dass auch
nicht ein Cephalopode, nicht ein Brachiopode in den Mergeln
von Cannstatt gefunden wurde, kann zufällig sein und daher
rühren, dass in dem blosgelegten Raum keine abgelagert
waren, es kann aber auch der Fall sein, dass diese wegen
der Seichtheit des Meeres mehr die Tiefe suchten.

Wenn die Kreidemergel von Cannstatt dem St. Cassian
gehören, so fehlen in Deutschland die Partnachschichten,
der Mendola-Dolomit und die Schichten von Wengen.

Einen verschiedenen Charakter haben die Schichten von
Bayreuth, von Heilbronn und vom Stallberge bei Rottweil.
Die von Bayreuth haben mehrere Schalthiere mit St. Cas-
sian, fast eben so viel mit Raibl gemein. In den Schichten
von Heilbronn und dem Stallberge fand sich bis jetzt mit
Bestimmtheit nicht eine Versteinerung denen von St. Cassian
gleichend, dagegen einige unvollständige, wie Myophoria
Raibliana?, welche an Raibler erinnern.

Diese Schichten enthalten keine Spur von Gasteropoden,
welche in den St. Cassian- und den Cannstatter-Schichten
vorherrschend, in den Raibler aber sehr selten sind; es
scheint daher die Ansicht v. Hauer's — Jahrb. der K. geol.
Reichsanstalt IX. 1858, Verhandl. p. 160 — der die Bay-
reuther Schichte den Raibler- oder Cardita-Schichten zurechnet, Beachtung zu verdienen.

Wenn seine Ansicht richtig ist, so gehört
  fast der ganze Keuper von l—o (bis zu den
  Kössener Schichten) zu der Raibler Gruppe
und es fehlen die Esinoschichten.

In den Saudsteinen, sehr wahrscheinlich in dem feinkörnigen m, da der Lettenkohlensandstein, der diesem zum
Verwechseln ähnlich sieht (wie diess Quenstedt, Flötzg.
p. 70, bestätigt), wegen der ihn umgebenden Fauna hier
nicht wohl in Betracht kommen kann, finden sich nach
Escher v. d. Linth in Vorarlberg bei Weissenbach und zwischen Zug und Thannberg, wie in Schwaben, Equisetites
columnaris, Pterozamites longifolius. Aehnliche Abdrücke
bei Hall in Tyrol. Hierher gehören wohl auch die Sand·
steine, welche Schafhäutl am nördlichen Fusse des Wettersteins mit Pterozamites Jaegeri und Pt. longifolius und den
für den Keupersandstein Stuttgarts charakteristischen Filicites Stuttgartiensis gefunden hat, vielleicht auch die von
H. Bronn aus den bituminösen Schiefern von Raibl bestimmten Noeggerathia Vogesiaca, Phylladelphia strigata, Voltzia
heterophylla?, Pterophyllum minus, Strangerites maran-
tacens, welche mit Fischen, Krebsen und Ammonites Aon
vorkommen. Die Pflanzen, unter denen sich auch Aethophyllum speciosum, Echinostachys oblonga befinden, häufen
sich so, dass, wie diess in Württemberg in m in kleinerem
Massstabe ebenfalls stattfindet, eine Art Lettenkohle entsteht,
welche bei Telfs, Imbst u. a. O. abgebaut wird.

Ueber diesem Sandsteine sind die Schichten von Gansingen zu suchen.

An die Schichten von Ochsenbach erinnern die in einem
Mergelkalke in der Nähe von Schichten mit Myophoria Wha-
teleyae im Val Brembana, O. vom Comersee vorkommenden
Avicula, die der A. Gansingensis ähnlich ist, mit einer Cras-
satella ähnlichen Muschel Tab. II. f. 11, mit Myophoria?
Ewaldi und Natica alpina? — (Vergl. Escher, N. Vorarlberg
T. IV. fig. 33, 38, 42. Tab. V, fig. 54, 57.)

Dass unser

Sandstein von Tübingen p,

Vorläufer des Lias von Quenstedt, das Bonebed der Engländer, den Kössener Schichten entspreche, ist von Oppel und

Süss meisterlich durchgeführt, und die Fauna dieser Schichten von Oppel und Süss l. c. und von v. Quenstedt (Jura, Tab. I. und II.) zusammengestellt worden.

Ob der Dachsteinkalk und die Kössener Schichten noch zur Trias gehören, ist noch näher zu erörtern. Von den Pflanzen dieser Gruppe, welche im zweiten Kapitel aufgeführt wurden, ist nur eine — Calamites arenaceus — synonym mit den in der übrigen Trias vorkommenden, dagegen haben sie mit der letztern gemein:

Myoconcha gastrochaena?

Myophoria elegans,

Lingula tenuissima? (von Klam),

an Fischen:

Leiacanthus fulcatus,

Hybodus cuspidatus,

„ polycyphus,

„ obliquus,

Acrodus Gaillardoti,

„ minimus,

Palaeobates angustissimus,

Nemacanthus granulosus,

Amblypterus decipiens,

Lepidotus Giebeli,

Saurichthys apicalis,

„ acuminatus,

„ longidens,

Colobodus varius.

Dass ungeachtet des von Credner beobachteten Vorkommens einiger mit Lias gemeinschaftlichen Schaltthiere — Cardium Philippianum und Taeniodon (?) ellipticum — N. Jahrb. für Min. 1860. 319 —, deren Uebereinstimmung in beiden Zonen, wie Schlönbach, N. Jahrb. für Min. 1862. p. 155. wohl richtig bemerkt, noch einer näheren Prüfung und Vergleichung zu unterwerfen sein wird, und ungeachtet der abweichenden Flora der Kössener Schichten, diese doch zur Trias gehören, möchte sich aus dem Vorgesagten ergeben.

Nach den gegebenen Erörterungen wird die Trias in drei Abtheilungen zu bringen sein:

Ausser den Alpen.   **In den Alpen.**

A. Bunter Sandstein.

a. Vogesensandstein,
b. oberer bunter Sandstein,   } Grödner Sandstein.

B. Muschelkalk.

c. Wellenkalk . . . . . } Schichten von Seiss,
                 Campiler Schichten.

d. Anhydritgruppe . . . } Gypse des Muschelkalks der
                 Lombardei.

e. Kalkstein von Friedrichs- } Kalkstein von Recoaro,
    hall   Guttensteiner Kalk,
                 Virgloriakalk.

C. Keuper.

aa. Unterer Keuper. Lettenkohlengruppe.

f. der untere Dolomit,
g. Gyps und Steinsalz,
h. Lettenkohle mit Sand-
    stein,
i. der obere Dolomit.   } ?

bb. Mittlerer Keuper.

                 Mendola-Dolomit,
                 Partnach-Schichten,
                 Schichten von Wengen,
k. Schichten von Cannstatt — St. Cassian-Gruppe,
                 Hallstadter Kalk,
                 Arlbergkalke,
                 Esino-Schichten.

| Ausser den Alpen. | In den Alpen. |

l. Keupergyps, \
m. feinkörniger Sandstein, \
n. Kalkstein von Gansingen,   } Schichten von Raibl? \
o. grobkörniger Sandstein, \

cc. **Oberer Keuper.**

                 Bleiberger Schichten, \
                 Unterer Dachstein, \
p. Schichten von Tübingen — Kössener Schichten, \
                 Oberer Dachstein.

Gestützt auf die gewonnenen Resultate gebe ich nachstehende Uebersicht über die Vertheilung der Versteinerungen in den Gruppen der Trias in und ausser den Alpen, und bemerke dabei, dass die unter den Gruppencolonnen. stehenden Zahlen die Zahl der Exemplare meiner Sammlung bedeuten, womit zugleich die Frequenz der einzelnen Versteinerungen angedeutet ist. Um eine Uebersicht über die geographische Verbreitung zu bekommen, sind den einzelnen Versteinerungen und Gruppen die Länder beigesetzt, in denen sie vorkommen.

Die nachstehenden Buchstaben bedeuten:

A. **Alpen**, Tyroler-, Schweizer- etc., dazu St. Cassian, Raibl etc.

B. **Böhmen.**

BB. **Bogdo-Berg**, zwischen Wolga und Ural.

D^m. **Mitteldeutschland**, vom Harz bis an den Main. Dazu: Apolda, Badeleben, Coburg, Esperstedt, Göttingen, Halle, Jena, Mühlhausen, Querfurt, Wetterau, Wogau etc.

D^m. **Norddeutschland**, Land nördlich des Harzes. Dazu: Bernburg, Braunschweig, Else bei Hannover, Erkerode, Hildesheim; in der Mark Brandenburg: Rüdersdorf, Willebadessen u. a.

D. Südwestliches Deutschland, vom Main bis
Basel.

Dazu: Grossherz. Baden, Bayreuth (Laineck),.
Nürnberg, K. Württemberg, Würzburg, Zweibrücken.

E. Grossbritannien und Irland.
F. Elsass, Lothringen, Vogesen.
H. Nördliche Schweiz.
L. Luxemburg.
NA. Nordamerika. .
OS. Oberschlesien und Südpolen.
O. Orenburg (Russland).
R. Bosca im Cadorino, Recoaro; 'Rovegliana, Schio
u. a. im Vicentinischen und Bellunesischen
und der Lombardei. .
Sp. Spanien.
S. Sibirien. ·
T. Franche Comté, Narbonne, Pezenas, Tou-
lon.
U: Ungarn. .

Die Zahlen, nach denen ein Buchstaben steht, bedeuten
Exemplare meiner Sammlung, die nicht aus dem südwestlichen Deutschland und aus Gegenden sind, welche vorstehend genannt wurden.

Die Buchstaben ohne Zahlen deuten auf Versteinerungen, die ich nicht besitze, aus den näher bezeichneten
Fundorten.

Bei Buchstaben vorn mit einem ? ist es zweifelhaft, ob
sie der Gruppe, in der sie aufgeführt sind, angehören.

Bei einem ? nach den Zahlen oder Buchstaben in den
Columnen ist die Bestimmung nicht ganz sicher.

Von den St. Cassian-, Raibler- und Kössener-Gruppen
mit ihren verschiedenen Unterabtheilungen sind, um die
Uebersicht nicht zu erschweren, ausser einigen charakteristischen alpinischen nur die Arten angegeben, welche auch
im südwestlichen Deutschland gefunden wurden.

	Bunter Sandstein		Muschelkalk			Keuper										
						unterer (Lettenkohlengr.)				mittlerer		Bolbier Schichten			oberer
	Vogesensandstein	Bunter Sandstein	Wellenkalk	Anhydritgruppe	Kalkstein von Friedrichshall	Unterer Dolomit	Gyps und Steinsalz	Lettenkohle	Oberer Dolomit	St. Cassian-Gr	Keupergyps	Feinkörniger	Reichen v. Genshingen	Grobkörniger Sandstein	Lössener Schichten
	a.	b.	c.	d.	e.	f.	g.	h.	i.	k.	l.	m.	n.	o.	p.
Confervoides arenaceus v. Jager	—	—	—	—	1.	—	—	—	—	—	—	D.	—	—	—
Sphaerococcites Muensterinus Presl	—	—	—	—	—	—	—	—	—	—	—	—	—	—	11a
Bactryllium Heer	—	—	—	—	1.	—	—	—	—	—	—	?4.	—	—	—
Laminarites crispatus Gr. v. Münster	—	—	—	—	—	—	—	—	—	—	—	—	—	—	11a
Asterocarpus heterophyllus Goppert	—	—	—	—	—	—	—	—	—	—	—	17	—	—	D4
Asterocarpus lanceolatus Goppert / Rhodea querelfolia Presl	—	—	—	—	—	—	—	—	—	—	—	—	—	—	D4
Auomopteris Mongeotii Ad. Brongn.	—	2. 3.f.	—	—	—	—	—	—	—	—	—	—	—	—	—
Sphenopteris Schoenleiniana Ad. Brongn. sp.	—	—	—	—	—	—	—	—	—	—	1.	—	—	—	—
Sphenopteris myriophyllum Ad. Brongn.	—	f.	—	—	—	—	—	—	—	—	—	—	—	—	—
Sphenopteris Braunii Giebel / Sphenopteris princeps Presl	—	—	—	—	—	—	—	?D4	—	—	—	—	—	—	—
Sph. Roessertiana Presl / Sph. pectinata Presl / Sph. clavata Presl / Sph. oppositifolia Presl	—	—	—	—	—	—	—	—	—	—	—	—	—	—	D4
Cottaia Mongeotii Ad. Brongn. sp.	—	f.	—	—	—	—	—	—	—	—	—	—	—	—	—
Karstenia Cottai Göppert	—	—	—	—	—	—	—	—	—	—	—	D4	—	—	—
Acrostichites inaequilaterus Goppert / A. diphyllus Giebel / A. semicordatus / Taeniopteris Nilssoniana Ad. Brongn. sp.	—	—	—	—	—	—	—	—	—	—	—	—	—	—	D4

	Bunter Sandstein.		Muschelkalk.			Keuper										
						unterer.						mittlerer.				oberer.
								Lettenkohlengr.			St. Cassian-Gr.		Rabler Schichten.			
	Vogesensandstein	Bunter Sandstein	Wellenkalk	Anhydritgruppe	Kalkstein von Friedrichshall	Unterer Dolomit	Gyps und Steinsalz	Lettenkohle u. Sandstein	Oberer Dolomit		Krupe type	Feinkörniger Sandstein	Schichten v. Ganstagen	Grobkörniger Sandstein	Kossener Schichten
	a.	b.	c.	d.	e.	f.	g.	h.	i.	k.	l.	m.	n.	o.	p.
Crepidopteris Schoenlainii Presl,		—	—	—			—	2.	—	—	—	—	—	—	—
Crematopteris typica Schimper	—	F. F.	—	—	—		—	—	—	—	—	—	—	—	—
Neuropteris Voltzii Ad. Brongniart	—	F	—		—		—	—	—	—	—	—	—	—	—
N. Gaillardoti Ad. Brongniart	—	—	—	—	F	—	—	1. ?	—	—	—	—	—	—	—
N. intermedia Schimper	—	F.	—	—	—	—	—	1.	—	—	—	—	—	—	—
N. elegans Ad. Brongniart	—	F.	—	—	—	—	—	—	—	—	—	—	—	—	—
N. grandifolia Schimper } N. imbricata Schimper	—	F.	—	—	—	—	—	—	—	—	—	—	—	—	—
N. remota Presl	—	—	—	—	—	—	—	D.	—	—	—	—	—	—	—
Alethopteris Salziana Ad. Brongniart sp.	—	F.	—	—	—	—	—	—	—	—	—	—	—	—	—
A. Roesserti Presl	—	—	—	—	—	—	—	—	—	—	—	—	—	—	D.
A. Meriani Ad. Brongniart sp.	—	—	—	—	—	—	—	II.	—	—	—	—	—	—	—
A. flexuosa Presl sp.	—	—	—	—	—	—	—	—	—	—	—	—	—	—	D.
Pecopteria quercifolia Presl	—	—	—	—	—	—	—	2.	—	—	—	—	—	—	—
P. concinna Presl															
P. obtusa Presl															D.
P.? taxiformia Presl															
P.? microphylla Presl															
P. Steinmülleri Heer	—	—	—	—	—	—	—	—	—	—	7 A.	—	—	—	—
Sagenopteris semicordata Presl	—	—	—	—	—	—	—	D.	—	—	—	—	—	—	—
Sagenopteris acuminata Presl } Camptopteris Muensteriana Presl															D.
Clathropteris meniscoides Ad. Brongn.	—	F.	—	—	—	—	—	II	—	—	—	—	—	—	—

	Bunter Sandstein.	Muschel- kalk.			Keuper										
					unterer Lettenkohlengr.				mittlerer.			Raibler Schichten.			ober. rer.
	Vogesensandstein.	Bunter Sandstein	Wellenkalk.	Anhydritgruppe	Kalkstein von Friedrichshall.	Unterer Do- lomit.	Gyps und Steinsalz.	Lettenkohle u. Sandstein.	Oberer Do- lomit.	St. Cassian-Gr.	Keupergyps.	Feinkörniger Sandstein.	Schichten v. Guttenbach.	Grobkörniger Sandstein	Kössener Schichten.	ober. rer.
	a	b.	c.	d.	e.	f.	g	h	i.	k	l.	m.	n.	o.	p.	
Caulopteris tessellata Schimp.		P.														
C. Voltzii Schimp.	—	P.														
C. micropeltis Schimp.																
C. Leeaugeana Schimp.																
Filicites Stuttgartiensis v. Jäger sp.	—	—	—	—	—	—	NA.l	—	—	—	2. A	—	—	—		
Equisetites columnaris Münster	—	—	—	—	—	—	10. F H Dm. NA T.	—	—	—	5. A.					
Calamites arenaceus v. Jäger sp. . . .	—	2. Dm. 4 P.	—	—	—	—	80 Dm. NA	—	—	—	10. A.	—	—	Dm.		
Equisetites Brownii Gr. v. Sternberg . . .	—	—	—	—	—	—	2. Dm.	—	—	—	—	—	—	—		
E. conicus Gr. v. Münst.																
E. moniliformis Presl																
E. Roessertianus Presl																
E. Hoefitanos Presl																
E. Muensteri Gr. v. Stern- berg															Us.	
E. Brongniarti Schimper .	—	P.														
E. areolatus Presl . . .	—	—	—	—	—	Ds.	—	—	—	—	—	—	—			
E. Trompianus Heer . .	—	—	—	—	—	—	—	—	? A	—	—					
Calamites Mougeotii Ad. Brongn.	—	1 P. Ds.	—	—	—	—	—	—	—	—	—	—	—	—		
Omphalomela scabra Ger- mar	—	—	—	—	—	—	1. Dm.	—	—	—	—	—	—	—		
Pterozamites Jaegeri Ad. Brongn. sp. . . .	—	—	—	—	—	1 U Dm.	—	—	—	—	8. A	—	—			

	Bunter Sandstein		Muschelkalk			Keuper									
						unterer.					mittlerer.				oberer.
							Leitenkohlengr.				St. Cassius-Gr.	Balbier Schichten			
	Vogesensandstein	Bunter Sandstein	Wellenkalk	Anhydritgruppe	Kalkstein von Friedrichshall	Unterer Dolomit	Gyps und Steinmgr.	Lettenkohle u. Sandsterm.	Oberer Dolomit		Keupersyst.			Grobkörniger Sandstein	Rösener Schichten
	s	b.	c.	d.	e.	l	g	h.	i	k.	l.	m.	n.	o.	r.
Pterozamites longifolius Ad. Brongn. sp.	—	—	—	—	—	—	1 H. ?NA	—	—	1. A.	—	—	—	—	—
Pteroz. Meriani Ad. Brongn. sp.	—	—	—	—	—	—	1 H	—	—	—	—	—	—	—	—
Pteroz. spatiosus Bornemann	—	—	—	—	—	Dm.	—	—	—	—	—	—	—	—	—
Pterophyllum Muensteri Presl sp.	—	—	—	—	—	4.	—	—	—	—	—	—	—	—	—
Pterophyllum acuminatum Presl sp.															
? Pteroph. heterophyllum Presl	—	—	—	—	—	—	—	—	—	—	—	—	—	—	Dm.
Zamites distans Presl															
Zamites angustiformis Bornem.															
Z. dichotomus Born.															
Z. tenuiformis Born.	—	—	—	—	—	Dm.	—	—	—	—	—	—	—	—	—
Z. dilatatus Born.															
Cycadites pectinatus Berger															
Dioonites Vogesiacus Schimper sp.	—	F.	—	—	—	—	—	—	—	—	—	—	—	—	—
Nilssonia Bergeri Göppert	—	—	—	—	—	Dm.	—	—	—	—	—	—	—	—	—
Nilssonia Hogardi Schimper	—	F.	—	—	—	—	—	—	—	—	—	—	—	—	—
Strangerites marantaceus Presl sp.	—	—	—	—	—	10. Dm.	—	—	—	Dm. A	—	—	—	—	—
Cycadophyllum elegans Born.															
Scyniophyllum dentatum Born.	—	—	—	—	—	Dm.	—	—	—	—	—	—	—	—	—
Scyntoph. Bergeri Presl sp.															

	Bunter Sandstein.		Muschelkalk.			Keuper											
						unterer.				mittlerer.				oberer.
							Lettenkohlengr.				Raibler Schichten			
	Vogesensandstein	Bunter Sandstein	Wellenkalk	Anhydritgruppe	Kalk-dem von Friedrichshall	Dolomit von Salzerer	Gyps und Gypsmergel	Lettenkohle u Sandstein	Oberer Dolomit	St. Cassian-Gr.	Keupergyps	Sandstein, Schichten v. Gänsbrunn	Grobkörniger Sandstein	Körniger Schichten	
	a	b	c.	d.	e.	f.	g	h.	i.	k	l.	m.	n.	o.	p.
Voltzia heterophylla Ad. Brongniart	—	20F D°. R A	—	—	D°.? 2?	—	—	3?	—	—	D°.? R A°	D°.?	—	D°.?	—
V. acutifolia Ad. Brongniart		F.	—	—	—	—	—	—	—	—			.		
V. Coburgensis v. Schauroth	—	—	—	—	—	—	—	—	—	—				D°.	
Araucarites Thuringicus Bornemann	—	—	—	—	—	—	—	D°.	—	—				—	—
A. Keuperianus Göppert .	—	—	—	—	—	—	—	D°.	—	—				—	—
Palissya Braunii Endlicher	—	—	—	—	—	—	—	—	—	—					D°.
Pal. Massalongi v. Schauroth	H	—	—	—	—	—	—	—	—	—			—	—	
Fuchselia Schimperi Endlicher	—	F	—	—	—	—	—	—	—	—					
Cuninghamites dubius Presl															
Pinnites Roessertianus Presl	—	—	—	—	—	—	—	—	—	—			—	—	D°.
Pin. microstachys Presl															
Pin. Goeppertianus Schleiden	—	D°.	—	—	—	—	—	D°.	—	—				—	—
Albertia elliptica Schimper	—	1 F.	—	—	—	—	—	—	—	—				—	—
Alb. latifolia Schimper . .	—	1 F. FNA	—	—	—	—	—	FNA.	—	—				—	—
Alb. Braunii Schimper Alb. speciosa Schimper	-	F													
Taxodites tenuifolius Presl	—	—	—	—	—	—	—	—	—	—				D°.	
Aethophyllum speciosum Schimper	—	F.	—	—	—	—	—	—	—	—		?A.	—	—	—
Aeth. stipulare Ad. Brongniart	—	F.	—	—	—	—	—	—	—	—				—	
Noeggerathia Vogesiaca Schimper sp.	—	F	—	—	—	—	—	D°.	—	—		?A	—	—	
Phylladelphia strigata Bronn.	—	—	—	—	—	—	—	—	—	—		?A	—	—	

	Bunter Sandstein.		Muschelkalk.			Keuper									
						unterer					mittlerer.				oberer
						Lettenkohlengr.				St. Cassian-Gr.	Raibler Schichten.				
	Vogesen-meandstein	Bunter Sandstein.	Wellenkalk.	Anhydritgruppe	Kalkstein von Friedrichshall	Unterer Dolomit.	Gyps und Steinsalz.	Lettenkohle u. Sandstein.	Oberer Dolomit.	St. Cassian-Gr.	Keupergyps	Feinkörniger Sandstein.	Schichten v. Gansheim	Grobkörniger Sandstein.	Kössener Schichten.
	a	b.	c	d.	e.	f.	g	h.	i.	k.	l.	m	n.	o.	p.
Echinostachys oblonga Ad. Brongniart		F									E				.
Echinostachys cylindrica Schimper		F.													
Palaeoxyris regularis Ad. Brongniart															
Palaeoxyris Muensteri Presl															Dm.
Schizoneura paradoxa Schimper		F.													
Preislerla antiqua Presl															Dm.
Palmacites Keupereus Bornemann							Dm.								
Sigillaria Sternbergii Gr. v. Münster		Dm.													
Phyllites Ungerianus Schleiden			Dm.												
Endolepis elegans Schleiden				Dm.											
End. communis Schleiden															
Dryoxylon Jenense Schleiden			Dm.												
Amorphospongia Faundelli d'Orbigny										1? A					
Amorph. Klipsteinii d'Orbigny										1? A.					
Amorph. triassica Michelin sp.				F											
Scyphia Kaminensis Beyrich				OS											
Rhizocorallum Jenense Zenker		Um. 5.													
Nummulites? Althansil v. Alberti		20. H													

	Bunter Sandstein.		Muschelkalk.			Keuper										
						unterer.					mittlerer.					oberer.
						Lettenkohlengr.				St. Cassian-Gr.	Raibler Schichten					
	Vogesensandstein	Bunter Sandstein	Wellenkalk	Anhydritgruppe	Kalkstein von Friedrichshall.	Unterer Dolomit	Gyps etc.	Lettenkohle u. Sandstein	Oberer Dolomit		Keupergyps	Feinkörniger Sandstein	Schlichten v. Ganslosen	Grobkörniger Sandstein	Kössener Schichten	ober.
	a	b.	c.	d	e	f	g.	h.	i.	k	l.	m	n,	o	p.	
Montlivaltia triasina Dunker	—	—	—	—	OS. R.	—	—	—	—	A.?	—	—	—	—	—	
Thamnastraea Silesiaca Beyrich	—	—	—	—	OS	—	—	—	—	—	—	—	—	—	—	
Thamnastraea Bolognaev. Schauroth	—	—	—	—	H.	—										
Th. Maraschini v. Schauroth																
Prionastraea polygonalis Michelin sp.	—	—	—	—	P	—							—	—	—	
Favosites Archiaci Michelin sp.																
Chaetites Recubariensis v. Schauroth	—	—	H	—	—	—									—	
Chaetites? triasinus v. Schauroth																
Cerioporen	—	—	5.	—	—	—										
Cidaris grandaeva Goldfuss	—	—	3.	—	15.	2.	—	—	—	—	—	—	—	—	—	
			Warzen und Stacheln		Warzen und Stacheln											
			Dm. Dm. H		Dm. OS											
Cid. subnodosa H. v. Meyer	—	—	Dm.	—	1. OS	—	—	—	—	—	—	—	—	—	—	
Cid. lanceolata v. Schauroth	—	—	—	—	10S. R.	—	—	—	—	—	—	—	—	—	—	
Cid. transversa H. v. Meyer	—	—	—	—	OS. R. Kronen	—	—	—	—	A.?	—	—	—	—	—	
Encrinus liliiformis Lamarc	—	1 F.	20. Dm. Dm. H.	1.	24. Hm. Dm. F H OS IL	—	—	—	—	—	—	—	—	—	—	
Encr. Carnallii Beyrich .	—	—	Dm.	—	—	—	—	—	—	—	—	—	—	—	—	
Encr. Schlotheimii Quenstedt	—	—	—	—	Dm. Dm.	—	—	—	—	—	—	—	—	—	—	

	Bunter Sandstein		Muschelkalk			Keuper (unterer)					Keuper (mittlerer)					
	Vogesensandstein	Bunter Sandstein	Wellenkalk	Anhydritgruppe	Kalkgr. v. Friedrichshall Unterer Dolomit	Lettenkohlengr. Gyps und Salzmerg.	Lettenkohle u Sandstein	Oberer Dolomit	St. Cassian-Gr.	Keupergyps	Rother Schichten Feinkörniger Sandstein	Schichten v. Gaislingen	Grobkörniger Sandstein	Kössener Schichten	oberer
	a.	b.	c.	d.	e.	f.	g.	h.	i.	k.	l.	m.	n.	o.	p
Encrinus Brahlii Overweg	—	Dn.	—	—	—	—	—	—	—	—	—	—	—	—	
Encr. aculeatus H. v. Meyer	—	—	—	OS	—	—	—	—	—	—	—	—	—	—	
Encr. gracilis v. Buch	—	—	—	OS. Dn. R.	—	—	—	—	A.	—	—	—	—	—	
Encr. radiatus v. Schauroth	—	—	—	H	—	—	—	—	—	—	—	—	—	—	
Entrochus dubius Goldfuss spec.	—	—	3. Dn.	—	Dn. Gs	—	—	—	—	—	—	—	—	—	
Entr. Silesiacus v. Quenstedt	—	—	—	OS	—	—	—	—	—	—	—	—	—	—	
Aspidura scutellata Blumenbach sp.	—	—	H	3. Dn. Dn. R.	1.	—	—	—	—	—	—	—	—	—	
Asp. Ludeni v. Hagenow	—	—	Dn.	1?	—	—	—	—	—	—	—	—	—	—	
Acroura prisca Gr. v. Munster sp.	—	—	—	Dn.	—	—	—	—	—	—	—	—	—	—	
Pleuraster obtusa Goldfuss spec.	—	—	—	3.	—	—	—	—	—	—	—	—	—	—	
Serpula valvata Goldfuss	—	Dn.	1. R H Dn.	2. Dn. Dn.	—	—	—	—	—	—	—	—	—	—	
Serp. serpentina Schmid	—	—	1.	8.	1.	—	—	—	—	—	—	—	—	—	
Serp. pygmaea Gr. v. Munster	—	—	—	—	—	—	—	—	1. A	—	—	—	—	—	
Serp. colubrina Gr. v. Munster	—	—	—	Dn.	—	—	—	—	—	—	—	—	—	—	
Ostrea spondyloides v. Schlotheim	—	2 F.	17. Dn. Hn. H.	21. Dn. Dn. OS. F R H	—	—	—	—	—	—	—	—	—	—	
O. montis Caprilis v. Klipstein	—	—	1. A	1. A	—	—	—	—	A.	—	—	—	—	—	

	Bunter Sandstein.		Muschelkalk.			Keuper										
						unterer. Lettenkohlengruppe				mittlerer. Raibler Schichten.						oberer.
	Vogesensandstein.	Bunter Sandstein.	Wellenkalk.	Anhydritgruppe.	Kalkstein von Fredrichshall	Gyps und		Ober Dolomit	St. Cassian-Gr.	Keupergyps	Fonlabrüler Sandstein	Schichten v. Gansingen	Grobkörniger Sandstein		Rhätische Schichten.
	a.	b.	c.	d.	e.	f.	g.	h.	i.	k.	l.	m.	n.	o.	p.
Ostrea crista difformis v. Schlotheim	—	—	5.	—	12. Dm.	—	—	—	—	—	—	—	—	—	—
O. decemcostata Gr. v. Münster	—	2 F	6.	—	6. 1 OS.	—	—	—	—	—	—	—	—	—	—
O. scablosa Giebel	—	—	1. Dm.	—	1. Dm	—	—	—	—	—	—	—	—	—	—
O. Liocaviensis Giebel	—	—	Dm.	—	—	2.	—	—	—	—	—	—	—	—	—
O. subanomia Gr. v. Münster	—	—	—	—	11.	3.	—	—	1?	—	—	—	—	—	—
O. von Gansingen	—	—	—	—	—	—	—	—	—	—	—	1.	—	—	—
O. Willebadessensis Dunker	—	—	—	—	Dm.	—	—	—	—	—	—	—	—	—	—
Anomia? Beryx Giebel	—	—	Dm.	—	11. Dm.	1.	—	—	—	—	—	—	—	—	—
Leproconcha paradoxa Giebel	—	—	Dm.	—	6.	—	—	—	—	—	—	—	—	—	—
Placunopsis plana Giebel	—	—	1. Dm.	—	2.	—	—	—	—	Dm.	—	—	—	—	—
Plac. obliqua Giebel	—	—	Dm.	—	1.	—	—	—	—	—	—	—	—	—	—
Plac. gracilis Giebel	—	—	—	—	4. Dm.	—	—	—	1. Dm.	—	—	—	—	—	—
Pecten Albertii Goldfuss	—	—	3. Dm.	—	24. Dm. Dm. Sp OS. R	—	—	—	1. Dm.	5. Dm. A?	—	—	—	—	—
P. Schroeteri Giebel	—	—	Dm.	—	—	—	—	—	—	—	—	—	—	—	—
P. Valoniensis Defrance	—	—	—	—	—	—	—	—	—	—	—	—	—	—	4. A F.L.
P. reticulatus v. Schlotheim	—	—	—	—	Dm.	—	—	—	—	—	—	—	—	—	—
P. discites v. Schlotheim sp.	—	F	1. Dm. Dm. R A.	—	22. Dm. Dm. F OS R	8.	—	—	Dm.	1. A.	—	—	—	—	—

	Bunter Sandstein.		Muschelkalk.			Kuper									
					unterer				mittlerer.					
					Leitenkohlengr					Baidler Schk.hien.				
	Vogesensandstein.	Bunter Sandstein.	Wellenkalk.	Anhydritgruppe.	Schichten von Friedrichshall.	Unterer Dolomit.	Gyps und Steinsalz.	Letrenkohle u. Sandstein.	Oberer Dolomit.	St. Cassian-Gr.	Keupergyps.	Feinkörniger Sandstein.	Schichten v. Gessmen.	Grobkörniger Sandstein.	Körniger Sandstein.
	a	b	c	d.	e.	f.	g.	h	i.	k.	l.	m.	n.	o.	p.
Pecten laevigatus v. Schlotheim sp.	—	—	1. Dm. R	—	18. Um. Rm. R F II	5.	—	1.	Dm	—	—	—	—	—	—
P. Schmideri Giebel	—	—	1? Dm	—	1?	—	—	—	—	—	—	—	—	—	—
P. Liscavlensis Giebel	—	2F?	Dm.	—	2.	—	—	—	—	—	—	—	—	—	—
Klinites Schlotheimii Morian sp.	—	6 F.	Rm. H A II	—	13. Um OS.										
Lima lineata v. Schlotheim sp.	—	1 F.	Rm. II	30.	—	2. Dm. Da. II F OS									
L. radiata Goldfuss	—	3 F.	Um.	—	6.	1. Dm. US	—	—	—	—	—	—	—	—	—
L. striata v. Schlotheim spec.	—	2 F.	Dm. Dm. II F. A II.	—	5.	20. Dm. Rm. OS II R F.	1.	—	4. Dm	—	—	—	—	—	—
L. regularis Kloeden sp.	—	1.	1. Dm.	—	—	—	—	—	—	—	—	—	—	—	—
L. costata Gr. v. Münster	—	—	—	—	7. OS. Um. F	—	—	—	—	—	—	—	—	—	—
L. venusta Gr. v. Münster	—	2F?	—	—	1. OS.	—	—	—	—	—	—	—	—	—	—
L. praecursor v. Quenstedt sp.	—	—	—	—	—	—	—	—	—	—	—	—	—	—	3.
Perna veluta Goldfuss	—	—	—	—	5. II	—	—	—	—	—	—	—	—	—	—
Inoceramus priscus Goldfuss spec.	—	—	—	—	3.	—	—	—	—	—	—	—	—	—	—

	Bunter Sandstein		Muschelkalk			Keuper									
						unterer					mittlerer				oberer
						Lettenkohlengr.				St. Cassian-Gr.	Raibler Schichten				
	Vogesensandstein	Bunter Sandstein	Wellenkalk	Anhydritgruppe	Kalkstein von Fredrichshall	Unterer Dolomit	Gyps und Steinsalz	Lettenkohle = Sandstein	Oberer Dolomit	St. Cassian-Gr.	Keupergyps	Friedburger Schichten	Schichten v. Gmengen	Grobkörniger Sandstein	Kössener Schichten
	a.	b.	c.	d.	e.	f.	g.	h.	i.	k.	l.	m.	n.	o.	p.
Posidonomya Clarai Emmrich	—	A	A	—	—	—	—	—	—	—	—	—	—	—	—
Gervillia socialis v. Schlotheim sp.	—	2 F. Dm.	16. Dm. Dm. H.	—	40. Dm. Ds. Os. F B H	8.	—	—	6. Dm.	1. A	—	—	—	—	—
Gerv. subglobosa Credner	—	—	2. Dm.	—	—	3.	—	—	—	—	—	—	—	—	—
Gerv. mytiloides v. Schlotheim sp.	—	3 F.	7. Dm. Ds. H A	—	Dm. Dn OS. H.	—	—	—	—	—	—	—	—	—	—
Gerv. costata v. Schlotheim sp.	—	—	14. Dm. Dn. H	—	14. Dm. Ds. OS. R	2.	—	—	1. Dm	—	—	—	—	—	—
Gerv. subcostata Goldfuss sp.	—	—	—	—	—	24	—	1.	8. Dm.	—	—	—	—	—	—
Gerv.? obliqua v. Alberti .	—	—	—	—	—	1.	—	—	1.	—	—	—	—	—	—
Gerv. praecursor v. Quenstedt	—	—	—	—	—	—	—	—	—	—	—	—	—	—	4.
Gerv. substriata Credner .	—	—	—	—	—	2.	—	—	4. Dm.	—	—	—	—	—	—
Gerv. lineata Goldfuss spec.	—	—	—	—	1.	1.	—	—	2. Dm.	—	—	—	—	—	—
Casaianella tenuistria Gr. v. Münster spec.	—	—	—	—	OS.	—	—	—	—	1? A	—	—	—	—	—
Avicula crispata Goldfuss .	—	—	—	—	6.	—	—	—	—	—	—	—	—	—	—
Av. pulchella v. Alberti .	—	—	—	—	1. 1 F.	—	—	—	—	—	—	—	—	—	—
Av. Gaasingensis v. Alberti	—	—	—	—	—	—	—	—	—	—	—	—	10?	2.	—
Av. contorta Portlock . .	—	—	—	—	—	—	—	—	—	—	—	—	—	—	8. A E L.

	Bunter Sandstein		Muschelkalk			Keuper										
						unterer.				mittlerer.						oberer.
							Lettenkohlengr.					Rasiber Schichten.				
	Vogesensandstein	Bunter Sandstein	Wellenkalk	Anhydritgruppe	Kalkstein von Friedrichshall	Unterer Dolomit	Grus und	u. Stadeln	Oberer Dolomit	St. Cassian-Gr	Kupergyps	Feinkörniger Sandstein	Schichten v. Gaislingen	Grobkörniger Sandstein, Sagebrein	Kössener Schichten
	a.	b.	c.	d.	e.	f.	g.	h.	i.	k.	l.	m.	n.	o.	p.
Avicula? Zeuschneri Wissmann	—	—	R A.	—	—	—	—	—	—	—	—	—	—	—	—
Mytilus eduliformis v.Schlotheim	—	—	1. Dm. Dm. R	—	10. Dm.	8.	—	—	1.	—	—	Dm.	—	—	—
Modiola gibba v. Alberti	—	—	12.	—	—	2.	—	—	—	—	—	—	—	—	—
Mod. minuta Goldfuss	—	—	—	—	—	—	—	Dm.?	—	—	—	—	—	—	15.
Mod. similis Gr. v. Münster	—	—	—	—	—	—	—	—	—	L A	—	—	—	—	—
Mod. dimidiata Gr. v. Münster	—	—	—	—	—	—	—	—	—	1. A	—	—	—	—	—
Mod. hirudiniformis v. Schauroth	—	—	1.	—	Dm. R	—	—	—	—	—	—	—	—	—	—
Mod. triquetra v. Seebach	—	Dm.	—	—	Dm.	—	—	—	—	—	—	—	—	—	—
Mod. cristata v. Seebach	—	—	—	—	Dm.	—	—	—	—	—	—	—	—	—	—
Lithodomus priscus Giebel sp.	—	—	1. Dm.	—	1.	—	—	—	—	—	—	—	—	—	—
Lith. rhomboidalis v. Seebach	—	—	—	—	—	—	—	—	Dm	—	—	—	—	—	—
Arca minutissima d'Orbigny	—	—	1.	—	—	—	—	—	—	—	—	—	—	—	—
A. formosissima d'Orbigny	—	—	—	—	—	—	—	—	—	A L A	—	—	—	—	—
A. triasina Römer	—	—	3. Dm. Dm	—	2. Dm Os. Dm	10.	—	—	—	—	5. A	—	—	—	—
A. anoniformis Geinitz	—	Dm.	—	—	4.	—	—	—	—	—	—	—	—	—	—
Nucula speciosa Gr. v. Münster	—	Dm. Dm. R.	—	—	Dm. 2.	—	—	—	—	—	—	—	—	—	—
Nuc. Goldfussii v. Alberti	—	2. Dm. Dm. II	—	—	5. Os. 2.	—	—	—	1.	—	—	—	—	—	/

	Bunter Sandstein.		Muschelkalk.			Keuper											
						unterer.				mittlerer.						oberer.
						Leitenkohlengr.					Raibler Schichten.					
	Vogesensandstein.	Bunter Sandstein	Wellenkalk.	Anhydritgruppe.	Kalkstein von Friedrichshall	Unterer Dolomit	Gyps und Steinsalz.	Lettenkohle u. Sandstein.	Oberer Dolomit	St. Cassian-Gr.	Keupergyps.	Fränkischer Sandstein.	Schichten v. Gesslagen.	Grobkörniger Sandstein.	Kössener Schichten.
	a.	b.	c.	d.	e.	l.	g.	h.	i.	k.	l.	m.	n.	o.	p.
Nucula excavata Gr. v. Münster	—	—	Dm.	—	5. Dm.	2.	—	—	—	—	—	—	—	—	—
N. subcuneata d'Orbigny	—	—	Dm.	—	3. Dm.	—	—	—	—	A.	—	—	—	—	—
N. elliptica Goldfuss	—	—	Dm.	—	3. Dm.	—	—	—	1.	1. A.	—	—	—	—	—
N. strigilata Goldfuss	—	—	5.	—	14. Dm.	—	—	—	—	A.	—	—	—	—	—
N. sulcellata Wissmann	—	—	—	—	—	—	—	—	—	2. A.	—	—	—	—	—
N. Schlotheimensis Picard	—	—	Dm.	—	Dm.	—	—	—	—	—	—	—	—	—	—
Cardiola? dubia v. Alberti	—	—	—	—	1.	—	—	—	—	—	—	—	—	—	—
Myophoria vulgaris v. Schlotheim sp.	—	5 F.	20. Dm. No. R.	—	50. Dm. Dm. OS. R T H. ?Sp	18.	—	—	7. Dm.	4.	—	—	—	—	—
Myoph. cornuta v. Alberti	—	—	—	—	4.	—	—	—	—	—	—	—	—	—	—
Myoph. alata v. Alberti	—	—	—	—	2.	—	—	—	—	—	—	—	—	—	—
Myoph. pes anseris v. Schlotheim sp.	—	—	—	—	4. 2 F. Dm. Dm.	—	—	—	—	—	—	—	—	—	—
Myoph. Raibliana Boué und Desbayes spec.	—	—	—	—	—	—	—	—	—	3? Dm 1 A.	—	—	—	—	—
Myoph. transversa Bornemann spec.	—	—	—	—	4.	1.	—	Dm. Dm.	1.	—	—	—	—	—	—
Myoph. elegans Dunker	—	F.	Dm. Dm. R T H	—	5. OS ?Sp Dm. H.	1.	—	—	2. Dm A.	—	—	—	—	—	7.
Myoph. lineata Gr. v. Münster sp.	—	—	—	—	—	—	—	—	Dm ?.1 A.	Dm.	—	—	—	—

	Bunter Sandstein.	Muschelkalk.			unterer.					mittlerer.						oberer.
					Lettenkohlengr.					Barbler Schichten						
	Vogesensandstein.	Bunter Sandstein.	Wellenkalk.	Anhydritgruppe.	Kalkstein von Friedrichshall.	Unterer Dolomit.	Gyps und Steinsalz.	Lettenkohle u. Sandstein.	Oberer Dolomit.	St. Cassian-Gr.	Keupergyps.	Plattensandstein.	Schichten v. Gansingen.	Grobkurniger Sandstein.	Knserner Schichten.	oberer. Tr.
	a	b	c	d	e.	l.	g	h.	i.	k.	l	m	n	o.	p	
Myophoria Goldfussii v. Alberti	—	10&? Dm.	—	3. Dm. R	25.	—		9. Dm.	6?	—	—		—	—		
Myoph. Goldfussii var. fallax v. Seebach		Dm.	—	—	—	—	—	—	—	—	—		—	—		
Myoph. vestita v. Alberti	—	—	—	—	—	—	—	—	—	—	—	—	Vie- le Ex.	—	—	
Myoph. Whateleyae v. Buch sp.	—	—	—	—	—	—	—	—	2. Dm. A	A	—	—	—	—		
Myoph. curvirostris v. Schlotheim sp.	—	Dm.	—	Dm.	—	—										
Myoph. laevigata v. Alberti	-	F. 2. l II Dm. Un. A.	—	15. OR N. II. ?Sp	21.	—		Dm.	10.	—	—		—	7.		
Myoph. cardissoides v. Schlotheim sp.	—	30. 2 II Dm. R Dm.	Dm.	—	—	—										
Myoph. rotunda v. Alberti	—	—	—	1.	7.											
Myoph. ovata Goldfuss sp.	—	D=	Dm. R.	—	7. Dm. Dm.											
Myoph. orbicularis Goldfuss spec.	—	90. Dm.	—	—	—	—							—	—		
Myoph.? Ewaldi Bornemann sp.	—	—	—	—	—	—							—	6.	Häufig.	
Corbula Keuperina v. Quenstedt sp.	.									Sehr häu- fig.			—			
Corb.? elongata v. Alberti	—	—	—	—	.	—					—		—	Häufig.		
Corb. gregaria Gr. v. Münster sp.	—	90. Dm. R.	40. F 11 ?Sp	1.	—	2. Dm.										

	Bunter Sandstein		Muschelkalk			Keuper										
						unterer Lettenkohlengr.				mittlerer			Rolbier Schichten			oberer
	Vogesensandstein	Bunter Sandstein	Wellenkalk	Anhydritgruppe	Kalkstein von Friedrichshall	Leterer Dolomit	Gyps und Steinsalz	Lettenkohle u Sandstein	Oberer Dolomit	St. Cassian-Gr.	Kreupergyps	Feinkörniger Sandstein	Schichten v. Gaisingen	Grobkörniger Sandstein	Kössener Schichten
	a.	b.	c.	d.	e.	f.	g.	h.	i.	k.	l.	m.	n.	o.	p.
Corbula nuculiformis Zenker sp.	—	—	Dm.	—	—	5.	—	—	Dm.	—	—	—	—	—	—
Astarte triasina Fr. Römer	—	F.1.	4. Dm. U.	—	9. Dm.	—	—	—	—	—	—	—	—	—	—
A. subaequilatera Dunker	—	—	—	—	4. Dm.	—	—	—	—	—	—	—	—	—	—
A. Willebadessensis Dunker	—	—	1.	—	7. Dm.	—	—	—	—	—	—	—	—	—	—
A. Antoui Giebel	—	—	Dm.	—	3. Dm.	—	—	—	—	—	—	—	—	—	—
Cardinia?	—	—	—	—	—	—	—	—	—	A.	—	—	—	—	2.
Trigonodus Sandbergeri v. Alberti	—	—	—	—	30. Dm.	—	—	—	—	—	—	—	—	—	—
Trig. Hornschuhi Berger sp.	—	—	—	—	—	3.	—	—	Dm.	—	—	—	—	—	—
Crassatella	—	—	—	—	—	—	—	—	—	—	—	—	—	—	1. A.
Cypricardia Escheri Giebel sp.	—	—	Dm.	—	1?	—	—	—	—	1?	—	—	—	—	—
Cardita multiradiata Emmrich sp.	—	—	—	—	—	—	—	—	—	—	—	—	—	—	6. A
Card. crenata Goldfuss	—	—	—	—	—	—	—	—	—	A.	Dm.	—	—	—	—
Myoconcha gastrochaena Dunker sp.	—	Dm.	Dm. Dm. A B	—	3.	7. Dm.	—	—	1. Dm.	1.	—	—	—	—	—
Myoc. Thielaui v. Strombeck sp.	—	—	1.	—	—	1. Dm.	—	—	—	—	—	—	—	—	—
Myoc. Canalattiensis v. Alberti	—	—	—	—	—	—	—	—	—	1.	—	—	—	—	—
Myoc.? ellipticus v. Schauroth sp.	—	—	25. R	—	—	—	—	—	—	—	—	—	—	—	—

					unterer.					mittlerer.					oberer
		Muschel-kalk.			Lettenkohlengr.					Reuber Schichten.				
	Vogesensandstein.	Bunter Sandstein.	Wellenkalk.	Anhydritgruppe	Kalkstein von Freudenstadt	Unterer Dolomit	Gyps und Steinsalz	Lettenkohle u. Sandstein	Oberer Dolomit	St. Cassian-Gr.	Keupergyps.	Feinkörniger Sandstein	Schichten Gansingen	Grobkörniger Sandstein	Kössener Schichten
	a.	b	c.	d	e.	f	g.	h.	i.	k.	l.	m.	n.	o.	p.
Auoplophora musculoides v. Schlotheim sp.	—	—	9. Dm. Dm. 1?	—	145. Dm. Dm. V 11 OS	6.	—	—	6. A Dm.	1?	—	—	—	—	
Anopl. grandis Gr. v. Münster sp.	—	—	Os. Ga. Dm.	—	?Dm.	—	—	—	—	—					
Anopl. Fassaensis Wissmann sp.	—	3 F. R A	70. A.	—	—	—	—								
Anopl. impressa v. Alberti	—	4 F.	8. Dm. 11.	—	—	—	—								
Auopl. Münsteri Wissmann sp.	—	—	—	—	—	10.	—	—	1.	7A	—	—	—	—	—
Anopl. lettica v. Quenstedt sp.	—	—	—	—	—	—	—	10. Dm. Dm. F.	—	—	—				
Auopl. dubia v. Alberti .	—	—	—	—	—	—	—	—	—	—	—	2. Vie la.			Dm.
Thracia mactroides v. Schlotheim sp.	—	—	4.	—	Dm.	4.	—	—	2.	—	—	—			—
Cardium eloccinum v. Quenstedt	—	—	—	—	—	—	—	—	—	—	—	—			2.
Card. Rhaeticum Merian .	—	—	—	—	—	—	—	—	—	—	—	—			A.D. F L.
Lucina Romani v. Alberti	—	—	—	—	—	—	—	7. 1 V Dm.	12.	—	—	—			
Luc. Schmidii Geinitz sp.	—	—	Dm.	—	4. Dm. OS.	7.	—	—	2.	1?	—	—			—
Luc. douacina v. Schlotheim sp.	—	—	—	—	3.	—	—	Dm.	—	—	—	—			.
Luc. exigua Berger sp. .	—	—	Dm.	—	1.	—	—	—	—	1?	—	—			—

	Bunter Sandstein.		Muschelkalk.		Keuper										
						unterer				mittlerer.					ober.
						Lottenkohlengr.				Baßler Schichten.					
	Vogesensandstein.	Bunter Sandstein.	Wellenkalk.	Anhydritgruppe.	Kalkstein von Friedrichshall.	Unterer Dolomit.	Gyps und Steinsalz.	Lettenkohle u. Sandstein.	Oberer Dolomit.	St. Cassian-Gr.	Keupergyps.	Feinkörniger Sandstein.	Schilfsica v. Gauglitz.	Grobkörniger Sandstein.	Kössener Schichten.
	a.	b.	c.	d.	e.	f.	g.	h.	i.	k.	l.	m.	n.	o.	p.
Storthodon Liscaviensis Giebel	—	—	Dm.	—	2.	—	—	—	—	—	—	—	—	—	—
Tellina edentula Giebel	—	—	Dm.	—	2?	—	—	—	—	—	—	—	—	—	—
Taneredia trigona v. Schauroth	—	—	—	—	—	17	—	—	Dm.	—	—	—	—	—	Dm.
Panopaea aguota v. Alberti	—	—	—	—	1.	—	—	—	—	—	—	—	—	—	—
P. gracilis v. Alberti	—	—	—	—	1.	32.	—	—	—	—	—	—	—	—	—
P. ventricosa v. Schlotheim sp.	—	—	Dm. B	—	6. Dm. F R. R	—	—	—	—	—	—	—	—	—	—
P. Albertii Voltz spec.	—	—	16. B.	—	—	—	—	—	—	—	—	—	—	—	—
P. Althausii v. Alberti	—	1 F	1.	—	—	—	—	—	—	—	—	—	—	—	—
Anatina praecursor v. Quenstedt sp.	—	—	—	—	—	—	—	—	—	—	—	—	—	—	1.
Anat. Süssii Oppel	—	—	—	—	—	—	—	—	—	—	—	—	—	—	1.
Waldheimia vulgaris v. Schlotheim sp.	—	4 F	27. Dm. Dn. R. H	—	100. Dm. Dn. T.A H.R F. OS. Sp.	24.	—	—	Dm.	A.	—	—	—	—	—
Waldh.? angusta v. Schlotheim sp.	—	—	R.	—	8. OS. R A.	—	—	—	—	—	—	—	—	—	—
Spirifer? hirsutus v. Alberti	—	—	1.	—	—	—	—	—	—	—	—	—	—	—	—
Sp. medianus v. Quenstedt	—	—	—	—	OS. R.U. A.	—	—	—	—	—	—	—	—	—	—
Spiriferina fragilis v. Schlotheim sp.	—	—	4. Dm. Dm. B. R.	—	7.	—	—	—	—	—	—	—	—	—	—

	Bunter Sandstein.		Muschelkalk.			Keuper										
						unterer.				mittlerer.						oberer.
						Lettenkohlengr.				Rother Schichten.						
	Vogesensandstein	Bunter Sandstein	Wellenkalk	Anhydritgruppe	Kalkstein von Friedrichshall	Unterer Dolomit	Gyps und Steinsalz	Lettenkohle o. Sandstein	unter Dolomit	St. Cassian-Gr.	Keupergyps	Feinkörniger Sandstein	Schichten v. Ganningen	Grobkörniger Sandstein	Lumeener Schichten	obere Schichten
	a	b	c	d.	e	f.	g.	h	i.	k.	l.	m.	n.	o	p.
Spiriferina Mentzelii v. Buch sp.	—	—	—	—	OS	—	—	—	—	A	—	—	—	—	—
Retzia trigonella v. Schlotheim sp.	—	—	Dm.	—	1 Dm. 1 OS Dm	—	—	—	—	A	—	—	—	—	—
Rhynchonella decurtata Girard sp.	—	—	R	—	OS A	—	—	—	—	—	—	—	—	—	—
Discina discoides v. Schlotheim sp.	—	—	2. 2 R. Dm.	—	18. Dm.	—	—	—	—	A Dm.	—	—	—	—	—
Discina Silesiaca Dunker sp.	—	—	7.	—	10. OS	4.	—	—	—	—	—	—	—	—	—
Lingula tenuissima Bronn	—	Dm. F	5. Dm II	—	12. Ilm OS F. II 7 Sp.	9.	—	—	—	—	—	—	—	—	—
Lingula Zenkeri v. Alberti	—	—	—	—	—	—	11. Dm. II	2.	—	—	—	—	—	—	—
Dentalium laeve v. Schlotheim	—	—	3. Dm. Dm. R II	—	5. Dm. Dm. OS. F. II	—	—	—	—	A.	—	—	—	—	—
Capulus mitratus v. Schlotheim sp.	—	—	1.	—	5. Dm.	—	—	—	—	—	—	—	—	—	—
Capulus Hartlebeni Dunker	—	—	1?	—	Dm.	—	—	—	—	—	—	—	—	—	—
Pleurotomaria Albertina Wissmann	—	—	6. Dm. Dm. R A.	—	3. Dm Dm OS.	10.	—	—	—	2.	—	—	—	—	—

	Bunter Sandstein		Muschelkalk			Keuper									
						unterer.					mittlerer.				oberer.
							Lottenkohlengr.			St. Cassian-Gr.		Raibler Schichten.			
	a. Vogesensandstein	b. Bunter Sandstein	c. Wellenkalk	d. Anhydritgruppe	e. Kalkstein von Friedrichshall	f. Unterer Dolomit	g. Gyps und Steinsalz	h. Lettenkohle u. Sandstein	i. Oberer Dolomit	k. St. Cassian-Gr.	l. Keupergyps	m. Feinkörniger Sandstein	n. Grobkörniger Bandstein	o.	p. Kössener Schichten
Pleurotomaria sulcata v. Alberti	—	—	—	—	—	—	—	—	—	3.	—	—	—	—	—
Pleurot. extracta Berger sp.	—	15. Dm	—	—	—	—	—	—	—	—	—	—	—	—	—
Delphinula infrastriata v. Strombeck	—	—	Dm.	—	—	3.	—	—	—	A	—	—	—	—	—
Natica Gaillardoti Lefroy	—	8 F. R	1?	—	—	—	—	—	—	—	—	—	—	—	—
N. pulla Goldfuss	—	7. Dm. Dm. tt	—	—	5. Dm. OS	22.	—	—	1.	14 Dm. A.	—	—	—	—	—
N. gregaria v. Schlotheim sp.	2 F Dm.	3. Dm. Dm. R.	—	—	150. Dm.	6.	—	—	—	32.	—	—	—	—	—
N. neritaeformis v. Alberti	—	—	—	—	—	2.	—	—	—	—	—	—	—	—	—
N. Kassiana Wissmann	—	—	—	—	OS Dm.	1.	—	—	—	2. A.	—	—	—	—	—
N. von Gausingen v. Alberti	—	—	—	—	—	—	—	—	—	—	—	—	1.	—	—
Naticella costata Gr. v. Münster	—	—	R. Dm. A	—	3.	—	—	—	—	A.	—	—	—	—	—
Euomphalus exiguus Philippi	—	—	Dm	—	OS	—	—	—	—	—	—	—	—	—	—
Turritella obsoleta v. Schlotheim sp.	—	3 F 20. Dm. Dm. R	—	—	50. Dm. Dm. OS fl 7Sp.	5.	—	—	1. Dm.	10?	—	—	—	—	—
Turbonilla detrita Goldfuss sp.	—	1 F	—	—	1?	1?	—	—	—	—	—	—	—	—	—
Turb. gracilior v. Schauroth sp.	—	Dm	—	—	—	2.	—	—	—	—	—	—	—	2?	—
Turb.? Gansingensis v. Alberti	—	—	—	—	—	—	—	—	—	1.	—	—	—	—	—

	Bunter Sandstein.		Muschelkalk.			Keuper									
						unterer.					mittlerer.				oberer.
						Lettenkohlengr.					Bunter Schichten.				
	Vogesensandstein	Bunter Sandstein	Wellenkalk	Anhydritgruppe	Kalkaten von Friedrichshall	Unterer Dolomit	Gyps und Steinsalz	Lettenkohle u. Sandstein	Oberer Dolomit	St. Cassian-Gr.	Keupergyps	Feinkörniger Sandstein	Schichten v. Genningen	Grobkörniger Sandstein	Rhätiener Schichten
	a.	b.	c.	d.	e.	f.	g.	h.	i.	k.	l.	m.	n.	o.	p.
Turbonilla scalata v. Schlotheim sp.	—	3 F.	3. D=. D=. H	—	4. OS D=. F	4.	—	—	—	D=.	—	—	—	—	•
Turb. conica v. Schauroth sp.	—	—	4.	—	—	2.	—	—	—	D=.	—	—	—	—	—
Turb. Strombeckii Dunker	—	—	1	—	3. OS	—	—	—	—	D=.	—	—	—	—	—
Turb. Giebeli Dunker	—	—	1.	—	1. OS.	—	—	—	—	D=.	—	—	—	—	—
Turb. ornata v. Alberti	—	—	—	—	—	10.	—	—	—	—	—	—	—	—	—
Turb. nodulifera Dunker	—	—	—	—	OS,	—	—	—	—	—	—	—	—	—	—
Turb. dubia Bronn	—	—	—	—	H D=.	D=.	—	—	—	—	—	—	—	—	—
Turb. costifera v. Schauroth sp.	—	—	—	—	R	—	—	—	—	—	—	—	—	—	—
Turb. Zeckelii Giebel	—	—	D=.	—	—	—	—	—	—	—	—	—	—	—	—
Turb. terebra Giebel	—	—	D=.	—	—	—	—	—	—	—	—	—	—	—	—
Turb. Belongae v. Schauroth sp.	—	—	—	—	R	—	—	—	—	—	—	—	—	—	—
Turb. Theodorii Berger sp.	—	—	—	—	R	—	—	—	—	—	D=.	—	—	—	—
Turb. acutata v. Schauroth sp.	—	—	—	—	R	—	—	—	—	—	—	—	—	—	—
Chemnitzia Hehlii v. Ziethen sp.	—	—	—	—	4. D=.	13.	—	—	—	—	—	—	—	—	•
Chemn. oblita Giebel	—	—	D=.	—	3.	4.	—	D=.	—	—	—	—	—	—	•
Chemn. loxonematoides Giebel	—	—	D=.	—	4.	—	—	—	—	—	—	—	—	—	—
Nautilus bidorsatus v. Schlotheim	—	—	5. H	—	10. D=. D=. F. H. ?Sp	9.	—	—	1.	A.	—	—	—	—	—

	Bunter Sandstein		Muschelkalk			Keuper									
						unterer Lettenkohlengr.				mittlerer					ober.
	Vogesensandstein	Bunter Sandstein	Wellenkalk	Anhydritgruppe	Schichten von Friedrichshall	Unterer Dolomit			Oberer Dolomit	St. Cassian-Gr	Keupergyps	Frankfurter Sandstein	Schichten v. Gaisberg	Grabkörnigee	Rhaetische Schichten
	a.	b.	c.	d.	e.	f.	g.	h.	i.	k.	l.	m.	n.	o.	p.
Goniatites Buchii v. Alberti spec.	—	—	25. Dm. Dm. H.	—	1?	—	—	—	—	—	—	—	—	—	—
Gon. Ottonis v. Buch spec.	—	—	Dm.	—	OS.	—									
Gon. tenuis v. Seebach	—	Dm.	—	—											
Ceratites nodosus de Haan	—	F.	2. Dm.	—	16. Dm. Dm. F H. OS A H B	1.	—	—	—	—	—	—	—	—	—
Cer. semipartitus v. Buch	—	—	—	—	7. F. Dm. Dm.	1.	—	—	—	—	—	—	—	—	—
Cer. enodis v. Quenstedt	—	—	—	—	2. Dm. Dm.	1.	—	—	—	—	—	—	—	—	—
Cer. parcus v. Buch	—	—	—	—	1. R H. Dm.										
Cer. antecedens Beyrich	—	—	?Dm.	—	—	—	—	—							
Cer. Cassianus v. Quenstedt	—	—	—	—	A	—									
Cer. Strombeckii Griepenkerl	—	—	Dm.	—	—										
Cer. Middendorffi Gr. v. Keyserling	—	—	—	—	?S.										
Cer. enomphalus Gr. v. Keyserling	—	—	—	—	?S.										
Cer. Bogdoanus de Verneuil	—	—	—	—	?DB.										
Ammonites dux Giebel	—	—	Dm. Dm.	—	—					A.?	—	—	—	—	
Rhyncholites avirostris v. Schlotheim spec.	—	—	—	—	11. 2 F. 1 H. Dm. Dm. OS.	2.	—	1 F.	—	—	—	—	—	—	—

	Bunter Sandstein			Muschelkalk	Keuper										
					unterer				mittlerer						oberer
					Lettenkohlengr.				Raibler Schichten						
	Vogesensandstein.	Bunter Sandstein.	Welkstein.	Anhydritgruppe.	Kalkstein von Friedrichshall	Luterer Do.	Gips und Steinsalz.	Lettenkohle u. Sandstein.	Oberer Dolomit.	St. Cassian-Gr.	Keupergyps	Schichten Gansinge	Schichten Gansingen	Grabhörner Sandstein.	Obere Schichten	obe-rer.
	a.	b.	c.	d.	e.	f.	g.	h.	i.	k.	l.	m.	n.	o.	p.
Rhyncholites hirudo Faure Biguet	—	—	—	—	6. 1 F D... 1o. OS 11.	—	—	—	—	—	—	—	—	—	—
Rhynch. acutus de Blainville	—	—	—	—	? A	—	—	—	—	—	—	—	—	—	—
Bairdia pirus v. Seebach .	—	—	—	—	—	—	—	D...	—	—	—	—	—	—	—
B. procera v. Seebach ..	—	—	—	—	—	—	—	D...	—	—	—	—	—	—	—
B. teres v. Seebach ...	—	—	—	—	—	—	—	D...	—	—	—	—	—	—	—
H. triassina v. Schanroth	—	—	R.	—	—	—	—	—	—	—	—	—	—	—	—
B. calcarea v. Schanroth .	—	—	R.	—	—	—	—	—	—	—	—	—	—	—	—
Cythere dispar v. Seebach	—	—	—	—	—	—	—	D...	—	—	—	—	—	—	—
Halleyue agnola H. v. Meyer	—	—	—	—	1.	—	—	—	—	—	—	—	—	—	—
Hal. laxa H. v. Meyer ..	—	—	—	—	3.	—	—	—	—	—	—	—	—	—	—
Limulites Bronnii Schimper	—	F.	—	—	—	—	—	—	—	—	—	—	—	—	—
Limulus priscus Gr. v. Münster	—	—	—	—	—	—	—	D...	—	—	—	—	—	—	—
Estheria minuta Goldfuss sp.	1 F. D...	—	—	—	—	—	7. D... 1... A ? F.	6.	—	—	—	—	—	—	—
Esth.? nodosocostata Giebel sp.	—	D...	—	—	—	—	—	—	—	—	—	—	—	—	—
Apudites antiquus Schimper	—	1 F.	—	—	—	—	—	—	—	—	—	—	—	—	—
Pemphix Sueuril Desmarest spec.	—	—	—	—	15. 11. F H. O5	—	—	—	—	—	—	—	—	—	—
P. Albertii H. v. Meyer	—	—	1.	—	? F	1.	—	—	—	—	—	—	—	—	—
P. Mayeri y. Alberti .	—	—	—	—	2.	—	—	—	—	—	—	—	—	—	—
Lilogaster obtusa H. v. Meyer	—	—	—	—	1.	—	—	—	—	—	—	—	—	—	—
Lit. venusta H. v. Meyer .	—	—	—	—	2.	—	—	—	—	—	—	—	—	—	—

	Bunter Sandstein		Muschelkalk				Keuper									
						unterer. Lettenkohlen...			mittlerer.		Raibler Schichten					
	Vogesensandstein	Bunter Sandstein	Wellenkalk	Anhydritgruppe	Kalkstein von Friedrichshall... Meyer Do...	Gyps und Steinsalz	Lettenkohle... Schichten...	Lettenkohle u. Sandstein Dobry Dolomit	St. Cassian-Gr.	Keupergyps	Fe Rh Mader Sandstein	Schuttra v. Guzmern	Grünkörniger Sandstein	Kössener Schichten
	a.	b.	c.	d.	e.	f.	g.	h.	i.	k.	l.	m.	n.	o.	p.
Lissocardia Silesiaca H. v. Meyer	—	a	—	—	1. OS	—	—	—	—	—	—	—	—	—
Lissoc. magna H. v. Meyer	—	—	—	—	OS.	—	—	—	—	—	—	—	—	—
Myrtonina serratula H. v. Meyer	—	—	—	—	OS.	—	—	—	—	—	—	—	—	—
Aphthartus ornatus H. v. Meyer	—	—	—	—	OS.	—	—	—	—	—	—	—	—	—
?Gebia obscura H. v. Meyer	—	F.	—	—	—	—	—	—	—	—	—	—	—	—
?Galathea sudax H. v. Meyer	—	F.	—	—	—	—	—	—	—	—	—	—	—	—
Glaphyroptera Pterophylli Heer	—	—	—	—	—	—	—	—	—	—	—	A	—	—
Curculionites prodromus Heer	—	—	—	—	—	—	—	—	—	—	—	A	—	—
Hybodus major Agassiz	—	—	—	—	1. Dm. OS	—	—	—	—	—	—	—	—	—
Hyb. dimidiatus Agassiz	—	—	2.	—	F	—	—	—	1.	—	—	—	—	—
Hyb. tenuis Agassiz	—	—	—	—	OS	—	1.	2.	—	—	—	—	—	—
Hyb. cloacinus v. Quenstedt	—	—	—	—	—	—	—	—	—	—	—	—	—	4.
Leiacanthus falcatus Agassiz	—	—	—	—	Dm. F.	—	—	3.	—	—	—	—	—	—
Leiac. Opatowitzanus v. Meyer	—	—	—	—	OS	—	—	—	—	—	—	—	—	—
Leiac. Tarnowitzanus v. Meyer	—	—	—	—	OS.	—	—	—	—	—	—	—	—	—
Hybodus cuspidatus Agassiz	—	—	—	—	—	—	—	6.	—	—	—	—	—	5.
Hyb. plicatilis Agassiz	—	—	1. !!	—	4. Dm. Dm. OS F	—	1. Dm.	6. Dm.	—	—	—	—	—	—
Hyb. Mougeotii Agassiz	—	—	Dm.	—	1. OS Dm. F.	—	1.	6.	—	—	—	—	—	—

	Bunter Sandstein		Muschelkalk			Keuper									
						unterer. Lettenkohlengr.				mittlerer. Gaildner Schichten					oberer
	Vogesensandstein	Bunter Sandstein	Wellenkalk	Anhydritgruppe	Kalkstein von Friedrichshall	Unterer Dolomit	Gyps und Schwalz	Lettenkohle u Sandstein	Oberer Dolomit	St. Cassian-Gr	Keupergyps	Feinkörniger	Grobkörniger Gansinger	Grobkörniger Sandstein	Oberer Schichten
	a.	b.	c.	d.	e.	f.	g.	h.	i.	k.	L.	m.	n.	o.	p.
Hybodus obliquus Agassiz	—	—	—	—	F OS Dm.	—	•	—	—	—	—	—	—	—	1.
Hyb. orthoconus Plieninger	—	—	—	—	—	—	—	—	—	—	—	—	—	—	1.
Hyb. longiconus Agassiz	—	—	—	1. Dm. F OS		—	—	—	—	—	—	—	—	—	—
Hyb. minor Agassiz	—	—	—	—	—	—	—	—	—	—	—	—	—	—	1.
Hyb. sublaevis Agassiz	—	—	—	—	—	—	—	—	—	—	—	—	—	—	7.
Hyb. bimarginatus Plieninger	—	—	—	—	—	—	—	—	—	—	—	—	—	—	1.
Hyb. polycyphus Agassiz	—	—	—	—	F.	—	—	Dm	—	—	—	—	—	—	Dm?
Hyb. angustus Agassiz	—	—	—	—	F OS Dm.	—	—	—	—	—	—	—	—	—	—
Hyb. aduncus Plieninger	—	—	—	—	—	—	—	—	—	—	—	—	—	—	Dm.
Hyb. attenuatus Plieninger	—	—	—	—	—	—	—	—	—	—	—	—	—	—	Dm.
Hyb. spicalis Agassiz	—	—	—	—	—	?Dm.	—	•	—	—	—	—	—	—	?
Hyb. simplex v. Meyer	—	—	—	—	OS.	—	—	—	—	—	—	—	—	—	?
Doratodus tricuspidatus Schmid	—	—	—	—	—	—	Dm.	—	—	—	—	—	—	—	—
Strophodus Agassizii v. Alberti	—	—	—	—	—	—	1.	—	—	—	—	—	—	—	—
Stroph. ovalis Giebel	—	—	Dm.	—	—	—	—	—	—	—	—	—	—	—	—
Stroph. substriatus Schmid	—	—	Dm.	—	—	—	—	—	—	—	—	—	—	—	—
Stroph. pulvinatus Schmid	—	—	Dm.	—	—	—	—	—	—	—	—	—	—	—	—
Stroph. scrodiformis Schmid	—	Lm.	—	—	—	—	—	—	—	—	—	—	—	—	—
Stroph. rugosus Schmid	—	—	Dm.	—	—	—	—	—	—	—	—	—	—	—	—
Stroph. virgatus Schmid	—	—	—	—	—	—	Dm,	—	—	—	—	—	—	—	—
Acrodus Gaillardoti Agassiz	—	Dm.	II. Dm.	—	4. Dm. Dm. OS F.	—	—	—	—	7.	1.	—	—	—	E
Acrod. lateralis Agassiz	—	—	—	—	2. F. Dm.	—	—	—	—	4.	10.	—	—	—	F

	Bunter Sandstein.		Muschelkalk.		Keuper										
						unterer.				mittlerer.					oberer.
						Lettenkohlengr.				Salzber Schichten					
	Vogesensandstein.	Bunter Sandstein.	Wellenkalk.	Anhydritgruppe.	Kalkbänke von Friedrichshall.	Unterer Do.	Gyps und Steinsalz.	Lettenkohle u Sandstein.	Oberer Dolomit.	St. Cassian-Gr.	Keupergyps.	Feinkörniger Sandstein.	Schichten v. Gnaslagers.	Grobkörniger Sandstein. Sydekals.	Kössener Schichten.
	a.	b.	c.	d.	e.	f.	g.	h.	i.	k.	l.	m.	n.	o.	p.
Acrodus minimus Agassiz	—	—		1.	F. OS.	—	—	Dm.	—	—					8. E.
Acrod. falcaa Giebel	—	—	—	Dm.	—	—	—								
Acrod. immarginatus H. v. Meyer	—	—		—	OS. Dm.	—									
Acrod. Braunii Agassiz	—	Dm.	—	—	Dm.										
Tholodus Schmidii H. v. Meyer	—	Lm.	—	—	Dm.										
Thol. minutus Schmid	—	—	—	—	Dm.										
Ceratodus Kauplii Agassiz	—	—		1.	—	—		1.	4. Dm.	—					
Cer. serratus Agassiz	—	—		—	—	—			2. Lm. li						
Cer. anglicus Beyrich	—	—		—	—	—			—						1. F. Dm.
Orodus triadens Schmid	—	—	—	Dm.	—	—			—						
Palaeobates angustissimus Agassiz sp.	—	—	Dm.		9. Dm. Lm. OS F.	—		1.	9.	—					1.
Pal. elytra Agassiz sp.	—	—		—	F.	—		—	2						
Pal. ovalis Schmid	—	—		—	Dm.	—									
Nemacanthus granulosus Gr. v. Münster	—	—		—	—	—			1.						
Nemac. monilifer Agassiz	—	—		—	—	—		—	—						Dm. E.
Amblypterus decipiens Giebel	—	—		—	11. Dm. Lm. OS P.	—		4. Dm.	11.	—					12. R. i.
Ambl. ornatus Giebel	—	—	—	Dm.	—	—			—						
Ambl. latimanus Giebel	—	—	—	Dm.	—	—			—						

	Bunter Sandstein		Muschelkalk.			Keuper									
						unterer.					mittlerer.			oberer.
						Kohlenkeuper.				St. Cassian-Gr.		Stubler Schichten.		
	Vogesensandstein.	Bunter Sandstein.	Wellenkalk.	Anhydritgruppe.	Kalksteln von Friedrichshall.	Unterer Dolomit.	Gyps und Steinsalz.	Lettenkohle u. Sandstein.	Oberer Dolomit.	St. Cassian-Gr.	Keupergyps.	Feinkörniger Keupstein.	Schichten v. Grobkörniger Sandstein.	obere Schichten.	Knoceor Schichten.
	a.	b.	c.	d.	e.	f.	g.	h.	l.	k.	l.	m.	n.	o.	p.
Amblypterus Agassizii Gr. v. Münster	—	—		Dm.	—	—	—	—	—		—	—	—	—	—
Lepidotus Giebeli v. Alberti	—	—		—	2. Dm.	—	—	2.	3.		—	—	—	—	16. L.
Lep. arenaceus Fraas	—	—		—	—	—	—	—	—		—	—	—	Dm.	
Palaeoniscus superstes Gray-Egerton	—	—		—	—	—	—	—	—		?E.	—	—		
Semionotus Bergeri Agassiz	—	—		—	—	—	—	—	—		—	—	—	Dm. Dm.	
Sem. serratus Fraas	—	—		—	—	—	—	—	—		—	—	—	Dm.	
Dipteronotus cyphus Egerton	—	—		—	—	—	—	—	—		—	—	—	?E	
Saurichthys tenuirostris Gr. v. Münster	—	—		Dm.	1? Dm. Dm.	—	—	—	—						
Saur. Mongeotii Agassiz	—	—		Dm. OS. F.	—	—	4.	6.	—		—	—	—	—	
Saur. acuminatus Agassiz	—	—		3.	—	—	1.	2.	—		—	—	—	2. 6 L.	
Saur. armicostatus Gr. v. Münster	—	—		—	—	Dm. Dm.	2	—	—		—	—	—		
Saur. longidens Agassiz	—	—		—	—	—	2.	6.	—		—	—	—	Dm.	
Saur. longiconus Plieninger	—	—		—	—	—	—	—	—		—	—	—	3. E.	
Saur. apicalis Agassiz	—	—		1. Dm. Dm. OS.	—	—	6.	8.	—		—	—	—	6d. E	
Colobodus varius Giebel	—	—	Dm.	Dm. 14. OS. Dm. Dm. F.	—	—	3.	17.	—		—	—	—	16.	
Serrolepis v. Quenstedt	—	—		1.	—	—	3.	—			—	—	—		
Charitodon Tschudii v. Meyer	—	—		Dm. Dm.	—	—	—	—			—	—	—		

	Bunter Sandstein.		Muschelkalk.			Keuper										
						unterer.				mittlerer.						ober. Kp.
							Lettenkohlengr.					Bairloer Schichten.			
	Vogesensandstein.	Bunter Sandstein	Wellenkalk.	Anhydritgruppe	Kalkstein von Friedrichshall	Unterer Dolomit.	Gyps und Steinsalz	Lettenkohle u. Sandstein.	Oberer Dolomit.	St. Cassian-Gr.	Keuporgyps.	Feinkörniger Sandstein.	Schichten v. Gaisgern.	Grobkörniger Sandstein.	Mittlerer Schichten.	oberer Schichten.
	a.	b.	c.	d.	e.	f.	g.	h.	i	k.	l.	m	n.	o.		p.
Hemilopas Mentzelii v. Meyer	—	—	—	—	OS.	—	—	—	—	—	—	—	—	—		—
Sargodon tomicus Plieninger	—	—	—	—	—	—	—	—	—	—	—	—	—	—		▶20. L.
Thelodus inflexus Schmid .	—	—	—	—	Dm.	—	—	Dm.	—	—	—	—	—			
Thel. rectus Schmid . . .	—	—	—	—	Cm.	—	—	Um.	—	—	—	—	—			
Thel. inflatus Schmid . .	—	—	—	—	Dm.	—	—	—	—	—	—	—	—			
Thel. laevis Schmid . .	—	—	—	—	Dm.	—	—	—	—	—	—	—	—			
Nothosaurus mirabilis Gr. v. Münster		Zähne, Knochen, Schädelstücke		2. 2 II. Dm.	—	30. Dm. OS. F II	3.	—	18.	28.	—	—	—	—	—		
Noth. Andriani v. Meyer .	—	—	—	—	1. F.	—	—	—	—	—	—	—	—			
Noth. Muensteri H. v. Meyer	—	—	—	Dm.	Dm. F. OS	—	—	—	—	—	—	—	—			
Noth. giganteus Gr. v. Münster	—	Dm.	—	—	—	—	—	—	—	—	—	—	—			
Noth. clavatus v. Meyer .	—	—	—	Dm.	Dm. Dm.	—	—	—	—	Dm.	—	—	—	—		
Noth. odonoidens v. Meyer	—	—	—	—	Dm.	—	—	—	—	—	—	—	—			
Noth. angustifrons v. Meyer	—	—	—	—	Dm.	—	—	—	—	—	—	—	—			
Noth. Schimperi v. Meyer	—	F.	—	—	—	—	—	—	—	—	—	—	—			
Noth. Bergeri v. Meyer .	—	—	—	—	—	—	—	Dm.	—	—	—	—	—			
Noth. Mougeotii v. Meyer .	—	—	—	—	F.	—	—	—	—	—	—	—	—			
Pistosaurus longaevus v. Meyer					Dr											
Simosaurus Guillelmi v. Meyer	—	—	—	—	F.	—	—	Dm.	—	—	—	—	—			
Sim. Gaillardotii v. Meyer	—	—	—	—	F.	—	—	Dm.	—	—	—	—	—			
Lamprosaurus Goepperti v. Meyer	—	—	—	—	OS	—	—	—	—	—	—	—	—			
Opeosaurus Saevicus v. Meyer	—	—	—	—	Dm.	—	—	—	—	—	—	—	—			

	Bunter Sandstein		Muschelkalk.			Keuper									
						unterer.					mittlerer.				oberer.
						Lettenkohlengr.					Baibler Schichten				
	a. Vogesensandstein	b. Bunter Sandstein	c. Wellenkalk	d. Anhydritgruppe	e. Kalkstein von Friedrichshall	f. Unterer Dolomit	g. Gyps und Steinsalz	h. Lettenkohle u. Sandstein	i. Oberer Dolomit	k. St. Cassian-Gr.	l. Keupergyps	m. Feinkörniger Sandstein	n. Schichten v. Gewregen	o. Grobkörniger Sandstein	p. Knollenmergel Schichten
Placodus Audrisni Gr. v. Münster	—	—	Dm.	—	11. D». D». F. 11.	—	—	—	—	1.	—	—	—	—	
Pisc. impressus Agassiz	—	D».	—	—	—	—	—	—	—	—	—	—	—	—	
Plac. Muensteri Agassiz	—	—	Dm.	—	D».	—	—	—	—	—	—	—	—	—	
Plac. rostratus Gr. v. Münster	—	—	D».	—	D».	—	—	—	—	—	—	—	—	—	
Plac. laticeps Owen	—	—	—	—	II».	—	—	—	—	—	—	—	—	—	
Plac. pachygnathus Owen	—	—	—	—	D».	—	—	—	—	—	—	—	—	—	
Pisc. bathignathus Owen	—	—	—	—	D».	—	—	—	—	—	—	—	—	—	
Belodon Plieningeri v. Meyer	—	—	—	—	—	—	—	—	—	—	—	—	—	Viele Beste 11.	
Bel. Kapfi v. Meyer	—	—	—	—	—	—	—	—	—	—	—	—	—	D».	—
Ciodyodon Lloydi Owen	—	—	—	—	—	—	? E.	D».	—	—	—	—	—	—	—
Thecodonsaurus antiquus Riley and Stutchbury	—	—	—	—	—	—	—	—	—	—	—	—	—	E.	—
Palaeosaurus cylindricodon Riley und Stutchbury	—	—	—	—	—	—	—	—	—	—	—	—	—	E.	
Plateosaurus platyodon Riley und Stutchbury	—	—	—	—	—	—	—	—	—	—	—	—	—	E.	
Ichthyosaurus atavus v. Quenstedt	—	—	Wirbel 5.	—	—	—	—	—	—	A ?	—	—	—	—	
Teratosaurus Suevicus v. Meyer	—	—	—	—	—	—	—	—	—	—	—	—	—	D». R.	
Megalosaurus cloacinus v. Quenstedt	—	—	—	—	—	—	—	—	—	—	—	—	—	—	D».
Plateosaurus Engelhardti v. Meyer	—	—	—	—	—	—	—	—	—	—	—	—	—	D».	—
Pathignatus borealis Leidy	—	TKA	—	—	—	—	—	—	—	—	—	—	—	—	
Termatosaurus Alberti! Plieninger	—	—	—	—	—	—	—	—	—	—	—	—	—	Zähne 6.	

325

	Bunter Sandstein		Muschelkalk			Keuper unterer (Lettenkohlengr.)				Keuper mittlerer	Reubler Schichten				oberer
	Vogesensandstein	Bunter Sandstein	Wellenkalk	Anhydritgruppe	Krätste von Friedrichshall	Unterer Dolomit	Gyps und Steinsalz	Letskohle u. Sandstein	Oberer Dolomit	St. Cannstar-Gr.	Krupergips	Feuilorniger Feuilstein	Schurbira Gananga	Grobkörniger Sandstein	Knscher Schichten
	a	b	c	d	e	f	g	h	i	k	l	m	n	o	p
Termatosaurus crocodilinus v. Quenstedt															D.
Rhynchosaurus articeps Owen											?E.				
Tanistropheus conspicuus v. Meyer					D. OS										
Menodon plicatus v. Meyer		F.													
Sphenosaurus Sternbergii v. Meyer		?B.													
Sclerosaurus armatus v. Meyer		D.													
Mastodonsaurus Jaegeri v. Alberti sp.						Zahne 2	Knochen 30.	1?							
Mast. Vaslenensis v. Meyer		F.													
Tremstosaurus Brauoli Burmeister		D.													
Trem. Fürstenbergianus v. Meyer	C.														
Trem. Ocella v. Meyer		D.													
Capitosaurus robustus v. Meyer											Schäg S.				
Cap. arenaceus Gr. v. Münster		D.									?D.				
Cap. nasatus v. Meyer		D.													
Cap. fronto v. Meyer		D.													
Metopias diagnosticus v. Meyer											D.				
Odontosaurus Voltzii v. Meyor		F.													
Xestorrhytias Perrini v. Meyer				F.											
Labyrinthodon leptogonathus Owen											?E.				

	Bunter Sandstein.		Muschelkalk.			Keuper									
					unterer.					mittlerer.					oberer.
					Lettenkohleugr.				St. Cassian-Gr.	Raibler Schichten.				
	Vogesensandstein.	Bunter Sandstein	Wellenkalk	Anhydritgruppe	Kalkstein von Friedrichshall	Unterer Dolomit	Gyps und Steinsalz	Lettenkohle u. Sandstein	Oberer Dolomit	St. Cassian-Gr.	Keupergyps	Feinkörniger Sandstein	Schichten v Garsagen	Grobkörniger Sandstein	Kössener Schichten
	a.	b.	c.	d.	e.	f.	g.	h.	l.	k.	l.	m.	n.	o.	p.
Labyrinthodon pachygnathus Owen		—	—			—	—		—	—	?E.	—		—	
Lab. ventricosus Owen		—	—			—	—		—	—	?E.	—		—	
Lab. conicus Owen		—	—			—	—		—	—	?E.	—		—	
Lab. scutulatus Owen		—	—			—	—		—	—	?E.	—		—	
Lab. Bucklandi Lloyd		E													
Chirotherium Barthli Kaupp	—	D? ?E. F	—											D. ?F.	—
Microlestes antiquus Plieninger		—	—			—	—		—	—	—			—	D. E.

Aus der kurzen Uebersicht über den gegenwärtigen Stand
unserer Kenntnisse der Trias ergiebt sich ein grosser Fort-
schritt seit meiner ersten Arbeit im Jahre 1834. Es unterliegt jetzt keinem Zweifel mehr, dass bunter Sandstein,
Muschelkalk und Keuper Einer grossen Formation angehören.

Dass der bunte Sandstein bestimmt ein Glied der Trias
sei, ergiebt sich daraus, dass nicht nur in der obern Abtheilung desselben Pflanzen und Schalthiere dieser Formation sich finden, sondern auch bei Dürrenberg in der in
ihm eingedrungenen Tiefe von 192m Estheria minuta, eine
Hauptversteinerung der Trias, auftritt.

Vergleichen wir ferner das Obgesagte, so ergiebt sich,
dass die Trias in den Alpen, wenn sie auch ungleich mächtiger, doch in einzelnen Gruppen ausser den Alpen wieder
zu erkennen ist. Die untere Trias bis zum Keuper ist an
vielen Orten hier wie dort nachweisbar, auch die Kössener

Schichten bilden Anknüpfpunkte: die Schichten mit Halobia Lommeli:

    der Mendoladolomit,
    die Partnachschichten,
    die Schichten von Wengen,
    die St. Cassiangruppe,
    der Halstädterkalk,
    die Arlbergkalke,
    die Esinoschichten,
    die Schichten von Raibl,

welche alle wahrscheinlich den mittlern Keuper in den Alpen vertreten, sind dagegen ausser diesen wegen des Mangels an deutlichen Versteinerungen nur mit grosser Vorsicht anzudeuten.

Ich habe versucht, die Schichten von Cannstatt mit denen von St. Cassian zu vergleichen, obschon die Lagerungsverhältnisse noch nicht ausser Zweifel gesetzt sind. Was die bisher angenommene Abgeschiedenheit der St. Cassiangruppe betrifft, so schwindet diese theilweise, wenn erwogen wird, dass sie mit der Trias ausser den Alpen, die ungerechnet, welche sich in den Mergeln von Cannstatt finden, gemein hat:

    Cidaris transversa,
    Encrinus gracilis,
    Ostrea montis Caprilis,
    Pecten discites,
    Gervillia socialis,
    Cassianella tenuistria,
    Arca minutissima,
    Arca triasina,
    Nucula cuneata,
       „ elliptica,
       „ strigilata,
    Myophoria lineata,
    Discina discoides,
    Waldheimia vulgaris,
    Spiriferina Mentzelii,

Retzia trigonella,
Dentalium laeve,
Pleurotomaria Albertiana?
Delphinula biarmata,
Natica pulla,
Natica Cassiana,
Naticella striato-costata,
Naticella acute costata,
Turbonilla ornata?
Nautilus bidorsatus,
Ammonites dux,
Colobodus varius,
Ichthyosaurus atavus?

Ob, wie ich annehme, die St. Cassianer Gruppe in
Schwaben das unterste Glied des mittlern Keuper's über
dem obern Dolomite i bilde, muss weitern Forschungen
überlassen bleiben.

Ich habe zu beweisen versucht, dass der übrige Theil des
mittlern Keuper's den Raibler Schichten entspreche. Dafür
zeugen besonders die Beobachtungen Gümbels in Franken,
die Kalkschichten, welche in Schwaben die bunten Mergel und
Sandsteine begleiten, die wenigstens theilweise mit ihren undeutlichen Schalthieren auf Raibler Schichten hinweisen und
die nachstehenden Pflanzen, welche den Keupersandsteinen
in den Alpen und in Schwaben gemeinschaftlich sind:

Filicites Stuttgartiensis,
Equisetites columnaris,
Strangerites marantaceus,
Voltzia heterophylla,
Noeggerathia . Vogesiaca.

Die andern Glieder des mittlern Keupers in den Alpen
sind bis jetzt nicht nachgewiesen; dass sie auch hierher gehören, beweisen die Esinoschichten am Monte Salvadore und
San Giorgio am Luganosee, welche nach den Bestimmungen
von P. Merian, v. Hauer und J. Stabile mit der untern Trias
ausser den Alpen gemein haben.

Lucina Schmidii,
Myophoria elegans,
Myophoria Goldfussii,
Pecten discites,
 „   inaequistriatus,
 „   laevigatus?   .
Ostrea spondyloides?
Ostrea difformis?
Spiriferina fragilis?
Waldheimia vulgaris?

Darüber, dass die vorgenannten alpinischen Gruppen der Trias angehören, kann kein Zweifel stattfinden. Nicht nur eine grössere Zahl Petrefakten haben sie mit einander gemein, auch das Vermengen paläozoischer und jurassischer Geschlechter, namentlich von Goniatiten, Ceratiten und Ammoniten, wird bei der untern Trias wie bei der obern, wenn auch bei ersterer in kleinerem Massstabe beobachtet. [1]

Alc. d'Orbigny hat aus der Trias zwei Gruppen:
 die etage conchylien und
 etage saliferien
gemacht.

Die erstere umfasst den bunten Sandstein und Muschelkalk, die andere den Keuper (Lettenkohle, St. Cassian, Raibler und Kössener Schichten).

Diese Eintheilung ist desshalb unbefriedigend, weil der

[1] In den Steinbrüchen von Marbach b. V. fand Baron Ang. v. Althaus, wie schon in Alb. Tr. p. 92. erwähnt ist, eine Versteinerung, die von Fraas und v. Quenstedt als eine aus dem schwäbischen Jura beigeschwemmte Alveole des Belemnites hastatus, von andern, namentlich von Fridol. Sandberger als ächter Orthoceratit angesehen wird. Was für den Orthoceratiten spricht, ist eine seitliche peristige Erhöhung auf der untern Seite einer Kammer, die einem Sipho durchaus ähnlich ist, ferner die Farbe der Versteinerung, die der des Rogensteins, aus dem sie stammen soll, entspricht, und der Umstand, dass in der obern Trias Orthoceratiten häufig mit Goniatiten, Ceratiten und Ammoniten vorkommen, das Vermengen dieses Cephalopoden mit andern daher auch in der untern Trias nichts Abnormes wäre.

bunte Sandstein in seiner bei weitem grössten Verbreitung keine Schalthiere führt und auch der Muschelkalk ziemlich arm an diesen ist. d'Orbigny führt von beiden nur 107 Arten Mollusken und Strahlenthiere auf, während er in seiner etage saliferien deren 733 zählt. Die Bezeichnung saliferien für den Keuper ist desshalb ungeeignet, da nur der Keuper des östlichen Frankreichs Steinsalz enthält, in Deutschland dagegen dieses im Keuper fehlt, und der Zechstein, der bunte Sandstein und der Muschelkalk die salzhaltigen Glieder sind.

Der Umstand, dass das Steinsalz nicht allein in der Trias sich findet, diess vielmehr in weit grösserem Massstabe in andern Formationen: im Tertiärgebirge von Galizien u. a. O. auftritt, macht die Benennung „Salzgebirge" für Trias, welche von Bronn u. a. adoptirt wurde, unpassend.

Jules Markou hat das Todtliegende und die Zechsteinformation als Dyas mit der Trias zu einer grossen Formation — Dyas und Trias — vereinigen wollen. Dass diese Vereinigung nicht gerechtfertigt erscheine und die Dyas zu den paläolithischen Gebirgen gehöre, ist durch Br. Geinitz in Dyas oder die Zechsteinformation und das Rothliegende Heft 1, 1861, nachgewiesen und festgestellt worden; es ist also die Trias eine selbstständige Formation zwischen Dyas und dem Jura.

Erklärung der Abbildungen.

333

334

Register.

352

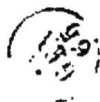

Druckfehler.

Seite	Zeile		statt	
2.	16	1859	statt	1839
7.	6.	Marsch	»	Marbach
33.	32	in der Schambeien	»	In der Schambeien.
34.	1.	die Fiederblättchen	»	Die Fiederblättchen
34	21.	f. 8a. 1, 2, 3, 8b. a.	»	f. 8a—c, 1, 2, 3
37.	36.	T. XXXIII. f. 1	»	T. XXIII. f. 1.
39	5	T. VIII. f. 1.	»	T. VIII. f. 12
42.	25	T. XXXII. f. 9, 11 .	»	T. XXXII. f. 9, 1
43.	19.	T. VII. 1. 3, 4.	»	T. VI. 1. 3, 4
57.	33.	Basalglieder	»	Basalglieder.
63.	28	T. 40. f. 36	»	T. 40. 1. 6.
78.	11	nach: bauchiger:	»	nach: bauchiger.
80.	32.	concentrische	»	concentrirte
81.	28.	T. CVII. 1. 11.	»	T. CVII. f. 4
86.	36.	Credneri	»	Cedneri.
88	9.	T. 117. f. 34	»	T. 117. 1. 3.
97.	27.	Weim. Tr. 599.	»	Weim. Tr. 589
104.	32	gleichklappog	»	gleichklappig.
131.	3.	Recoaro 512.	»	Recoaro 515.
153.	9.	Mytilus Pallasii	»	Mytilus Palassii
133	20	T. VI. f. 11.	»	T. V. f. 11.
131.	27.	fand sie	»	fand ihn.
138	19.	T. II. f. 6.	»	T. II.
144.	27.	Süsswasserfischen vor . . .	»	Süsswasserthieren von
147.	6.	T. IV. 1. 4, 7a, b .	»	T. IV. f. 47a, b.
147.	28	stimmen so	»	stimmen.
170.	32.	Paludinen	»	Paladen.
177.	19	142. T. VII. f. 18.	»	142. T. VII. f. 8.
220.	18	T. XIII. f. 1—5.	»	T. XII. 1. 1—5.
225	30	T. 55. f. 2.	»	T. 55. f. a
231	19.	Thecodontosaurus	»	Thecodontosaurus.
233.	7.	0=,073	»	0=,7l.
233.	6.	0=,86	»	0=,086
244	29.	Tab V. f. 4a—b	»	Tab. V. 1. 4a.
248.	11.	Pecopteria	»	Peropteria.
302	29.	Rhizocorallium	»	Rhizocorallium.
324	26.	Bathygnathus	»	Pathygnathos

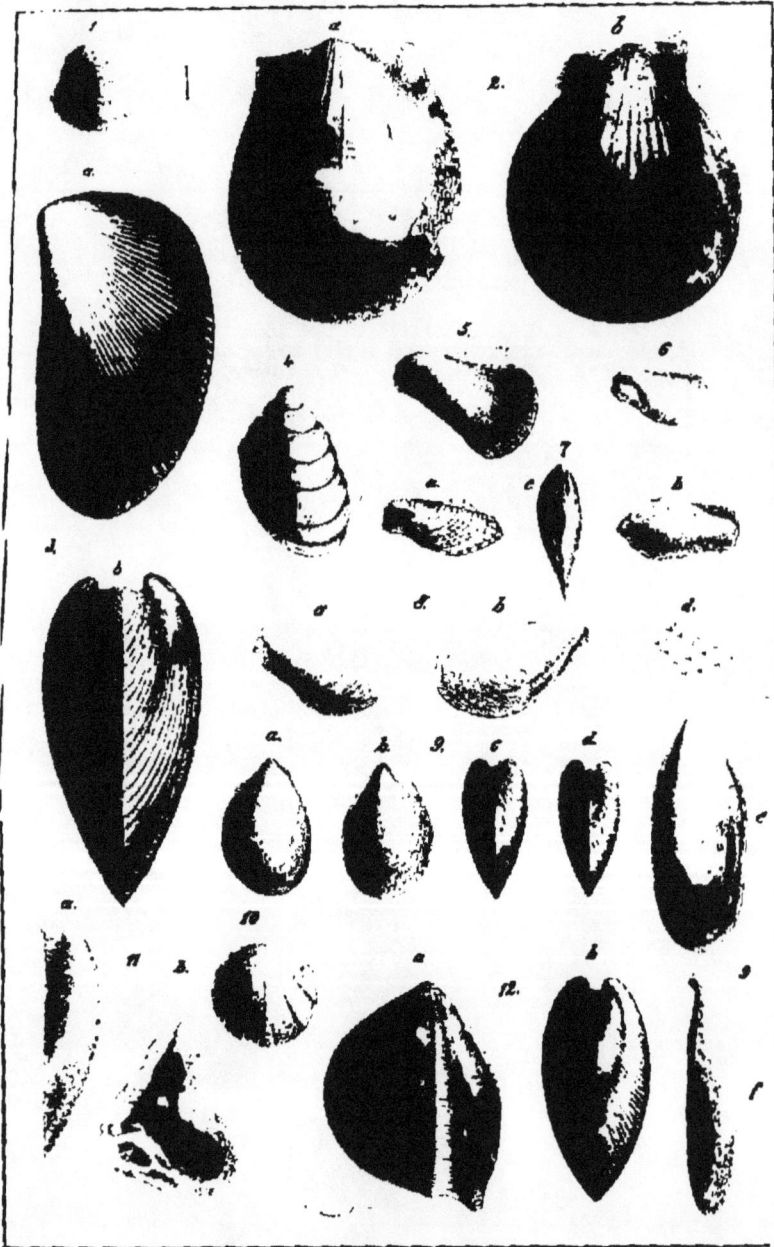

I

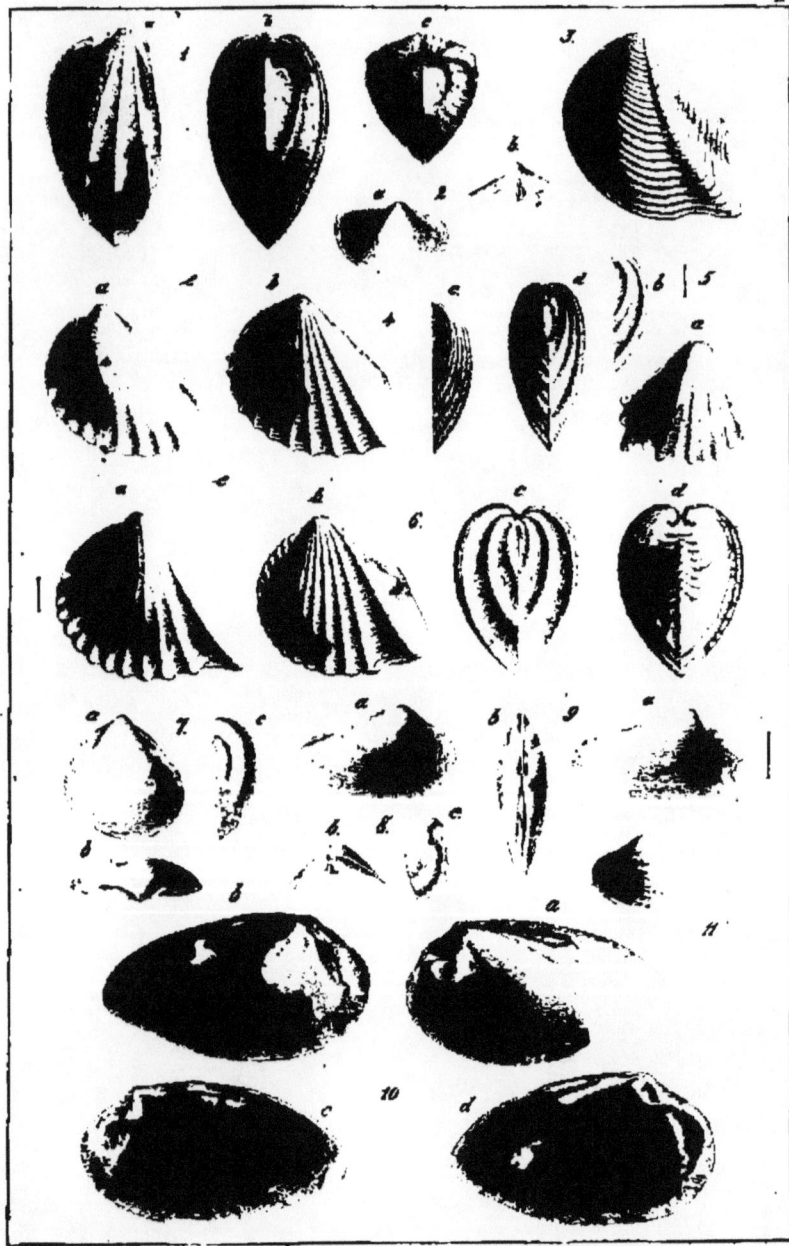

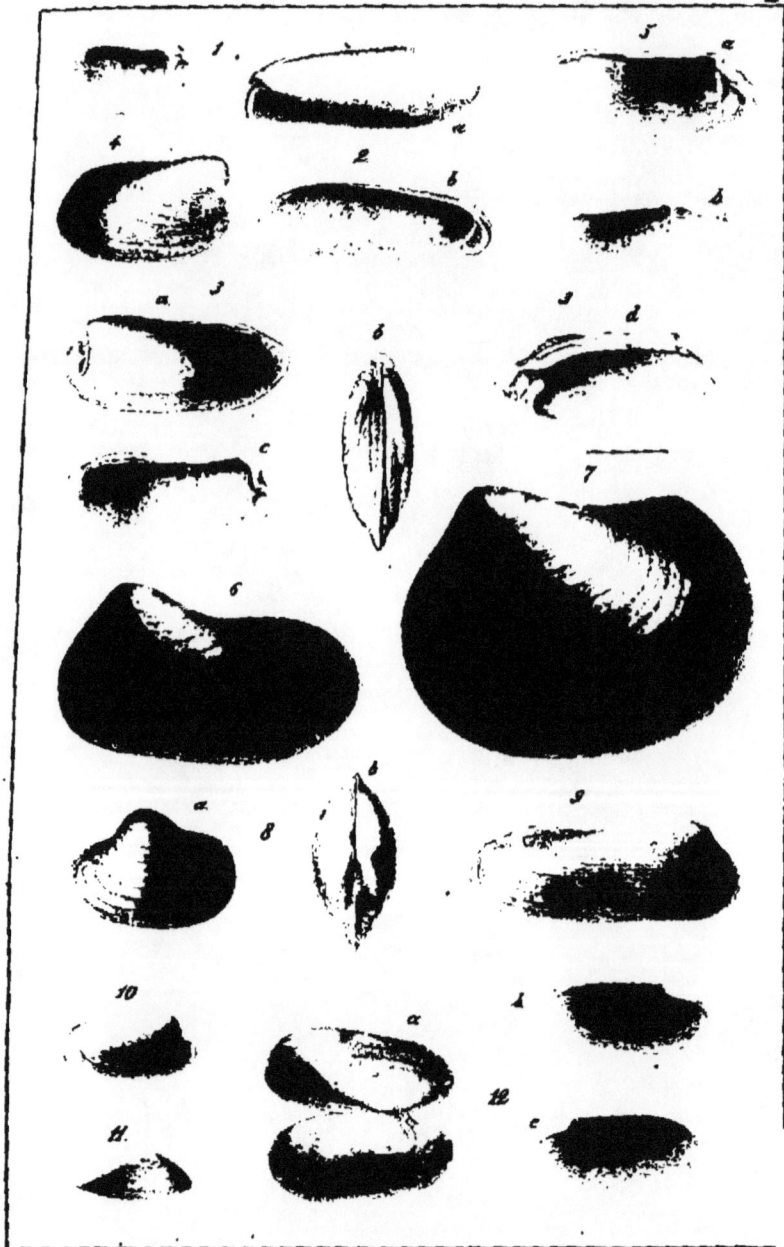

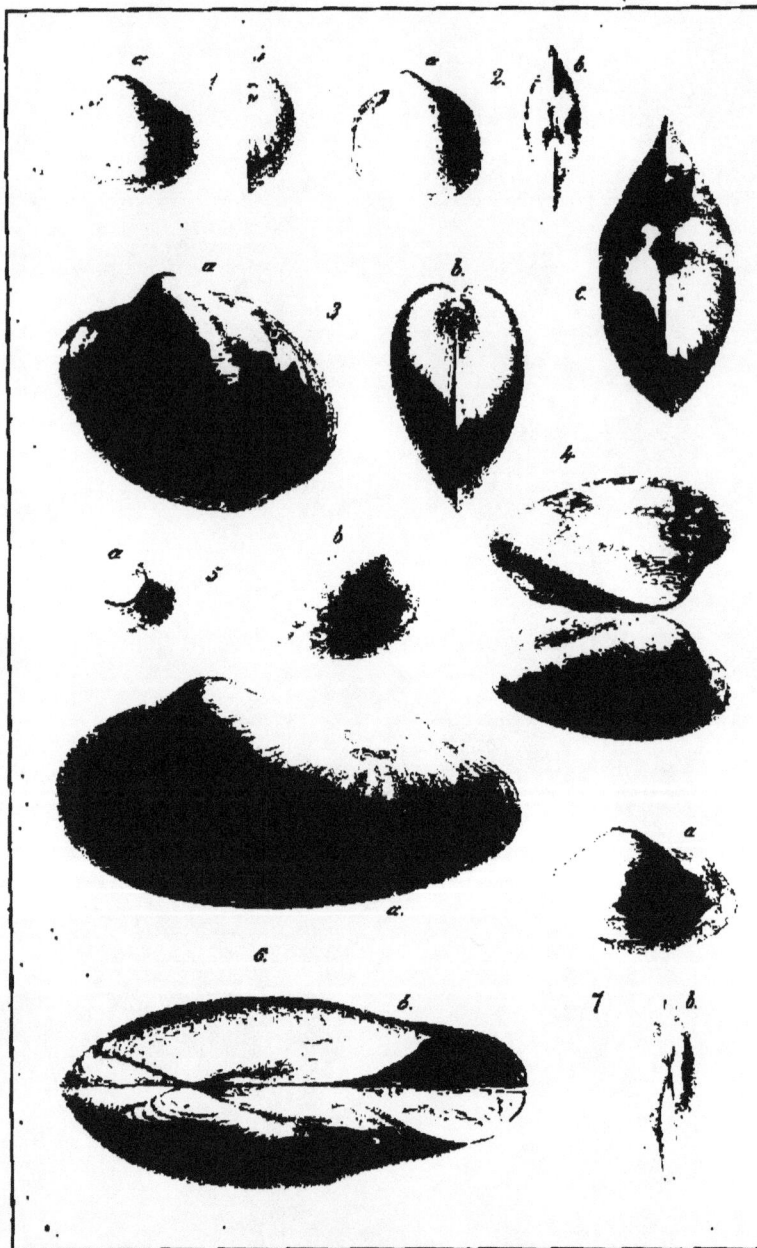

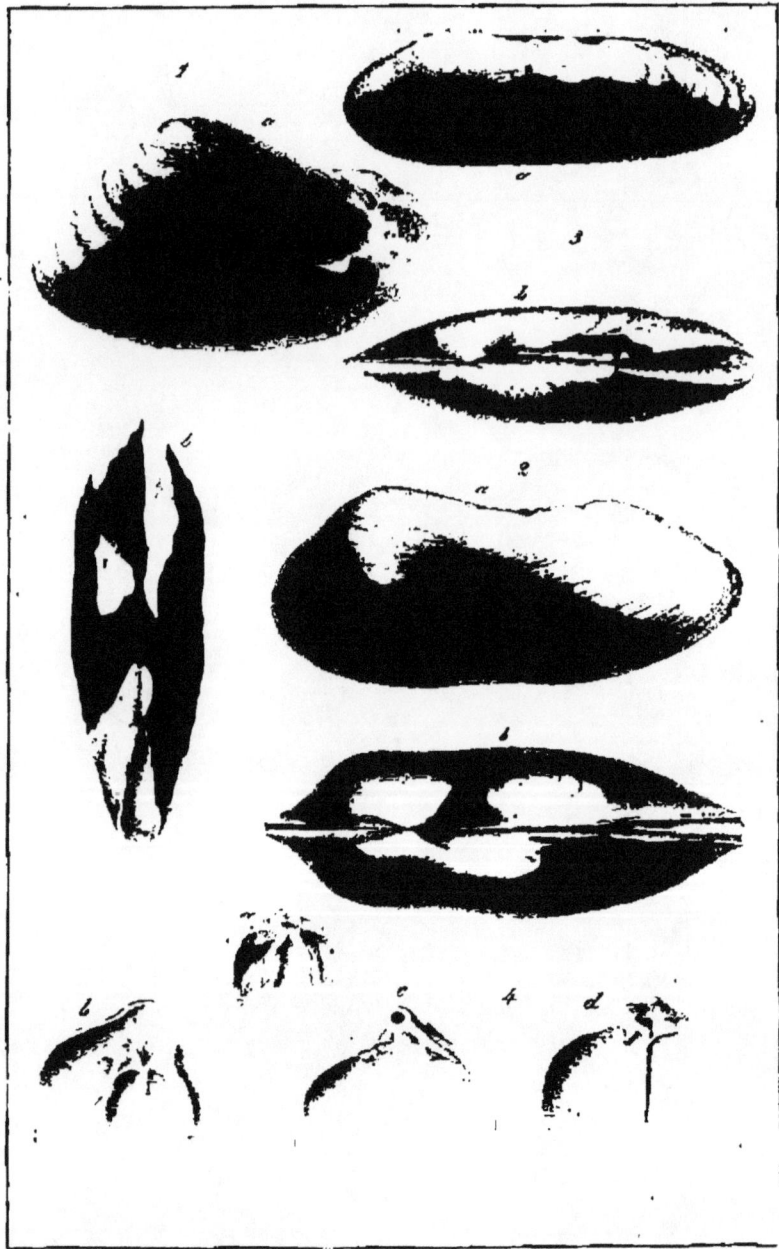

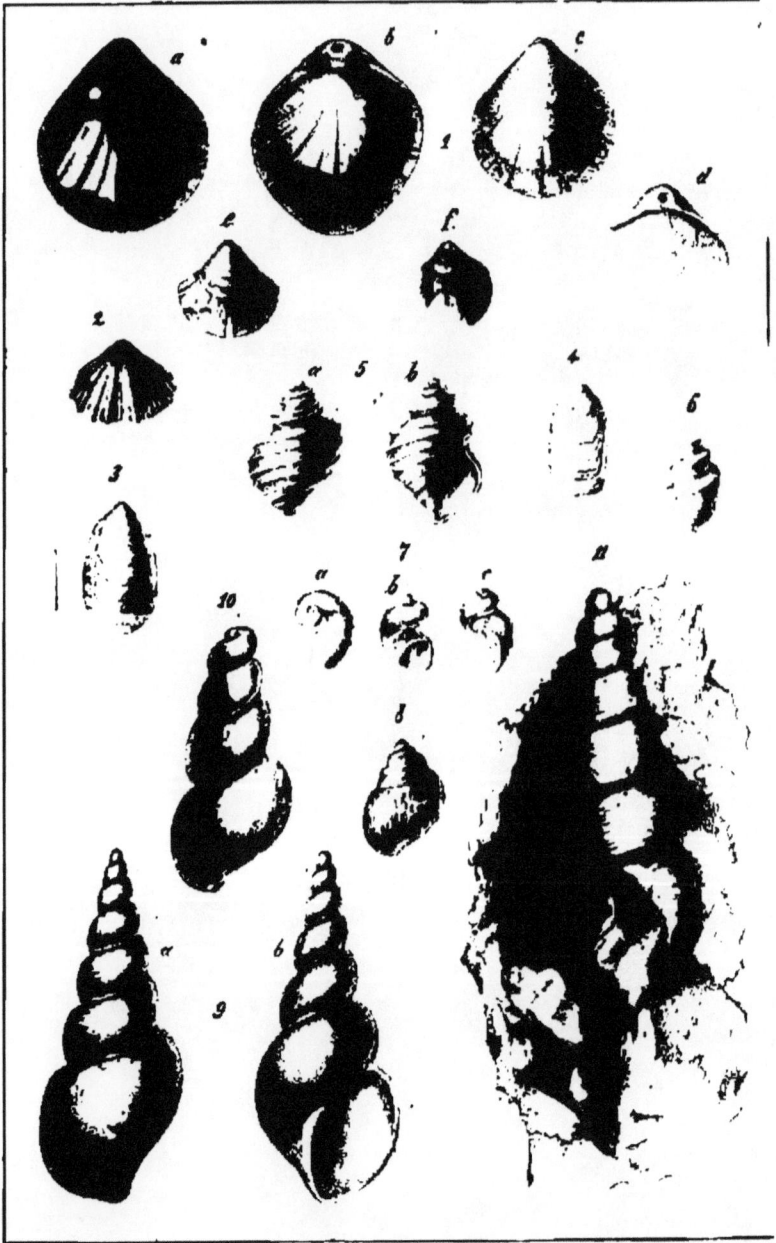

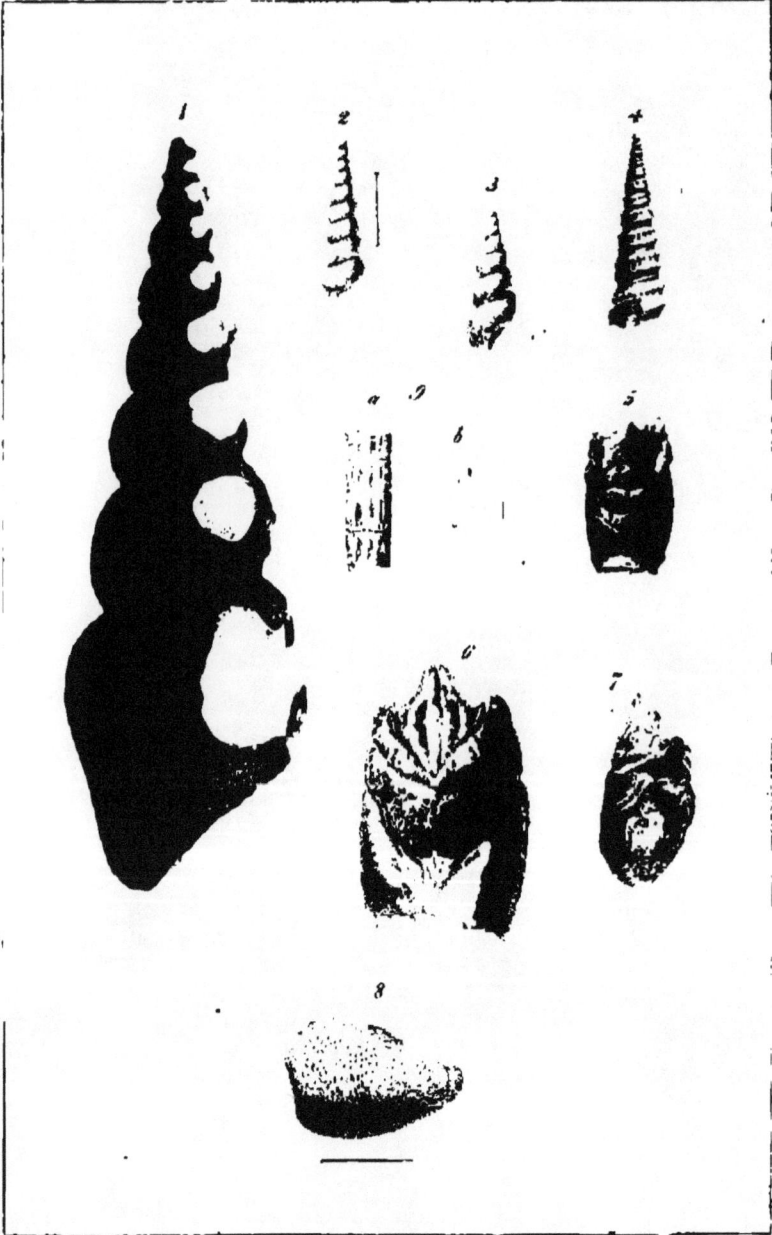

www.ingramcontent.com/pod-product-compliance
Lightning Source LLC
Chambersburg PA
CBHW021355210326
41599CB00011B/887